架子牛育肥技术

主　编　张志新　王志富
副主编　陈宗刚　张　文
编　委　黄金敏　方松涛　李显锋
　　　　王维礼　王凤芝　赵文利
　　　　吕静然　王　祥　刘　佳

科学技术文献出版社
Scientific and Technical Documents Publishing House
北　京

(京)新登字 130 号

内 容 简 介

本书详细介绍了肉牛品种、牛场建设、牛的饲料及日粮配合、牛的肥育、防疫保健和肉牛屠宰与分割等架子牛饲养技术。内容丰富，技术实用，文字简练，通俗易懂，适合肉牛养殖场(户)及相关人员参阅。

科学技术文献出版社是国家科学技术部系统惟——家中央级综合性科技出版机构，我们所有的努力都是为了使您增长知识和才干。

前　言

养牛业是我国农村中最具潜在竞争力的产业之一，肉牛不与人争粮、不与粮争地，能有效地利用大量饲草和农作物秸秆进行饲养，越来越受到人们的青睐，被誉为"希望产业"、"朝阳产业"、"黄金产业"，也是国家产业结构调整的倾斜产业。

近年来，肉牛养殖业已受到广泛重视，已成为加快农村产业结构调整和增加农民收入的重要产业，各级政府和有关部门将肉牛产业作为优化畜牧业结构的重大举措来抓，从而使养牛业生产出现了新的景象，产业空前发展。为了适应肉牛业的发展需要，提高肉牛生产的经济效益，特组织了相关人员编写了本书。

本书在编写过程中，得到了陈宗刚教授的大力支持和帮助，在此表示由衷的感谢。书中不足之处，恳请同行和读者批评指正。

编　者

目　　录

第一章　肉牛概述 ………………………………………… 1

第一节　肉牛外貌特征 …………………………………… 2
第二节　牛的生物学特征 ………………………………… 4
第三节　牛品种及体貌特征 ……………………………… 8
第四节　我国肉牛业现状及对策 ………………………… 22

第二章　牛场建设与设备 ………………………………… 32

第一节　牛场场址的选择 ………………………………… 32
第二节　场地的规划和布局 ……………………………… 34
第三节　肉牛舍类型 ……………………………………… 37
第四节　牛场设备 ………………………………………… 44

第三章　牛的饲料 ………………………………………… 50

第一节　牛的消化道及生理特点 ………………………… 50
第二节　牛的营养需要 …………………………………… 51
第三节　常用饲料的种类 ………………………………… 60
第四节　饲料的加工 ……………………………………… 83
第五节　饲料的贮存 ……………………………………… 115
第六节　饲粮配合 ………………………………………… 121

第四章 育肥管理 …………………………………… 124

第一节 肉用牛生长发育规律 …………………………… 124
第二节 育肥牛的选择和育肥方式 ……………………… 129
第三节 肉牛的育肥技术 ………………………………… 139
第四节 提高育肥效益的技术措施 ……………………… 166

第五章 架子牛常见病及其预防 ……………………… 170

第一节 综合预防 ………………………………………… 170
第二节 牛病的诊断 ……………………………………… 186
第三节 疾病的治疗 ……………………………………… 196

第六章 牛肉及其产品加工 …………………………… 265

第一节 牛的屠宰 ………………………………………… 265
第二节 牛生皮的初步加工 ……………………………… 288
第三节 牛血的加工 ……………………………………… 290
第四节 牛脂的加工 ……………………………………… 295
第五节 脏器的加工 ……………………………………… 298
第六节 牛骨的加工 ……………………………………… 300
第七节 牛粪尿的利用 …………………………………… 301

参考文献 …………………………………………………… 305

第一章 肉牛概述

肉类是人们生活中必不可少的全价营养性动物蛋白食品,食肉量的多少,是衡量人们生活水平高低的重要标志。现在正处于经济快速发展时期,对肉类需求量越来越大。加上土地逐年减少,粮食资源有限,如何增加肉类产量,已经成为社会关注的问题。牛是草食动物,具有将农作物秸秆等粗饲料转化成牛肉的功能,充分利用农作物秸秆资源,是解决肉食供应问题的有效途径。

发展养殖肉牛业,可以有效地将大量粗饲料、农作物秸秆和食品加工副食品转化为高品质的动物性食品,尤其是动物性蛋白。同时,养肉牛可以带动相关行业的发展(如饲料厂、肉食品加工厂、屠宰厂、皮革厂、医药加工厂等),既促进了农业经济的发展,又为劳动力就业创造了机会,发展肉牛生产已经成为新的经济增长点。

牛食入大量的作物秸秆等饲草,排出大量的含氮、磷、钾等植物养分的粪便,对减少环境污染,促进生态农业持续发展,高效利用农业资源,有着重要的现实意义。近年来,我国人均占有粮食减少10千克,人均占有肉量却每年增加1.5千克,远远地高于世界平均水平。我国之所以能够取得这一成就,最重要的经验就是充分利用当地饲料资源,发展畜牧业生产,减少了畜牧业对粮食的依赖。发展牛等草食家畜,建立我国"节粮型"畜牧业是一条必由之路。

第一节 肉牛外貌特征

根据生产类型或用途将牛分为乳用、肉用、役用品种和兼用品种。肉用牛是指生产牛肉的专用品种,这类牛的产肉性能、生长速度和产肉率都比乳用、役用牛高。

一、肉牛的体形特点

同乳用牛和役用牛比较起来,肉牛在外形上具有一定的特点。

1. 体躯呈矩形

不论侧望、上望还是前望、后望,肉牛体躯部分都呈明显的矩形(长方形),也有称为砖块形,而立体形状上呈圆筒状。这是由于肉牛后躯发达,肌肉突出,皮下脂肪较厚,体躯整个宽度加大的原因。

2. 头宽颈粗

肉用牛的头部多较宽,颈粗而短,与乳用牛的颈薄而长不同。

3. 四肢短粗

相对于体高来说,肉用牛的躯体深度较大,而四肢粗短,且显粗壮。

4. 肢间距较宽

由于体躯宽度明显加大,引起前裆和后裆的宽度明显扩大。这与役用牛往往前裆不宽且后裆窄的情况截然不同。

5. 皮肤有特殊弹性

肉用牛的皮肤松软柔和,富有特殊弹性。用手触摸有肥厚细腻的感觉,被毛细密、柔软、有光泽。

不少地方引用专门化肉牛杂交改良当地牛,所产杂交牛在外形上往往具有其父母系品种外形的中间特点。例如,杂交后代一般背腰宽而平,后躯欠发达充实得以改善,前后裆增宽,头较宽而颈较粗短等。

二、牛体部位的划分

1. 头颈部

包括头和颈,头颈应有适当的大小和长短,符合品种特征和性别要求。

2. 躯干

可分为前躯、中躯、后躯3个部分。肉牛的躯干长而宽深,呈长方形。

(1)前躯:指自颈部之后到肩胛后的一段躯干,有鬐甲、肩、胸等部位。鬐甲是以第二至第六脊椎棘突与肩胛软骨联合而成,它是颈肩、前躯和躯干的连接点。鬐甲也称肩峰,肩峰高低与品种有关,我国南方黄牛肩峰隆起特高,蒙古牛较平;南阳牛的肩峰也是隆起的。据考证,肩峰隆起与瘤牛基因成分有关。鬐甲有高、低、短、宽、窄及单、双鬐之别。公牛鬐甲较母牛鬐甲高而宽阔,肌肉附着充实而紧凑;母牛鬐甲平直而宽厚适中,不同用途的牛鬐甲类别不同。肉牛鬐甲宽厚而多肉,常有双鬐甲的特征,但其结构充实而不松弛。尖鬐甲和凹鬐甲大多因营养不良或体质衰弱、结构松弛而引起。肩部要求充实,与颈、四肢结合良好,有适度的倾斜。胸是牛的重要部位,胸腔内有呼吸器官与血液循环器官。各种用途牛都要求有深而宽的胸部,胸廓应拱圆。发育良好的母牛,胸深应达到体高的1/2以上,公牛前躯尤其发达,胸深接近体高的2/3。

胸部垂皮应有适度的发育,公牛垂皮明显大于母牛。

(2)中躯:指肩胛至腰角的一段躯干,包括背、腰、肋、腹诸部。背、腰要求平直,结合良好,这反映了牛体质的结实性和骨骼的结构,长短要适中。肋部要开张良好,扁肋牛往往采食量小,难喂,臌胀牛则采食性能强。腹部要充实而不下垂,公牛尤其忌草腹。母牛腹容量宜大,卷腹者不好。肉牛背腰宽厚多肉,常呈双脊背特征。

(3)后躯:包括尻部和大腿。尻部由骨盆、荐骨及第一尾椎骨连接而成,尻部下方有乳房和生殖器官。尻部要求长、宽、平、方而肌肉充实,大腿亦应充实。肉牛因后躯肌肉高度发达,向后呈半圆形突出,且有明显的双肌特征。

(4)四肢:前肢包括肩、臂、肘、前臂、前膝、管、系、蹄;后肢包括股、后膝、胫部、飞节、后管、后系、后蹄。任何用途的牛都要求肢势端正,健壮结实。四肢健壮结实主要表现在关节明显,结构匀称,筋健发育良好,系部强壮、有力,蹄形正而质地结实。凡是"X"和"O"状肢势都是不良肢势,后肢飞节(路关节)要有适当弯曲,过弯过直都不好。

第二节 牛的生物学特性

牛在进化过程中形成了许多生物学特性。养殖者在养牛生产中了解牛的生物学特性知识,对创造和改进饲养管理条件,养好牛很有好处。

一、生活习性

1. 群居性

牛合群性强,喜爱小群群居生活,通常 3~5 头为一群在一起采食。牛的群居性有利于牛群的管理,但群居中的地位一般要经过 7~10 天的争斗才能按优等序列原则确立。在养殖中牛群分群后不要随意调群,否则会因优等序列的重新建立而影响生长发育。

2. 运动和睡眠习性

健康牛喜欢运动,经常多头在一起嬉闹,尤其是牛犊更喜爱运动。牛的睡眠时间较少,每天仅 1~1.5 小时,养殖中要根据牛喜欢运动而睡眠时间较少的生活习性,给牛创造适当运动的条件,以促进牛群健康成长。

3. 排泄习性

牛排泄粪便随意性大,没有相对固定的排泄地点,并且对排泄的粪便不在意,经常行走或躺睡在粪便处。养殖中要注意勤换垫草、勤打扫粪便,保持厩舍和牛体的清洁。

二、采食习性和消化特点

牛是反刍动物,胃分瘤胃、网胃、瓣胃、皱胃 4 个胃。瘤胃是饲料进行发酵的主要场所。网胃主要利用胃壁的运动磨碎或流转食物。瓣胃是通过瓣胃黏膜形成的瓣叶挤压食糜的水分并吸收少量营养。皱胃是消化菌体蛋白和过瘤胃蛋白的主要部位。

1. 牛的采食和反刍

牛是典型的草食动物,吃草时用舌卷,大量饲料不经过细致的咀嚼就吞咽下去,在瘤胃内发酵。当牛休息时,再把饲料逆呕出来,再咀嚼,然后再吞咽下去,这个过程叫反刍。反刍是牛的重要习性,从反刍开始到结束这段时间叫反刍周期。一般牛在饲喂后30～60分钟开始反刍,每个反刍周期持续时间为40～50分钟,每个食团咀嚼50～70次,1头牛一昼夜出现反刍15次左右,因此1头牛一昼夜的反刍时间大约为6～10小时,牛的反刍一般多集中在晚上,尤其是在天刚黑后,反刍达到高峰。

2. 唾液分泌

为适应消化粗饲料的需要,牛分泌大量富含缓冲盐类的腮腺唾液。其数量在成年母牛为150升/天左右,小公牛24～37升/天。唾液中氮的含量为0.1%～0.2%,其中的60%～80%是尿素氮。唾液中的这些特殊成分对于维持瘤胃内环境(中和过量酸)、浸泡粗饲料以及保持氮素循环起着很重要的作用。唾液的分泌量和唾液中各种成分的含量受牛的采食行为、饲料物理性质及水分含量,饲料适口性以及钠和钾的含量等因素的影响。

3. 食道沟及食道沟反射

食道沟始于贲门,延伸至重瓣胃口,是食道的延续。收缩时成一中空管子(或沟),使食糜穿过瘤—蜂巢胃,而直接进入瓣胃。在哺乳期的犊牛,食道沟可以通过吸吮乳汁而闭合,称食道沟反射,使乳汁直接进入瓣胃和真胃,以防牛乳进入瘤胃、蜂巢胃而引起细菌发酵和消化道疾病,在一般情况下,哺乳期结束的育成牛食道沟反射逐渐消失。

4. 瘤胃的发酵和嗳气

牛瘤胃内有大量的细菌和原虫。这些微生物不断地发酵着进入瘤胃中的饲料营养成分,产生挥发性脂肪酸和各种气体(如二氧化碳、甲烷、硫化氢、氨、一氧化碳等)。这些气体只有通过不断嗳气动作排出体外，才能预防胀气。当牛过量吃入易发酵的牧草后，瘤胃发酵作用急剧上升，所产生的气体超过嗳气负荷时，就会出现臌气。如不及时救治，就会因臌气窒息而死。

5. 牛饮水量大

饮水量受多种因素影响，如环境温度、生理状况、年龄、饲养方式等。一般情况下，牛的需水量可按每千克饲料 3～5 千克供给。舍饲肉牛一般每天上槽喂料 2 次，喂后下槽饮水，中午可加饮水 1 次。最好是自由饮水。冬天应饮温水，可促进采食、消化吸收并减少体温散失，利于增重。

三、生长特性

1. 生长规律

肉牛一般在 12 月龄以前生长速度最快，饲料利用率也相应较高。随着年龄的增加，生长速度逐渐变慢，肌纤维变粗，肌肉嫩度及肌肉在胴体中所占的比重逐渐下降，脂肪所占比重逐渐增加。从饲料利用率的角度分析，肉牛实施后期育肥在经济上是不划算的。

2. 补偿生长

肉牛在生长期，由于营养供应不足，生长发育适当受阻后，等到恢复高营养水平饲养时，其生长速度会比未受限制的牛快，通常把这一现象称为肉牛的补偿生长。补偿生长会使生长适当受阻的小牛恢复到正常体重，为架子牛育肥提供增重保证。但如果牛在早期生长发育受到严重阻碍，后期生长则很难补偿。

四、对环境的适应性

从其他地方引入的牛,只要自然环境接近,能很快适应新环境。在异地育肥时,如果产地与引入地的环境条件一致,有助于肉牛的生长。肉牛对低温的适应能力强于高温,当环境温度超过27℃时,牛采食量减少,影响生长。环境温度低于10℃,牛的维持需要增加,可使牛对于特质的采食增加5%～10%,温度过低也会影响增重,浪费饲料。因此,牛舍要注意夏季防暑降温,冬季防寒保温,舍内温度控制在10～25℃为好。

第三节 牛品种及体貌特征

牛肉生产的关键之一是品种的选择。要求优良品种肉牛在一般肥育饲养条件下,日增重较高,肉质优良,胴体中骨骼比例少,能适应各种环境,料肉比低,可产生较好的经济效益。

经过长期的选种选育,按其体型大小,分为大型肉牛品种(夏洛莱牛、利木赞牛等)和中小型肉牛品种(海福特牛、肉用短角牛和安格斯牛等)。我国黄牛按其地理分布分为北方黄牛、中原黄牛和南方黄牛3大类型。北方黄牛主要包括蒙古牛、延边牛、复州牛、哈萨克牛等;中原黄牛主要包括秦川牛、南阳牛、鲁西牛、晋南牛、冀南牛等;南方黄牛主要包括闽南牛、巴山牛、皖南牛、三江牛、邓川牛等。

一、引进的肉牛品种

(一)西门塔尔牛

西门塔尔牛原产于瑞士。现在该牛已成为世界上分布最广、数量最多的牛品种之一。是世界著名的大型乳、肉、役兼用的优良品种,被畜牧界称为全能牛。该牛引入我国后,对各地的黄牛改良效果非常明显,杂交一代的生产性能一般都能提高30%以上,是我国利用最多的外来品种。西杂牛已成为我国出口肉牛的重要品种。

1. 体型外貌

该牛毛色为黄白花或淡红白花,头、胸、腹下、四肢及尾帚多为白色,皮肤为粉红色,头较长,面宽;角较细而向外上方弯曲,尖端稍向上。颈长中等;体躯长,呈圆筒状,肌肉丰满;前躯较后躯发育好,胸深,尻宽平,四肢结实,大腿肌肉发达。

2. 生产性能

西门塔尔牛体躯高大,肌肉发达,瘦肉多、脂肪少且分布较均匀,肉质良好。母牛半育肥状态下屠宰率53%~55%,公牛育肥后屠宰率60%~65%,净肉率57%。12月龄内育肥日增重900~1000克,500日龄育肥体重达578千克,日增重1152克。

(二)夏洛莱牛

夏洛莱牛原产于法国,以体型大、增重快、饲料报酬高、生产大量优质肉而著称,因而引起世界各国的普遍重视,现分布于世界许多国家。

1. **体型外貌**

夏洛莱牛为大型肉牛品种，体大而强壮，毛色初生时为褐色，几周后即变成乳白色，少数为麦粒色；头小而宽，角圆而较长，并向前方伸展，角质蜡黄，颈粗短，胸宽深，肋骨方圆，背宽肉厚，体躯呈圆筒状；全身肌肉丰满充实，尤其是腿肉圆厚并向后突出，常见有"双肌牛"；四肢正直结实，公牛双鬐甲或凹背者多。

2. **生产性能**

夏洛莱牛具有皮薄、肉嫩、胴体瘦肉多、肉质佳、味美等优良特性。犊牛6月龄，公犊体重达234千克，母犊210千克，平均日增重1.1～1.2千克。12月龄，公牛体重达458千克，母牛可达368千克。阉牛14～15月龄体重为495～540千克，最高可达675千克，育肥期日增重高达1.88千克，屠宰率65%～70%，胴体瘦肉率为80%～85%。

(三)利木赞牛

利木赞牛原产于法国中部的利木赞高原，并因此得名。在法国，其主要分布在中部和南部的广大地区，数量仅次于夏洛莱牛，育成后于20世纪70年代初输入欧美各国，现在世界上许多国家都有该牛分布，属于专门化的大型肉牛品种。

1. **体型外貌**

利木赞牛毛色由黄到红，深浅不一。背部较深，腹部、四肢内侧较浅，被毛浓厚粗硬。头短、嘴较小，额宽嘴宽。角白色、较短，公牛角伸向两侧，略向外卷；母牛角细，向前弯曲。体长，肌肉丰满，前躯发达，胸宽肋圆，腰背宽直，反平，四肢强健、细致。体型较小，但具有早熟性。一般较夏洛莱牛小。

2. 生产性能

利木赞牛生长发育快，早熟，产肉力强。整个生长期（3月龄至3岁）都适于生产商品肉。犊牛仅靠哺乳3月龄体重就达140～170千克，在半育肥条件下，8月龄公牛体重达250～300千克，日增重0.86～1.04千克，屠宰率63%～71%，胴体瘦肉率80%～85%，肉质良好，大理石纹结构明显。犊牛从8月龄开始肌肉呈大理石状，肉质细密，脂肪沉积薄，牛肉风味好，在市场上极受欢迎，补偿生长能力强，难产率极低，很适宜生产小牛肉，在国外的肉牛业中备受关注。

(四)海福特牛

海福特牛原产于英国，是世界上最古老的早熟中小型肉牛品种，并以其生长快、早熟、易肥、肉质好、饲料报酬高等优良特性驰名全球。

1. 体型外貌

具有典型的肉用牛体型，分为有角和无角两种。颈粗短，体躯肌肉丰满，呈圆筒状，背腰宽平，臀部宽厚，肌肉发达，四肢短粗，侧望体躯呈矩形。全身被毛除头、颈垂、腹下、四肢下部以及尾尖为白色外，其余均为红色。皮肤为橙黄色，角为蜡黄色或白色。

2. 生产性能

海福特牛育肥年龄早，增重较快，饲料利用率高。200天体重达311千克，日增重1.12千克，400天活重480千克。一般屠宰率60%～65%。肉嫩多汁，味美可口，呈大理石状。

(五)肉用短角牛

短角牛原产于英国，分为肉用和乳肉兼用两种类型。

1. 体型外貌

肉用短角牛被毛以红色为主,有白色和红白交杂的沙毛个体,部分个体腹下或乳房部有白斑;鼻镜粉红色,眼圈色淡;皮肤细致柔软。该牛体型为典型肉用牛体型,侧望体躯为矩形,背部宽平,背腰平直,尻部宽广、丰满,股部宽而多肉。体躯各部位结合良好,头短,额宽平;角短细,向下稍弯,角呈蜡黄色或白色,角尖部为黑色,颈部被毛较长且多卷曲,额顶部有丛生的被毛。

2. 生产性能

早熟性好,肉用性能突出,利用粗饲料能力强,增重快,产肉多,肉质细嫩。17 月龄活重可达 500 千克,屠宰率为 65% 以上。大理石纹好,但脂肪沉积不够理想。

(六) 安格斯牛

安格斯牛属于古老的小型肉牛品种。原产于英国,目前世界上多数国家都有该品种牛。

1. 体型外貌

安格斯牛以被毛黑色和无角为其重要特征,故也称其为无角黑牛。该牛体躯低翻、结实,头小而方,额宽,体躯宽深,呈圆筒形,四肢短而直,前后裆较宽,全身肌肉丰满,具有现代肉牛的典型体型。

2. 生产性能

安格斯牛具有良好的肉用性能,被认为是世界上专门化肉牛品种中的典型品种之一。初生犊重平均为 32 千克,205 天断奶重为 200 千克左右。屠宰率一般为 60%~65%。育肥期日增重(5岁以内)平均 0.7~0.9 千克。肌肉大理石纹很好。安格斯牛的优点是早熟,胴体品质好,出肉率高,对环境的适应性强,耐粗饲,抗病能力强。

(七)皮埃蒙特牛

皮埃蒙特牛原产于意大利,现在世界上多数国家都有分布。

1. 体型外貌

属中等体型,颈短厚,上部呈方形,腹部上收,体躯较长,臀部外缘特别丰圆。毛色灰白,鼻周、眼圈、嘴边、肛门边、阴门边、耳尖、尾端等处有黑毛,犊牛在幼龄时为乳黄色。公牛皮肤灰白或浅红色;母牛为白色或浅红色,也有暗灰或暗红色。角在20月龄变黑,成年牛后基部1/3为浅黄色。

2. 生产性能

皮埃蒙特牛的优点是高屠宰率、高净肉率和高瘦肉率。屠宰率为67%～70%,净肉率为60%,而瘦肉率为82.4%。骨量只占13.6%,优于其他牛种。一般公牛平均日增重为1500克。育成公牛15～18月龄屠宰适期的体重为550～600千克,眼肌面积特别大,达到121.8平方厘米,高于其他牛,在生产高档牛排方面具有很高的经济价值。成年牛身腰加长,后臀丰满,后期生长发育明显高于其他肉牛品种。

(八)丹麦红牛

原产丹麦西兰岛和洛兰岛,属中型乳肉兼用牛品种。

1. 体型外貌

丹麦红牛体型大,体躯长而深,胸部向前突出,有明显的垂皮,背长稍凹,腹部容积大,乳房发达,发育匀称,乳头长8～10厘米。被毛为红色或深红色,部分牛只腹部和乳房部有白斑,鼻镜为瓦灰色。公牛一般毛色较深。

2. 生产性能

丹麦红牛肉用性能亦好,公牛周岁内日平均增重可达1.1千克,2岁内达900克以上。24月龄公牛体重达720千克。在肥育期,12~16月龄的小公牛,平均日增重达1010克,屠宰率为57%。

二、我国地方良种牛品种

(一)秦川牛

秦川牛原产于陕西省关中地区,因"八百里秦川"而得名,属于国内体型高大的役肉兼用型品种之一。

1. 体型外貌

各部位发育匀称,公牛体躯长,胸部宽深,四肢粗壮。母牛四肢相对较高,臀部也较高。公牛头较大,额宽,面平,眼大,口方,颈粗短,垂皮发达,鬐甲高而宽。母牛头清秀,皮厚薄适中。秦川牛肩长而斜,背腰平直宽广,肋长而开张,荐骨多稍隆起,后躯发育较差,多属尖尻。四肢粗壮结实,两前肢相距较宽,有外弧现象。

秦川牛毛色有紫红、红、黄3种,前两种约占89%,鼻镜肉红色者占63.8%,黑、灰或黑斑者占36.2%。蹄壳分红、黑和红黑相间三色,红色占70.1%,黑色和黑红相间分别占16.8%和13.1%。

2. 生产性能

犊牛初生重23.5~24.5千克,成年公牛体重平均610千克,成年母牛体重400千克。在中等饲养水平下,饲养到18月龄时,平均日增重公牛为700克,母牛550克,阉牛590克。一般情况下胴体重375千克,净肉重190千克,屠宰率58%。

(二)南阳牛

南阳牛原产于河南省南阳地区,以白河和唐河流域平原分布最多。南阳牛属大型役肉兼用品种,按体型大小分为高脚牛、矮脚牛、短脚牛3种类型,现矮脚牛和短脚牛已为数不多。

1. 体型外貌

南阳牛体躯高大,肌肉发达,结构紧凑,体质结实,步伐轻快。一般鼻镜宽,鼻孔大,口大方正,眼大有神,鬐甲较高,肩胛斜长,背腰平直,荐尾略高,尾巴较细,四肢端正,筋腱明显,蹄大坚实。公牛头较短宽,肩峰隆起8~9厘米,前躯发达,睾丸对称;母牛头较清秀,窄长,长短适中,中后躯发育良好。

毛色有黄、红、草白3种,以黄色为最多,占70%以上。一般腹下及四肢毛色较淡。角形不一,公牛多为萝卜角及扁担角,母牛多细角、扒角、疙瘩角。鼻镜肉红色,可视黏膜为淡红色,蹄壳黄蜡色或带有黑筋条纹。

2. 生产性能

公犊初生重平均为31.2千克,母犊28.6千克,成年公牛体重850千克,母牛430千克。公牛8月龄开始育肥,18月龄体重达410千克以上,屠宰率55.6%,净肉率46.6%,眼肌面积92.6平方厘米;经强化育肥的牛屠宰率可达到64.5%,净肉率56.8%。南阳牛肉色鲜红,肉质鲜嫩,大理石纹明显。

(三)鲁西牛

鲁西牛是我国五大良种黄牛中的著名役肉兼用品种。原产于山东西部,中心产区为济宁、菏泽两市。该牛以优质育肥性能而著称。

1. 体型外貌

鲁西黄牛体躯高大而略短,骨骼细,肌肉发达,前躯较深宽,背腰宽平,侧望观长方形,具有肉牛的体型。皮毛以红黄、淡黄色较多,草黄色次之。鲁西牛按体格大小可分为大型、中型两种。大型牛又称高辕牛,四肢较长,胸围相对较小,行走较快;中型牛近似抓地虎,四肢较短,胸腹围大,步速稍慢。两种类型牛在体质外貌上有共同特点,公牛头短而宽,角较粗,颈短而粗呈弓形,颈下肉垂大,鬐甲高,前躯发达;母牛头稍窄而长,颈细长,肉垂小,鬐甲平,后躯宽阔。一般背、腰局部平直,肌肉发达,蹄大而圆,蹄、角多为棕色和白色。

2. 生产性能

鲁西牛成年公牛体重平均 644 千克,母牛平均 365 千克。18 月龄育肥牛日喂精料 2 千克,平均日增重,公牛 0.65 千克,母牛 0.43 千克。育肥 3 个月,18 月龄屠宰率可达到 57%~58.3%,净肉率 41.8%~49%,眼肌面积 72~89 平方厘米。成年牛屠宰率平均 58.1%,净肉率 50.7%,眼肌面积 94.2 平方厘米。

(四)晋南牛

晋南牛原产于山西省晋南地区,具有良好的役肉兼用性能。

1. 体型外貌

毛色以红色为主,部分为黄红色。晋南牛体躯高大结实,具有役肉兼用的体型外貌,公牛头短额宽,眼大有神,粉红鼻镜,顺风角,颈粗而短,垂皮发达,背腰平直,长宽中等,尻部长度适中,而腰角突出而宽,臀端较窄,前肢端正,后肢弯度大,后裆窄,蹄圆而大,蹄壁高,呈粉红色,致密。母牛头部清秀,乳房发育较差,乳头较细小。群众总结晋南牛基本特征为狮子头、老虎嘴、兔子眼、顺风角、木碗蹄,前肢如立柱,后肢如弯弓。

2. 生产性能

犊牛初生重 22~25 千克;成年公牛体重 600 千克,母牛约 340 千克。与秦川牛、鲁西牛、南阳牛相比,晋南牛生长发育较慢,公牛 2 岁体重仅达 240 千克,约为成年牛体重的 40%。但晋南牛公、母犊 2 岁前的生长发育速度没有差别。15 月龄幼牛育肥 3 个月,日增重可达到 0.63 千克,18 月龄活重达到 373 千克,屠宰率 58.4%,净肉率 50%。

(五)延边牛

延边牛原产于吉林省延边朝鲜族自治州,肉用性能良好。

1. 体型外貌

延边牛胸宽深,骨坚实。公牛头短额宽,角基粗大,呈"一"或倒八字形,颈厚隆起,肌肉发达。母牛头适中,角细长,多呈"龙门"角。被毛呈浓淡不同的黄色。

2. 生产性能

延边牛初生重公犊 22.5 千克,母犊 19.6 千克;成年公牛体重 465 千克,母牛 365 千克,其体重和体型大小是我国五大良种黄牛中较低的。公牛 18 月龄育肥 6 个月,日增重可达 0.81 千克;屠宰率 57.7%,净肉率 47.2%。

(六)蒙古牛

蒙古牛是一古老品种。长期以来该牛既是产区种植业的主要农耕动力,又是北方少数民族的主要乳食、肉食来源。饲养方式变化较大,牧区常年放牧,而农区多为舍饲。产区内地势高,冬季严寒多风,夏季炎热干燥,该牛均表现出良好的适应性。

1. 体型外貌

蒙古牛毛色多黑色或黄(红)色,头宽短粗,角长,色为蜡黄或青紫,呈"龙门"形。角间枕骨凹陷有沟。肉垂不发达,鬐甲低平,胸狭深,后躯较短,反部斜。乳基宽大,乳头较小,肢短,蹄坚实。

2. 生产性能

蒙古牛因肌肉发育欠丰满,产肉性能较差,尤其后腿发育更差。中等营养水平的阉牛平均活重376.9千克,屠宰率53%,净肉率44.6%,骨肉比1∶5.2,眼肌面积56平方厘米。蒙古牛有良好的役用性能,持久性强。

(七)三河牛

三河牛是我国第一个育成的乳肉兼用品种牛,产于内蒙古呼伦贝尔草原天河(根河、德勒布尔河和哈布尔河)而得名。

1. 体型外貌

三河牛被毛红(黄)白花,花片分明,有角。是我国牛品种中体型较大的品种之一。

2. 生产性能

公犊牛初生重35.8千克,母犊重31.2千克;6月龄公母牛体重分别为178.9千克和169.2千克;成年公母牛体重分别为1050千克和547.9千克。18月龄后日增重在500克以上。屠宰率超过50%,净肉率44%~48%。

(八)郏县红牛

郏县红牛主要产于郏县、宝丰、鲁山三县,相邻各县及洛阳、开封、南阳部分县、市亦有分布。

1. 体型外貌

郏县红牛体格中等大小,结构匀称,体质强健,骨骼坚实,肌肉发达。郏县红牛侧观呈长方形,后躯发育良好,具有役肉兼用牛的体型,部分牛背腰结合不良。头方正,额宽嘴齐,眼大有神,角短质细,角形不一,有龙门角、萝卜角、扁担角、丸角、平角等,以龙门角为最多,耳大灵敏,鼻孔大,鼻镜大多为肉红色(占 83.3%),蹄圆大坚实,蹄壳白色、黄蜡色或带红筋条纹。

郏县红牛毛色分紫红、红、浅红 3 种。

2. 生产性能

中等膘情成年牛屠宰率为 51.47%,净肉率为 40.87%,胴体净肉率为 79.42%,眼肌面积为 69.02 平方厘米。

(九)渤海黑牛

该牛是我国黄牛中仅有的两个黑毛品种之一,该牛育肥活牛销往香港,由于净肉率高、肉味鲜美而被当地誉为"黑金刚",很受市场欢迎。1990 年,又被国内有关部门指定为北京亚运会专用牛肉。

1. 体型外貌

渤海黑牛全身被毛黑色(占 84.3%),另外有锈黑(占 13.8%)和淡黑(占 2.6%)。少数牛(占 10%)在股间腹下部有小白章。成牛公牛平均活重 428.4 千克,体高 130.3 厘米;母牛体重 340.5 千克,体高为 117 厘米。

2. 生产性能

该牛育肥性能良好,经 4 个月育肥至 18 月龄屠宰的公牛活重达 446.45 千克,屠宰率 58.95%,净肉率 51.12%,眼肌面积 95.65 平方厘米。育肥期平均日增重 997.2 克。

(十)复州牛

复州牛原产于辽宁省辽东半岛中部的原复县及其周边地区。

1. 体型外貌

复州牛骨骼粗壮,结构匀称;全身被毛呈黄、红色,四肢内侧稍淡,而鼻镜为肉红色。

2. 生产性能

成年公牛平均体重764千克,母牛415千克。该牛体大力强,肉用性好。据试验,18月龄时进行100天育肥,平均日增重836克,平均屠宰率50.7%,净肉率40.3%,眼肌面积59.5平方厘米。

(十一)哈萨克牛

哈萨克牛原产于新疆北部、西部牧区,该牛乳、肉、役兼用,其乳肉是牧区群众主要的食品之一。

1. 体型外貌

被毛多杂色,黑毛个体占28.5%,黄毛占28.9%,还有红色、褐色和花色毛等。

2. 生产性能

该牛体躯粗壮,后躯较高,成年公牛体重369.2千克,母牛301.4千克。中等膘情的2.5岁阉牛,屠宰率47%,净肉率34.3%,且肉质细致,脂肪分布良好,风味很好。

(十二)温岭高峰牛

温岭高峰牛产于浙江东南沿海的温岭市及其周围地区。

1. 体型外貌

该牛肩峰高耸,前躯发达,骨骼粗壮,眼大突出,耳向前竖,耳薄且大,内生白毛。被毛黄色或棕黄色,尾帚黑色,鼻镜青灰色。公牛角粗大而开张,角尖黑而光亮。

2. 生产性能

成年公牛平均体重 423 千克,母牛 289.5 千克。阉牛(3 岁)屠宰率平均 51.04%,净肉率 46.27%,眼肌面积 69.28 平方厘米。肌肉细嫩,肉质良好。

(十三)闽南牛

闽南牛产于福建省南部地区。

1. 体型外貌

该牛毛色以黄色及褐色为主,另有少部分个体为黑色及棕红色。多数牛腹下及四肢侧毛色较淡,眼圈、鼻镜、背线、尾帚、蹄壳为黑色。

2. 生产性能

成年公牛平均体重 327 千克,母牛 258 千克;体质紧凑,结构良好,肌肉比较丰满;18 月龄阉牛育肥后平均屠宰率 52.9%,净肉率 44.8%,眼肌面积 57 平方厘米;肉质细嫩,风味鲜美。

(十四)西镇牛

西镇牛分布于陕西省的西乡、镇巴、洋县等县区,经长期选育而成。

1. 体型外貌

该牛毛色以红黄为主(7%),其次有黑色牛和烟色牛。公牛鬐甲高而宽,颈峰突起,母牛无颈峰。前躯发达,后躯较窄而斜,中躯粗壮,四肢较短。

2. 生产性能

成年公牛平均体重362.3千克,母牛261.1千克。公牛1~2岁经90天舍饲育肥,其屠宰率达53.9%,净肉率44.3%,眼肌面积58.7平方厘米,平均日增重665.3克,肉质良好。

第四节 我国肉牛业现状及对策

一、我国肉牛业现状

目前,我国肉牛饲养水平不高,平均胴体重、出栏率和出栏头均产肉量都比较低;牛肉产品档次低,优质和高档牛肉比重小,牛肉出口数量很小,肉牛良种覆盖率仅为30%,高档牛肉的比重不足5%。近十多年来,我国的肉牛行业有了较大的发展,其发展充分体现在下面几个方面。

1. 牛年末存栏数有了较大的增加

1992—2002年,在我国各种畜禽年末存栏数中,牛由10784万头增加到13084.8万头,增加21.3%;同期猪年末存栏数增加20.5%,羊增加52.7%,家禽增加107.7%。即牛和禽一样,属于快速增长型,而猪属于"稳步"增长型。

2. 牛肉产量有了较大的增加

1992—2002年,在各种肉类产量中,牛肉是增长最快的产品,即由180.3万吨增加到584.6万吨,10年内增长了2.24倍。而猪肉只增加64.2%;羊肉增加1.53倍;禽肉增加1.75倍。值得注意的是,在此期间,牛年末存栏数只增加21.3%,而牛肉产量增加 2.24 倍。牛肉产量增加快于牛年末存栏数增加,意味着以提供肉类产品为目的肉牛数量的增加。

3. 人均牛肉产量有了较大的增长

1992—2002 年,全国人均牛肉产量由 1.6 千克增加到 4.2 千克,增加 181%,同期人均猪肉产量由 22.9 千克增加到 33.7 千克,只增加 0.47%。

4. 世界名次排列有了跳跃式的提高

近十年来,我国牛肉生产的变化还表现在世界主要牛肉生产国地位的变化。1980 年中国牛肉产量仅占世界牛肉总产量的 0.6%,到 2000 年增加到 8.8%。在世界排行由第 16 位上升到第 3 位,成为仅次于美国和巴西的世界第三大牛肉生产国。

5. 肉类的产品结构有了较大的改善

到 1992 年我国的牛肉产量只占肉类总产量(包括禽肉)的 5.1%,猪肉在当时占 76.8%。经过十年的努力,牛肉产量占肉类总产量的比重已上升到 8.9%。

6. 牛的生产布局趋于合理

随着我国牛肉生产的发展,牛肉主要生产区域逐步从牧区转向农区。1992—2002 年,内蒙古、甘肃、新疆、青海、西藏五大牧区牛年末存栏数由 20.3% 下降到 16.1%;牛肉产量由 20.3% 下降到 12.1%。这是因为我国虽然有 43 亿亩北方草原,其中可以利用的有 30 多亿亩,但是由于草原退化、沙化,多数牧区已不能作为发展肉牛生产的主要基地。农区由于有着较丰富的饲草饲料,逐渐成为肉牛的主要繁殖基地和育肥基地,这反映了肉牛行业与粮食生产有着较密切的关系。

7. 品种改良步伐加快

我国从 20 世纪 70 年代末开始,先后引进乳肉兼用型西门塔尔牛、肉用型夏洛莱牛、利木赞牛、海福特牛等十多个品种的良种公牛，改良我国黄牛，使本地黄牛从单一的役用向乳、肉、役兼用方向发展。经过各地多年试验研究，确定了以西门塔尔牛、夏洛莱牛和利木赞牛为当家品种，根据不同地区、不同品种和不同的经济发展水平，采用不同的杂交方式和杂交组合。

8. 肉牛育肥向规模化、商品化方向发展

20世纪70年代以来，我国的肉牛育肥，首先是从供港活牛育肥开始的。香港市场优质牛肉价格高，普通牛肉的售价与优质牛肉售价几乎相差一半，达不到优质标准，盈利就少甚至亏本。因此，我国农村出现了5～10头的育肥户，50～200头的育肥肉牛场和上千头的肉牛育肥专业村，以及养肉牛上万头的集团公司。

9. 市场条件不断得到改善

随着城乡人民生活水平不断提高，瘦肉率高的牛肉消费量增长迅速，所以，内地市场的牛肉价格一直居高不下。沿海城市和经济发达地区牛肉更是供不应求，价格比内地高出1～2倍。港澳市场，每天屠宰活牛500头，年需活牛25万头，大部分活牛由内地供应。中东国家对中国的牛羊肉和活牛活羊很感兴趣，年成交额不断增加。东南亚地区对中国的牛羊肉十分欢迎。俄罗斯对我国牛肉的进口量较大。日本是潜力最大的牛肉、活牛贸易市场，目前市场上销售的主要是美国和澳大利亚的牛。国际市场需要高档牛肉，对检疫要求严格。我国高档牛肉已经开始批量生产，供应国内星级宾馆和饭店。牛肉分级分割，优质牛肉供应高档饭店烤涮，普通牛肉大众化消费，满足消费多元化的要求，提高了养牛业整体的经济效益。

二、我国肉牛业存在的问题及对策

我国黄牛以役用为主的地位在短短几年内就被农业机械替代,正由役用型逐步向兼用型和肉用型过渡。我国先后引进了十多个肉用牛品种,用以改良本地黄牛,从20世纪90年代开始逐步向肉用方向发展,但是同肉牛业发达国家相比还存在着相当大的差距。例如,肉牛出栏率低,头均胴体重和存栏牛产肉量偏低;优质牛肉比例偏小,节粮型的草食家畜在整个畜牧业结构中的比重较小,以及肉牛配合饲料、添加剂的比重和科技含量少;人均牛肉占有量少是我国肉牛生产存在的主要问题。

1. 没有真正的肉用牛品种

问题表现:虽然我国有巨大饲养量,有许多优良的地方品种,但它们均属于役用型品种或原始兼用型品种,体格小、生长速度慢、成熟晚、屠宰率低,不符合现代肉牛生产的要求。

解决建议:合适的肉牛品种是发展肉牛业的重要基础。应培育我国自己的肉牛品种,以我国自己的优良地方黄牛品种为基础,利用国外肉牛品种的优良特性,改造我国黄牛品种的缺点与不足,充分保留我国黄牛适应性强、耐粗饲和肉质好的优点。由于我国地域广阔,自然、经济和社会条件差别很大,因此在培育我国自己的肉牛品种时要注意多样性。

2. 尚未建立现代化的肉牛生产体系

问题表现:目前,我国的肉牛生产主要采用国外肉牛品种与当地黄牛进行简单的杂交、后代进行育肥的方式,所使用的肉牛品种并没有经过严格的杂交组合试验进行筛选,杂交的代数也没有进行有效的控制,有很大的盲目性和随意性,致使杂交效果很不稳定,生产效率不高,产品的档次较低,存在很大的隐患,如保种问题。

解决建议：建立肉牛生产体系必须根据当地的自然、气候、饲料资源等条件及产品的市场定位等情况，通过科学的试验程序，选择适当的品种并确定杂交组合方案，在此基础上建立相应的选育、扩繁及商品代种牛场，生产用于肥育的杂交犊牛，经过适当的生产模式育肥后出栏屠宰。

3. 尚未建立健全的肉牛产业化组织

问题表现：通常所说的"公司＋农户"的经营方式，仅仅是肉牛产业化的一个微观产业组织，这种微观组织只有通过宏观的产业组织才能充分发挥其职能。

解决建议：必须尽快建立起真正能够对一个地区或全国的肉牛业提供指导、咨询和信息等服务，并对整个肉牛业发挥组织、监督、管理和调控作用的宏观性组织。包括在肉牛的品种、数量、质量、价格以及产品的生产、加工、流通和贸易等方面进行宏观监督和调控，以及在产品标准、规章制度、促销和名牌战略等方面发挥作用。

4. 肉牛生产规模小，生产方式落后，技术水平低

问题表现：当前，我国的大中型肉牛育肥场和饲养场饲养及出栏的肉牛很少，仅占到5%左右，千家万户分散饲养是肉牛生产的主要形式。这种千家万户的生产形式生产规模小、生产条件差、生产方式落后和技术水平低，其结果是育肥期长、育肥效率低和牛肉的质量差，最终造成产品缺乏竞争力。

解决建议：应实行专业化生产、产业化经营，把分散的农户与大市场有机地连接起来。使肉牛产品从生产到消费的各个环节有机地连成一个完整的产业化体系。大力发展龙头企业，采取市场牵"龙头"、"龙头"带基地、基地连农户的发展模式，形成区域化布局、专业化生产、一体化经营、企业化管理和社会化服务的新格局。只有采用先进的生产方式和科学的饲养管理，才能提高肉牛的生产效率和产品的质量,获得最大的经济效益。

5. 牛肉产品品种单一,产品结构不合理

问题表现:牛肉产品分为不同的系列与类型,如小白牛肉、乳用公犊肉、周岁牛肉、1.5岁牛肉、西餐用牛肉、日韩式牛肉和普通牛肉等,不同系列的牛肉由不同的生产体系所生产,属于不同的档次,分别适合不同的消费群体,由于生产成本不同,市场价格的差别也很大。目前,我国的牛肉产品绝大部分是采用架子牛短期肥育模式生产的,品种单一、档次低,只适合普通的低级牛肉市场,不能满足其他牛肉市场的需求,致使大部分星级宾馆和涉外餐厅所使用的牛肉仍须进口,严重影响了肉牛生产的经济效益。

解决建议:肉牛生产应科学地调整产品结构,认真研究国内与国际市场对不同牛肉产品的需求与发展趋势,根据市场需求规划肉牛业生产体系的布局,有针对性地生产能够满足不同消费层次的各类牛肉产品,在满足国内牛肉市场需求的同时,进入国际牛肉市场。

6. 屠宰加工条件差,产品档次低,无法与国际接轨

问题表现:不同部位、不同肥度的牛肉市场售价差别很大,因而在牛的屠宰加工过程中,应根据牛胴体的肥度进行分级,按部位进行分割,以不同的价格进行销售。由于我国的肉牛胴体分级和肉质评定标准只在某些大型屠宰厂应用,大部分出栏肉牛仍在小作坊式的屠宰场屠宰加工,这些屠宰场工艺落后、设备简陋、卫生条件差,因而也就不能根据不同的标准有目的地生产不同档次的牛肉产品;不能对胴体按部位进行分割和排酸熟化处理,只能生产统肉,无法满足不同消费群体的不同需求,更无法与国际牛肉市场接轨,从而降低了牛肉生产的经济效益,也妨碍了我国牛肉进入国际市场。

解决建议:我国应加快肉牛胴体分级和牛肉质量评定标准的

推广工作,并与国际接轨。根据国内外牛肉市场的具体情况、我国肉牛的产肉性能特点以及我国肉牛产业的发展战略,整顿、改造肉牛屠宰加工行业,建设一批现代化肉牛屠宰加工企业。

7. 优质青粗饲料资源不足

问题表现:优质青粗饲料为养牛生产所必需。目前,我国肉牛生产所需的粗饲料主要来源于农作物秸秆,加工手段原始、营养价值低以及适口性差。有的养殖场和养殖户基本不喂青绿饲料,严重影响了肉牛的生产效率和肉质的提高。

解决建议:我国肉牛生产应广开饲料资源,科学、合理地利用饲料资源。根据肉牛的消化生理特性和不同地区的农业生产情况,配合退耕还林、退耕还草和种植业结构的调整,通过广开优质粗饲料和青绿饲料来源,选育粮饲两用作物品种,研究低质粗饲料合理加工与利用技术及推广秸秆青贮技术,使有限的饲料资源得以充分高效利用,为现代化肉牛生产提供可靠的饲料资源条件。

8. 草原肉牛业发展缓慢

问题表现:我国有40多万亩天然草原,长期以来一直是牛羊的主要生产基地。但由于各种因素,致使我国草原逐年退化,产草量与草质量逐年降低,载畜量下降,肉牛商品化生产进展缓慢,逐渐失去了草食家畜主要生产基地的地位。

解决建议:草原是重要的自然资源,应该在草食家畜生产中发挥重要的作用。由于我国草原牧区的特殊环境和生产条件,在肉牛生产体系中应该扮演特殊的角色,即成为商品育肥架子牛的重要生产基地,这样可进一步降低我国肉牛生产的成本。所以要强化草原的科学管理与合理利用,加大草原改良的力度,采取可行措施遏制草原退化的势头,进而逐步恢复其应有的生产能力。

三、提高肉牛生产效益的途径

纵观养牛业的发展趋势,稳定数量,努力提高单产(日增重等)是主攻方向,起关键作用的是科技水平,总的目的是提高养牛经济效益。

1. 选好良种,提高产肉率

良种肉牛生长速度快、饲料报酬高,而且肉质好。

2. 开辟饲料来源,降低饲养成本

草料是养好牛的物质基础,应充分利用当地农副产品,并进行科学的加工和调制,以提高其适口性和消化率。还应广种牧草并搞好秸秆的青贮,以降低饲养成本、提高经济效益。

3. 缩短饲养周期,提高出栏率

采取科学的饲养方法,尽量提高肉牛的生长、育肥速度,适量出栏上市,是降低成本、增加利润的有效选择。自繁自育者应在牛 1.5~2 岁、体重 300 千克左右时出栏比较合适;购架子牛育肥的应强度育肥 3~4 个月,在牛体重 500 千克左右出栏。

4. 努力提高日增重

肉用性能的提高主要表现在增重方面,而增重的高低往往与精料用量有关,如何以较低及较次的精料获得较高的日增重是我国肉牛业研究的重点课题。充分利用生长发育的早期优势是提高经济效益的有效手段,一般肉牛应尽早在 2~3 年内出栏,高档肥牛可适当延长饲喂年限。

5. 重视 3 个因素

从规模牛场买大架子牛到肥育出售经营实际情况看,除了饲养管理本身的科学化程度外,影响盈亏的主要因素有以下 3 个方面。

(1)购牛价格是否恰当,特别是架子牛体重问题,农村集市大多以估重定价,牛估重往往偏高,坑蒙现象时有发生,应逐步推广空腹称重为准。

(2)肥育期间(一般为 3 个月左右)的增重与饲料消耗之比,一般多在 1∶6 左右,前期生长快,耗料少,后期生长慢,耗料多,因此,要实行科学养牛,适时出栏。

(3)肥育出售时与购架子牛时每千克的差价。

6. 提高养牛业科技含量

要从根本上提高养牛经济效益,必须努力提高养牛科技水平,学习科学养牛知识,掌握先进养牛技术。如精、青、粗饲料加工调制合理搭配利用,高精料不行,单纯秸秆也不行,养牛业需与种植业种草联系起来,逐步推行粮、经、饲三元种植结构,优质饲草可以增加单位面积能量和蛋白质的产量,效益十分可观,对养牛业十分有利,青贮、氨化等行之有效的实用技术一定要扎扎实实推广好,决不能流于形式,造成人为浪费。

7. 种植人工牧草

牛是大型草食动物,所以肉牛的常用饲料以植物性饲料为主,一般分为青饲料、粗饲料和精饲料。许多研究表明,肉牛在舍饲情况下,粗料如以玉米秸为主,由于蛋白质含量低,要搭配 1/3～1/2 优质豆科牧草,再补饲饼粕类;粗料若以麦秸为主,肉牛很难维持其最低营养需要,必须搭配豆科牧草,另外补加一定数量的精料。

畜牧业发达国家都十分重视种植人工牧草,我国在种植人工牧草方面存在较大差距。虽然近年来有些企业参与草业生产,但是多数企业尚未把草业纳入自己的业务范围。

8. 掌握市场信息,拓宽销售渠道

饲养前要搞好市场调查,预测行情,掌握主动权。有条件的饲养户可以自己屠宰销售,以进一步拓宽销售渠道。

9. 要向区域化、专业化方向发展

要大力发展肉牛饲养专业村,发挥专业化养牛技术、信息、销路等方面的优势。如果分散饲养,牛的饲养量少,吸引不了外地购牛户,牛容易滞销,价格上不去。饲养规模也不宜盲目贪大,要因条件制宜,户养规模控制在 30～50 头,便于资金运转,减少因货物利息和人工费用过高而降低利润的问题。

第二章 牛场建设与设备

选择牛场和建筑牛舍,应根据牛的数量、种类和发展规模、资金和设备条件而定,并要符合卫生防疫要求,经济适用,便于管理和有利于提高利用率、降低生产成本。

第一节 牛场场址的选择

肥育牛场经常购进架子牛,将肥育后的肉牛运出去,流动性大,车辆来往频繁。饲草料不断运进场内,通常有庞大的饲草堆放在牛场内。同时牛属于大家畜,体积大,采食量大,排泄物比其他家畜多(据测定,每头中等体重的牛,每天的排泄物平均为20千克)。因此,建设牛场地点的选择十分重要。

1. 用地面积

土地是牛场建设的最基本条件,土地的利用应以经济和节约使用为原则,一般1头牛的占地面积分别为:牛舍休息场地8.5平方米,料库0.8平方米,干草堆放场9.4平方米,青贮池0.9平方米,场内道路3.5平方米,氨化池0.5~0.6平方米,场外道路0.6平方米。

牛场选址时,还应该注意尽量少占耕地,不过分强调土壤种类和物理特性,而应着重考虑土壤的化学和生物学特性,具体而言就是对场地的卫生状况、地方病和疫情进行充分细致的调查和研究,以决定取舍。

2. 地势高燥

肉牛场应建在地势高燥、背风向阳、地下水位较低,具有缓坡的北高南低,总体平坦的地方。切不可建在低凹处、风口处,以免排水困难,汛期积水及冬季防寒困难。

3. 土质

土质是土壤的物理、化学和生物学特性的总称。牛场场地的土质状况对于肉牛生产有着重要的影响,土壤一般分为黏土、沙土和沙壤土,选择地下水位较低的地势及沙壤土较好,因为沙壤土排水性强、透气性好,吸湿性和导热性小,质地均匀耐压,易渗水,热容量大,可抑制微生物、寄生虫和蚊蝇的孳生,并可使场区昼夜温差变化较小。

4. 水源水质

牛场的用水量比较大,包括牛场的未来发展用水、防火用水、员工的生活用水、牛只饮用水及饲养管理用水(如清洗调制饲料、冲洗牛舍、清洗机具、用具)等。牛每天饮用水量较大,一头中等体重的牛,每天饮水10～15升。环境温度升高或采食干饲料时,饮水量还要增加。水源要保证卫生,严禁肉牛饮用受污染的水,否则不仅影响牛的健康,也会严重影响牛肉的质量。为此对牛场水源的选择应高度重视。

5. 草料丰富

肉牛饲养所需的饲料特别是粗饲料需要量大,不宜运输。因此,肉牛场应距秸秆、青贮和干草饲料资源较近,以保证草料供应,减少运费,降低成本。

6. 交通方便

架子牛和大批饲草饲料的购入，肥育牛和粪肥的销售，运输量很大，来往频繁，有些运输要求风雨无阻，因此，肉牛场应建在离公路或铁路较近的交通方便的地方。

7. 卫生防疫

远离主要交通要道、村镇、工厂 500 米以上，一般交通道路 200 米以上。还要避开对肉牛场污染的屠宰、加工和工矿企业，特别是化工类企业。符合兽医卫生和环境卫生的要求，周围无传染源。

8. 避免地方病

人畜地方病多因土壤，水质缺乏或过多含有某种元素而引起。地方病对肉牛生长和肉质影响很大，虽可防治，但势必会增加成本，故应尽可能避免。

第二节　场地的规划和布局

依养殖规模大小决定牛场建设所需的项目。存栏 100 头以下的牛场，可以因陋就简，牛的圈舍可利用分散空余的棚屋，休息场可利用树荫等，以降低成本。通过精心管理来补充建筑设备上的不足。存栏 100 头以上的肥育牛场，建设项目要求比较完善，包括牛的棚舍(分牛棚、牛舍两种形式)。寒冷季节较长的地区要建四面有墙的牛舍，或三面有墙另一面用塑料膜覆盖，利用白天的阳光保温。较温暖地区多采用棚架式建筑)；休息场或圈(喂料后供牛休息用，主要用围栏建筑)；料库，拌料间，贮草扬；水塔或泵房；地磅房；场区道路；堆粪场；办公及生活用房。

一、牛舍设计的原则

修建牛舍的目的是为了给牛创造适宜的生活环境,保障牛的健康和生长的正常运行。花较少的资金、饲料、能源和劳力,获得更多的牛产品和较高的经济效益。为此,设计肉牛舍应掌握一定的原则。

1. 为牛创造适宜的环境

一个适宜的环境可以充分发挥牛的生产潜力,提高饲料利用率。一般来说,家畜的生产力 20% 取决于品种,40%～50% 取决于饲料,20%～30% 取决于环境。不适宜的环境温度可以使家畜的生产力下降 10%～30%。此外,即使喂给全价饲料,如果没有适宜的环境,饲料也不能最大限度地转化为畜产品;从而降低饲料利用率。由此可见,修建畜舍时,必须符合家畜对各种环境条件的要求,包括温度、湿度、通风、光照、空气中的二氧化碳、氨、硫化氢,为家畜创造适宜的环境。

2. 要符合生产工艺要求,保证生产的顺利进行

肉牛生产工艺包括牛群的组成和周转方式,运送草料,饲喂,饮水,清粪等,也包括测量、称重、防疫等技术措施。修建牛舍必须与本场生产工艺相结合,否则必将给生产造成不便,甚至使生产无法进行。

3. 严格卫生防疫,防止疫病传播

流行性疫病对牛场会形成威胁,造成经济损失。通过修建规范牛舍,为牛创造适宜环境,将会防止或减少疫病发生。此外,修建牛舍时还应特别注意卫生要求,以利于兽医防疫制度的执行。要根据防疫要求合理进行场地规划和建筑物布局,确定牛舍的朝向和间距,设置消毒设施,合理安置污物处理设施等。

4. 要做到经济合理,技术可行

在满足以上3项要求的前提下,牛舍修建还应尽量降低工程造价和设备投资,以降低生产成本,加快资金周转。因此,牛舍修建要尽量利用自然界的有利条件(如自然通风、自然光照等),尽量就地取材,采用当地建筑施工习惯,适当减少附属用房面积。牛舍设计方案必须是通过施工能够实现的,否则,方案再好而施工技术上不可行,也只能是空想的设计。

二、牛场布局

1. 生产与生活区分开

这是建筑布局的基本原则。生产区主要指养牛设施及饲草料加工、存放设施;生活区指办公室、食堂、厨房、宿舍等区域。

2. 风向与水的流向

依冬季和夏季的主风向分析,办公和生活区力求避开与饲养区在同一条线上,即生活区不在下风口,而应与饲养区错开,生活区还应在水流或排污沟的上游方向。

3. 棚舍方位

正常饲养牛舍是主要建筑,同时在场的边缘地带应有一定数量的观察牛舍,供新购入牛喂养观察、防疫、消毒之用。北方地区,牛棚纵轴通常为南北方向,气温较高地区可以东西向。三面墙的单列牛舍通常纵轴也为东西或偏东方向,背墙向北,以阻挡冬、春季的北风或西北风。

4. 安全

牛场的安全包括防疫、防火、防止夜晚跑牛,建筑及布局要考虑这3方面的因素。例如,易引起火灾的堆草场,在布局上应位于养牛区的下风向,一旦发生火灾不会威胁牛棚;同时采取拉开距离,或有宽的排水沟渠,或有高围墙等阻隔措施。对于防疫、防止跑牛的问题,在建筑及布局上均要有相应的安全防范措施。

第三节 肉牛舍类型

牛舍应建在场内生产区中心,尽可能缩短运输路线。修建数栋牛舍时,方向应坐北向南,采用长轴平行配置,以利于采光、防风、保温。牛舍超过4栋时,可两栋并列配置,前后对齐,相距10米以上。牛舍内应设牛床、牛槽、粪尿沟、通行道、工作室或值班室。牛舍前应有运动场,内设自动饮水槽、凉棚和饲槽等。牛舍四周和道路两旁应绿化,以调节小气候。目前常见的牛舍有拴系式和散放式两类。

一、拴系式育肥牛舍

拴系式牛舍亦称常规牛舍,每头牛都用链绳或牛颈枷固定栓系于食槽或栏杆上,限制活动;每头牛都有固定的槽位和牛床,互不干扰,便于饲喂和个体观察,适合当前农村的饲养习惯、饲养水平和牛群素质,应用十分普通。缺点是饲养管理比较麻烦,上下槽、牛系放工作量大,有时也不太安全。当前也有的采取肉牛进厩以后不再出栏,饲喂、休息都在牛床上,一直育肥到出栏体重的饲喂方式,减少了许多操作上的麻烦,管理也比较安全。如能很好的解决牛舍内通风、光照、卫生等问题,是值得推广的一种饲养方式。

(一)牛舍类型

拴系式牛舍从环境控制的角度,可分为封闭式牛舍、开放式牛舍、半开放式牛舍和棚舍几种。封闭式牛舍有利于冬季保温,适宜北方寒冷地区采用,其他3种牛舍有利于夏季防暑,造价较低,适合南方温暖地区采用。按照牛舍跨度大小和牛床排列形式,可以分为单列式和双列式。双列式牛舍又分为头对头式和尾对尾式两种。单列式只有一排牛床,跨度小,一般5~6米,易于建筑,通风良好,但散热面大,适于小型牛场采用。双列式有两排牛床,分左右两个单元,跨度10~12米,能满足自然通风要求。在肉牛饲养中,以对头式应用较多,饲喂方便,便于机械作业,缺点是清粪不方便。

1. 封闭牛舍

四面有墙和窗户,顶棚全部覆盖,分单列封闭舍和双列封闭舍。

(1)单列封闭牛舍只有一排牛床,舍顶可修成平顶也可修成脊形顶,这种牛舍跨度小,易建造,通风好,但散热面积相对较大。单列封闭牛舍适用于小型肉牛场。

(2)双列封闭牛舍舍内设有两排牛床,两排牛床多采取头对头式饲养,中央为通道。双列式封闭牛舍适用于规模较大的肉牛场。

2. 开放式牛舍

三面有墙,另一面为半截墙。

3. 半开放牛舍

三面有墙,向阳一面敞开,有部分顶棚,在敞开一侧设有围栏,水槽、料槽设在栏内。在冬季寒冷时,可以将敞开部分用塑料薄膜遮拦成封闭状态,气温转暖时即可把塑料薄膜收起,从而达到夏季利于通风、冬季能够保暖的目的,使牛舍的小气候得到改善。这类牛舍造价低,节省劳动力,但冷冬防寒效果不佳。

4. 棚舍

为四面均无墙,仅有一些柱子支撑梁架。

(二)拴系式牛舍的基本建筑要求

饲养头数50头以下者,可修建成单列式,50头以上者可修建为双列式。

1. 地基与墙体

地基的作用体现在承载牛舍自身重量、屋顶积雪重量和墙及屋顶承受的风力等方面。地基埋置深度根据牛舍总载荷、地基承载力、地下水位及气候条件等因素来进行确定,一般80～130厘米。由于基础墙比较容易受潮,进而引起墙壁及舍内潮湿,因此应注意基础墙的防潮防水,在基础墙的顶部通常应该设置防潮层。

墙壁是牛建筑结构的重要部分,按墙壁所处位置,可以分为外墙和内墙。外墙直接与外界接触,内墙在舍内不与外界接触。按墙的长短情况,墙壁又可分为纵墙和山墙(端墙),沿牛舍长轴方向的墙称为纵墙,两端沿短轴方向的墙称为山墙(端墙)。牛舍一般由纵墙承重。墙壁要求坚固耐久,耐水防火,承重墙的承载力和稳定性必须满足建筑结构设计的要求。墙的内表面应该便于清洗和消毒,地面以上1.0～1.5米高的墙面应设水泥墙裙,以防冲洗消毒时溅湿墙面和防止牛弄脏、损坏墙面。同时,墙壁应具有良好的保温隔热性能,这直接关系到舍内的温湿度状况。我国墙体的材料多采用砖墙,因为砖墙的毛细作用较强,吸水能力也强,为保温和防潮,同时为提高舍内照度和便于消毒等,砖墙内表面还应该用白灰水泥沙浆粉刷。墙壁的厚度应根据当地的气候条件和所选墙体材料的热工特性来确定,既要满足墙体的保温要求,同时要尽量降低成本和投资,避免造成浪费。一般墙体厚 24~38 厘米,即二四墙或三七墙。

2. 坡屋顶的层架高度

屋顶和顶棚起遮挡风雨和保温隔热的作用,要求坚固,有一定的承重能力,不漏水、不透风,要求屋顶必须具有良好的保温隔热性能。牛舍加设吊顶,可明显提高其保温隔热性能,但随之也增大了投资。

层架高度距地面 280~330 厘米,屋檐和顶棚太高,不利于保温,过低则影响舍内采光和通风。通气孔设在屋顶,大小规格单列式为 70 厘米×70 厘米,双列式为 90 厘米×90 厘米。通气孔应高于屋脊 50 厘米,其上设有活门,可以自由开闭,或者安装排气扇。

3. 牛舍窗

南窗规格 100 厘米×120 厘米,数量宜多,北窗规格 80 厘米×100 厘米,数量宜少或南北对开。窗台距地面高度为 100~120 厘米,一般后窗适当高一些。

4. 牛舍的门

肉牛舍通常在舍两端,即正对中央饲料通道设两个侧门,较长牛舍在纵墙背风向阳侧也设门,以便于人、牛出入,门应做成双推门,不设槛,外门一般高 2~2.4 米,宽 1.2~1.5 米,门外设坡道,便于牛只和手推车出入牛舍。

5. 给饲道(见彩图 3)

在对头式中,牛舍中央有 1 条通道,宽约 1.5~2 米,高出地面 10 厘米。两边依次为食槽、牛床、排尿沟、清粪道。

6. 饲槽

牛床前设有固定水泥饲槽,饲槽上口宽 60~70 厘米,下底宽

35~45厘米,底呈弧形。其上装有横柱,距地面165厘米,供栓牛用。

7. 供水设备

供水方式包括自流式供水和压力式供水。规模化牛场的供水一般都是压力式供水,其供水系统主要包括供水管路、过滤器、减压器和自动饮水槽等。

8. 牛床

牛床是牛吃料和休息的地方,牛床的长度依牛体大小而异。一般的牛床设计是使牛前躯靠近料槽后壁,后肢接近牛床边缘,粪便能直接落入粪沟内即可。肥育成牛床长1.9~2.1米,宽1.2~1.3米;6月龄以上牛床长1.7~1.8米,宽1~1.2米。牛床应高出地面5厘米,坡度为1%~1.5%为宜,以利于冲刷和保持干燥。牛床最好以三合土为地面,即保温又护蹄。

9. 排尿沟

牛床与清粪通道间设有排尿沟,排尿沟应采用水泥沟,用于接受牛舍地面流来的粪尿及污水。排尿沟的形式一般为方形或半圆形,沟宽35~40厘米,深10~15厘米,排尿沟向降口处要有1%~1.5%的坡度,保证尿水顺利排走。此外,也可采用水泥盖板侧缝形式,即在地下粪沟上盖以混凝土预制平板,平板稍高于尿沟边缘的地面,因而与尿沟边缘形成侧缝,牛排的尿,自动流入尿沟。这种形式造价较低,不易伤害家畜蹄部。

10. 清粪通道

清粪通道除用于清粪外也是牛进出的通道,多修成水泥路面,路面应有一定坡度,并刻上线条防滑。牛栏两端也留有清粪通道,宽为1.5~2米。

11. 降口

通称水漏,是排尿沟与地下排出管的衔接部分。为了防止粪草落入堵塞,上面应有铁箅子,铁箅应与尿沟同高。在降口下部,地下排出管口以下,应形成一个深入地下的伸延部,这个伸延部谓之沉淀井,用以使粪水中的固形物沉淀,防止管道堵塞。在降口中可设水封,用以阻止粪水池中的臭气经由地下排出管进入舍内。

12. 地下排出管

与排尿管呈垂直方向,用于将由降口流下来的尿及污水导入牛舍外的粪水池中。因此需向粪水池有3‰～5‰的坡度。在寒冷地区,对地下排出管的舍外部分需采取防冻措施,以免管中污液结冰。如果地下排出管自牛舍外墙至粪水池的距离大于5米时,应在墙外修一检查井,以便在管道堵塞时进行疏通。但在寒冷地区,要注意检查井的保温。

13. 粪水池

粪水池(或罐)分地下式、半地下式。不管哪种形式都必须防止渗漏,以免污染地下水源。应设在舍外运动场相反的一侧。距牛舍外墙不小于5米,须用不透水的水泥材料做成。粪水池的容积及数量根据舍内家畜种类、头数、舍饲期长短与粪水贮放时间来确定。故一般按贮积20～30天,容积20～30立方米来修建。粪水池一定要离开饮水井100米以外。

14. 运动场

肉牛肥育成年架子牛不必设运动场,若饲养犊牛需要在牛舍前面或后面设有运动场,按每只犊牛5～10平方米留置。运动场栅栏要求结实光滑,以钢管为好,立柱间距3米一根,立柱高度按地平计算1.3～1.4平方米,横梁3～4根。运动场地面以三合土或沙质土为宜,并要保持一定坡度,以利排水及便于清扫、清洗消毒。

二、散放式育肥牛舍

围栏育肥牛是育肥牛在牛舍内不拴系,高密度散放饲养,牛自由采食、自由饮水的一种育肥方式。围栏牛舍多位开放式或棚舍,并与围栏相结合使用。

1. 开放式围栏育肥牛舍

牛舍三面有墙,向阳面敞开,与围栏相接。水槽、食槽设在舍内,刮风、下雨天气,使牛得到保护,也避免饲草、饲料淋雨变质。舍内及围栏内地面最好是沙灰或三合土,要求平坦、干燥,向东、西、南有一定坡度,以便尿、冲洗污水水入排水沟。牛舍面积以每头牛2平方米为宜。双坡式牛舍跨度较小,休息场所与活动场所和为一体,牛可自由进出。每头牛占地面积,包括舍内和舍外场地为4.1~4.7平方米。

屋顶防水层用石棉瓦、油毡等,结构保温层可选用木板、高粱秆。一侧要有活门,宽度可通过手推车,以利于运进垫草和清出粪尿。厚墙一侧留有小门,主要为了人和牛的进出,保证日常管理工作的进行,门的宽度以通过单个人和牛为宜。其他相关建筑布局同拴系式育肥牛舍。这种牛舍结构紧凑,造价低廉,但冬季防寒性能差。

2. 棚舍式围栏育肥牛舍

此类牛舍多为双坡式,棚舍四周无围墙,仅有水泥柱子做支撑结构,屋顶结构与常规牛舍相近,只是用料更简单、轻便,采用双列对头式槽位,中间为饲料通道,其他相关建筑布局同拴系式育肥牛舍。

第四节 牛场设备

架子牛场的设备主要包括各种饲养栏、饲养设备、供水系统、饲料加工、饲料贮存、饲料运送、供暖设备、通风设备、粪便处理设备、卫生防疫设备、检测器具和运输工具等。

1. 保定架

保定架是牛场不可缺少的设备,用于打针、灌药、编耳号及治疗时使用。通常用圆钢材料制成,架的主体高160厘米,前颈枷支柱高200厘米,立柱部分埋入地下约40厘米,架长150厘米,宽65～70厘米。

2. 鼻环

鼻环有两种类型:一种为不锈钢材料制成,质量好又耐用,但价格较贵。另一种为铁或铜材料制成,质地较粗糙,材料直径4毫米左右,价格较便宜。农村用铁丝自制的圈,易长锈,不结实,往往将牛鼻拉破引起感染。

3. 缰绳与笼头

采用围栏散养的方式可不用缰绳与笼头,但在拴系饲养条件下是不可缺少的。缰绳通常系在鼻环上以便于牵牛;笼头套在牛的头上,是一种传统的物品,有了笼头,抓牛方便,而且牢靠。缰绳材料有麻绳、尼龙绳、棕绳及搓制而成的布绳,每根长1.5～1.7米,粗(直径)0.9～1.5厘米。

4. 卫生设备

竹扫帚、铁锨、平锨、架子车或独轮车是牛场清扫粪便、垃圾必备工具。这些物品在饲料加工运送时同样需要,但必需分开使用。牛清洁刷对肉牛来说很重要,在清洁牛体表面粪污的同时,可以清除皮毛下的寄生虫,促进血液循环,具有保健作用。牛清洁刷有棕毛的、铁丝的和尼龙的3种。

5. 吸铁器

由于牛的采食行为是大口吞咽,若草中混杂有细铁丝、铁钉等杂物时容易误食,一旦吞入,无法排出,积累在瘤胃内对牛的健康造成伤害。吸铁器分为两种:一种用于体外,即在草料传送带上或草权上安装磁力吸铁装置,清除草料中混杂的细小铁器。另一种用于体内,称为磁棒吸铁器。该设备由磁铁短棒、细尼龙绳、开口器、推进杆及指南针各一件组成。使用时将磁铁短棒放入病牛口腔近咽喉部,灌水促使牛吞咽入瘤胃,随着瘤胃的蠕动,经过一定的时间,慢慢取出,瘤胃内混杂的细小铁器吸附在磁力棒上一并带出。经诊断怀疑腹内有异物的牛均可利用此设备治疗。

6. 耳号牌

耳号牌是肉牛科学管理中必不可少的,除挂在耳壳上的号牌以外,也有挂在脖子上或笼头上的木牌、小铝牌,都有同样的作用,各地可就地取材。工厂化生产的牛耳号牌是近代科学技术的成果,用特殊塑料材料制成,配合有专用油笔、专用耳号钳,将耳号牌与垫片牢固地联接在耳壳上。塑料材料与油笔中的油墨能耐受阳光照射和风雨侵蚀,不变脆、不褪色、不脱落。耳号牌一般在小型牛场中使用的较多,少数大型肉牛场也可使用。

7. 青贮设施

青贮饲料是牛只很好的青绿多汁饲料。牛场在设计和建造时均应考虑到青贮设施的位置和修建。青贮设施应建在牛舍附近,以便于取用。青贮设施有青贮塔、青贮窖、青贮壕和青贮袋。规模较大的牛场,青贮饲料用量大,有条件的可修建地上青贮塔。虽投资较大,但经久耐用,青贮饲料损失少,青贮质量高。塔的大小可根据牛只多少确定。

8. 饲料库

规模较大的育肥牛场,应建有饲料库及调料库,室内要通风良好、干燥、清洁,夏季要防饲料潮湿霉变。库房地面及墙壁要平整,四周应设排水沟,建筑形式可以是封闭式、半敞开式或棚式。建筑材料可因地制宜,就地取材。

9. 堆草圈

为贮备干草或农作物秸秆,供牛冬春季补饲,牛舍周围应设堆草圈。堆草圈用砖或土坯砌成,或用栅栏、网栏围成,上面盖以遮雨雪的材料即可。堆草圈应设在地势较高处,或在地面垫一定高度的砖或土,堆草圈周围设排水沟,以利防潮。

10. 防疫设备

养牛场由于采用高密度的限位饲养工艺,必须要制定完善严格的卫生防疫制度,对进场的人员、车辆和牛舍内环境都要进行严格的清洁消毒,才能保证养牛高效率的安全生产。

凡进场人员都必须经过彻底消毒、更换场内工作服方可进入,而且工作服应在场内清洗、消毒,更衣间需要设置更衣柜。紫外线灯、冲洗消毒设施等。原则上保证场内车辆不出场,场外车辆不进场。必须进场的车辆,应设置进场车辆清洗消毒池、车身冲洗喷淋机等设备对车辆进行全面消毒。饲料或原料仓、集粪池等设施必须设计在围墙边。

目前,国内外最常用的环境清洁消毒设备有以下两种:一是地面冲洗喷雾消毒机,它是规模化牛场较好的清洗消毒设备,其主要优点是清洗消毒效果彻底,可靠耐用;耗水耗药低;既可冲洗又可喷雾;便于携带操作方便;效率高,省劳力。另一种是火焰消毒器,它利用煤油高温雾化,剧烈燃烧产生高温火焰对舍内的牛栏、饲槽等设备及建筑物表面进行瞬间高温燃烧,达到杀灭细菌、病毒、虫卵等消毒净化目的。同药物消毒相比,火焰消毒一是杀菌率高,多在95%以上,而药物消毒平均杀菌率只有84%;二是无残留,但药物消毒残留较多。

11. 通风降温设备

牛舍安装通风降温设备的目的在于排除牛舍内的有害气体,降低舍内的温度和局部温度。换气量多少应根据舍内的二氧化碳含量或水汽含量来计算,是否需要机械通风,可依据实际情况来确定,对于面积小、跨度不大、且门窗较多的牛场,可全部利用自然通风以节约能源。但是,如果牛舍空间大、跨度大、牛群饲养密度高,特别是采用水冲清粪或水泡清粪的牛场,要采用机械装置来加强通风。

12. 牧草收获机械

(1)传统式收获机械系统:本系统由牵引式割草机、横向搂草机、悬挂式集草机及推举垛草机组成。本系统适用于天然草场,动力选配方便,适应性广,作业效率高,虽然垛草环节缺乏适宜的机具,但仍是目前我国养牛、羊生产中广泛使用的机械系统。

(2)小方捆收获机械系统:本系统由割草机、搂草机、捡拾压捆机、草捆装载机及运输车辆组成。本系统在我国使用已有20年历史,由于机具质量及操作技术等原因,目前推广量不大,但已显示出便于运输和节省运输费用的优点,具有广阔的应用前景。

(3)大圆草捆收获机械系统:本系统包括割草机、搂草机、大圆草捆机和大圆捆装载机等。所打成的大圆草捆外紧内松,防雨性、透气性均好,可在露天储存,继续阴干,因此作业的牧草湿度可达25%。大圆草捆收获机械比小方捆收获机械的结构简单,使用技术水平要求不高,经济性能好。

13. 铡草机

铡草机也叫切碎机,主要用于牧草和秸秆类青饲料、干饲料的切短,分大、中、小 3 型。

(1)滚筒式铡草机:主要部件由上喂入辊、下喂入辊、固定刀刃和切割滚筒等组成。小型铡草机多为此形式。

(2)圆盘式(又称轮刀式)铡草机:主要部件由喂入、切碎、抛送和传动机构组成。大中型铡草机多为此形式,青贮料切碎多用圆盘式铡单机。

14. 饲料粉碎机

用于粉碎各种精饲料、粗饲料,使之达到一定的粗细度。目前国内生产的机型主要有锤片式、劲锤式、爪式和对辊式 4 种。

(1)锤片式饲料粉碎机:是利用高速旋转的锤片击碎饲料的机器,结构简单、适用性广、使用和维修方便,在国内应用广泛。既能粉碎谷物精料,又能粉碎含纤维、水分较多的青草、秸秆等饲料,粉碎粒度好。按喂料方向不同,又可分为切向喂入式和轴向喂入式两种。前者喂料口大,适于粉碎体积大,容量小的饲料。后者的特点是在转子上常有两把切刀。将饲料按转子转动方向轴向喂入后,饲料首先被切刀切成两段,然后再被锤片打击粉碎。该机适合粉碎茎秆粗的饲料。

(2)劲锤式饲料粉碎机:与锤片式饲料粉碎机类似,不同之处是锤片固定安装在转盘上,粉碎能力更强。

(3)爪式饲料粉碎机:由带圆齿的动盘和带扁齿的定盘构成。饲料由料斗喂入后,被动盘和定盘上的齿爪打击粉碎,再由卸料口排出。该机结构紧凑,体积小,重量轻,适合粉碎含纤维较少的谷粒饲料,成品较细。

(4)对辊式饲料粉碎机:由一对回转方向相反、转速不等、带有刀盘的齿辊进行粉碎,主要用于粉碎饼粕类饲料。

15. 其他建筑

牛场的设施将随着生产的发展不断变化,需要有一定的机动土地面积。例如,称牛是必不可少的生产项目,在牛场规模较小时,可用磅秤推来推去轮流使用。一旦改用地磅,则要按地磅的大小选用固定的地点。

装卸台的建筑容易被忽视,这一设施可减轻装车与卸车时的劳动强度,同时减少牛的损失。装车台可建成宽为 3 米,长约 8 米的驱赶牛的坡道,坡的最高处与车厢平齐。

第三章 牛的饲料

如何合理利用饲料资源、科学加工饲料,对养牛业的发展起着决定性的作用。作为养牛者,需要了解牛的营养需求及饲养标准,熟悉各类饲料的营养特性、饲用价值和科学合理的加工调制技术以及各类添加剂的物理化学特性,熟练掌握日粮配制技术。

第一节 牛的消化道及生理特点

肉牛的消化系统由口腔、食道、胃、小肠、大肠和肛门组成。牛没有切齿和犬齿,主要依靠上颌坚韧的肉质齿板代替,以及唇、舌的协同动作完成采食。牛的口腔有5个成对的腺体和3个单一腺体,前者包括腮腺、颌下腹、臼齿腺、舌下腺和颊腺;后者包括腭腺、咽腺和唇腺。唾液就是指以上各腺体所分泌液体的混合物。唾液对牛有着特殊重要的生理消化作用。

牛有4个胃室,即瘤胃、网胃、瓣胃、皱胃。前3个胃无腺体分布,主要起贮存食物和发酵、分解粗纤维的作用,称为前胃。皱胃黏膜内分布有消化腺,机能同一般单胃动物,所以又称真胃。牛胃的容量大,大型牛种成年牛胃的容量可达到200升,最大则可达到250升;小型牛胃多为50升。其中瘤胃的容量占总容量的80%。

犊牛的前三胃有食管沟,包括网胃沟和瓣胃沟,起始于贲门,向下延伸至皱胃。食管沟收缩时呈管状,起着将犊牛吸入的乳汁或其他液体自食管直接引入皱胃的通道作用。食管沟有两种收缩形式,一种是闭合不全的收缩,食管沟两唇仅是缩短变硬,两侧相对形成通道,有30%～40%的液体流经其间进入皱胃;另一种是闭合完全的收缩,两唇内翻,形成密闭管道,摄入的液体有75%～90%可直接流入皱胃,避开了瘤胃发酵。犊牛的摄乳方式对食管沟的闭合性有影响,当吸吮奶头时,乳汁可直接进入皱胃,几乎没有乳汁漏进网胃和瘤胃;但当用桶饮乳时,食管沟闭合不完全,乳汁极易进入网胃和瘤胃。犊牛随着年龄的增长,食管沟的闭合反射机能会逐渐减弱以至消失。如果一直喂奶,这一机能可保持相当长的时间,小白牛肉的生产正是利用了牛的这一生理特点。

牛的肠道特别发达,成年牛消化道长度平均56米,其中小肠长约40米,大结肠10～11米。由于具有复胃和肠道长的原因,食物在牛消化道内存留的时间较长,一般需要7～8天甚至十几天的时间,才能将饲料残余物排尽,因此,牛对食物的消化吸收比较充分。犊牛刚出生时,肠道占整个消化道的比例达70%～80%,此时小肠在营养物质的消化和吸收方面具有极为重要的作用。初生幼畜小肠黏膜对大分子物质具有高度的通透性,可以吸收完整蛋白质。幼畜所需的免疫物质都是由这种直接的吸收作用从母体初乳中获得的。但这种特性为期不长,犊牛出生7天后,这种特性就会丧失。因此犊牛出生后及时给予初乳,对幼畜的健康生长是至关重要的。

第二节 牛的营养需要

牛的生长和育肥需要能量、蛋白质、矿物质、维生素、微量元素等各种营养物质。任何一种营养物质供应不足或各种营养物质之间的比例不适当,均可能造成牛的生长育肥受阻。根据用途,牛的营养需要一般分为维持需要与生产需要。维持需要一般是指牛将消化吸收的营养物质用于呼吸、心跳、维持体温、内分泌以及正常生命活动的营养需要。生产需要是指牛用于生长和增重的营养需要。只有在维持需要被满足的条件下,牛才能将剩余的营养物质用于生长与增重。

我国的牛品种与杂交品种数量多,不同的品种差别大,同一品种不同的生产阶段及不同的饲养方式以及各地的气候条件也有很大差异。提出统一的、适用于所有牛的饲养标准是比较困难的,这种情况也造成了不同研究者所得出的研究结果有较大的差异。因此,牛的营养需要及饲养标准需要结合当地牛的情况及气候条件和饲草情况进行调整。

一、能量需求

能量是维持生命活动或生长、繁殖、生产等所必需的。牛所需的能量来自饲料中的碳水化合物、脂肪和蛋白质。但主要是碳水化合物,碳水化合物包括粗纤维、脂肪和无氮浸出物。碳水化合物在牛瘤胃中被微生物分解为挥发性脂肪酸。二氧化碳、挥发性脂肪酸被瘤胃壁吸收,成为牛能量的主要来源。

碳水化合物在动物体内含量很少,但它是牛体组织构成不可缺少的成分。如牛体的细胞核酸是由核糖、脱氧核糖组成的。碳水化合物还有一个重要作用,它是形成牛体脂的重要原料。食入的碳水化合物除了转变成糖原供作热能外,多余的都变成脂肪贮存起来,以备营养不良时作为能源物质。这一点对牛来说十分重要。

二、蛋白质需求

饲料中的蛋白质是由各种氨基酸组成的,牛对蛋白质的需要实质是对氨基酸的需要。缺乏蛋白质可造成生长缓慢、体重减少、消化功能减退、生产性能下降、抗病力减弱、繁殖功能紊乱等;蛋白质过剩时,虽然机体可以调节,将多余的氮排出体外,碳链作能量利用,然而长期、大量的过剩,则会引起代谢紊乱,导致中毒,还会造成环境污染。一般情况下,要求日粮中粗蛋白质的含量,犊牛应达到18%,成年牛应达到12%。

三、矿物质需要

牛需要的矿物质元素至少有17种,常量元素包括钙(Ca)、镁(Mg)、磷(P)、钾(K)、钠(Na)、氯(Cl)和硫(S)。微量元素包括铬(Cr)、钴(Co)、铜(Cu)、碘(I)、铁(Fe)、锰(Mn)、钼(Mo)、镍(Ni)、硒(Se)和锌(Zn)。

1. 钙

牛在十二指肠吸收饲料钙,主要用于合成骨骼、牙齿,参与神经传导,维持肌肉正常兴奋性。犊牛缺乏钙易形成佝偻病,成年牛缺乏易形成软骨症,并出现明显的啃石头、吃土等异食现象,但钙过量会影响日增重和对镁的吸收。

粗饲料的含钙量高于精饲料,食物以粗饲料为主的牛一般不易缺钙,但喂秸秆时易缺乏,因秸秆中的钙不易被吸收,对食物以精饲料为主的育肥牛,应注意补充钙。钙的补充料包括碳酸钙、石灰石粉、骨粉、磷酸氢钙、磷酸二氢钙和硫酸钙。

2. 磷

牛体内的磷主要存在于骨骼、大脑、肌肉、肝脏和肾脏中,是磷脂、核酸和酶的组成部分,参与体内能量代谢。牛缺乏磷生长缓慢,食欲不振,饲料利用效率下降,异食癖,繁殖率下降,甚至死亡,但磷过量易造成尿结石。磷的主要来源为磷酸氢钙、脱氟磷酸盐、磷酸钠等。注意钙磷比例,一般为 $(1\sim 2):1$。

3. 钠和氯

牛体内的钠主要用于维持渗透压、酸碱平衡和体液平衡,参与氨基酸转运,神经传导和葡萄糖的吸收。氯是激活淀粉酶的因子,胃酸的组成部分,参与调节血液酸碱性。钠和氯一般用食盐来补充,缺乏时肌肉萎缩,食欲不振。根据牛对钠的需要量占日粮干物质进食量的 $0.06\%\sim 0.10\%$ 计算,日粮含食盐即可满足钠和氯的需要。植物性饲料含钠低,含钾量高,青粗饲料更为明显,钾能促进钠的排出,放牧牛的食盐需要量高于饲喂干饲料的牛,饲喂高粗料日粮的盐量高于高精料日粮。

夏天食盐量可略高,冬天食盐量不宜增加,因为吃盐多,饮水量会增加,饮水食盐超过 2.5%,日粮含盐量超过 9%,会增加肾脏负担,牛体水肿,水代谢失调促发水毒症,以致危及牛的生命。

4. 镁

镁在神经肌肉传导中起重要作用,是许多酶的激活物质。缺镁会使牛发生抽搐症,食欲不振,饲料养分消化率下降。牛镁的适宜需要量为日粮干物质的 0.1%。犊牛每千克体重镁量为 $12\sim 16$ 毫克,按日粮干物质计算为 $0.07\%\sim 0.1\%$。日粮干物质含镁量超过 0.4%,就会出现镁中毒,表现为腹泻,增重下降,呼吸困难。早春和晚冬季节的青草与枯草中含镁量低,若此时易缺镁,发生抽搐症。镁的来源有碳酸镁、氧化镁和硫酸镁等。

5. 硫

硫是蛋白质、维生素和激素的组成部分,参与蛋白质、脂肪和碳水化合物的代谢。瘤胃微生物含菌体蛋白和 B 族维生素,瘤胃菌体可利用无机硫合成含硫氨基酸,进而合成菌体蛋白质。牛缺乏硫时食欲下降,唾液分泌增加,瘤胃微生物对乳酸的利用率降低,眼神发呆,消化率下降,增重缓慢。牛对硫的需要量约为日粮干物质的 0.1%,硫水平过高也会降低饲料进食量,并给泌尿系统造成过重负担,且干扰硒和铜的代谢。一般蛋白质饲料含硫丰富,而青玉米、块根类含硫量低。在以尿素为氮源或氨化秸秆、秸秆日粮饲喂时易产生缺硫现象,需补充含硫添加剂(硫酸钠、硫酸钙、硫酸钾和硫酸镁)维持其最适宜的硫平衡。保持牛最大饲料时食量的适当氮硫比为(10~12):1。

6. 钾

钾能维持机体正常渗透压,调节酸碱平衡,控制水的代谢,为酶提供有利于发挥作用的环境。缺乏时食欲下降,饲料利用率降低,生长缓慢,钾过量会影响镁的吸收。一般牛对钾的需要量为日粮干物质的 0.65%。热应激时,钾的需要量增加,约为日粮干物质的 1.2%。最高耐受量为日粮干物质的 3%。粗饲料含钾丰富,只有饲喂高精料日粮的牛才需要补充钾,一般采用氯化钾、碳酸氢钾、硫酸钾和碳酸钾补充。

7. 铁

牛对铁的需要量大约为 50 毫克/千克日粮。年龄较大的牛对铁的需要量很可能比幼年牛低。实际生产中采用的大部分饲料原料的铁含量都十分丰富,缺铁的情况不大可能出现,除非由于寄生虫感染而造成了慢性失血。铁通常都是以硫酸铁、碳酸铁或氧化铁的形式添加到日粮中。其中,硫酸铁的利用率最高,碳酸铁次之,氧化铁基本上难以利用。

8. 锌

锌广泛分布于牛体各种组织中,肌肉、皮毛、肝脏、成牛公牛的前列腺及精液中均含有锌。锌与被毛生长、组织修复、繁殖机能密切相关,是有关核酸代谢、蛋白质合成、碳水化合物代谢的 30 多种酶系统的激活和构成部分。牛缺锌后生长发育停滞,饲料进食量和利用率下降,精神萎靡不振,蹄肿胀并有开放性,鳞片状损害,脱毛,大面积皮炎,后肢、颈部。头与孔窍周围尤其严重,并有角化不全和伤口难以愈合等症状。另外缺乏锌还会影响到牛肉的风味。缺锌的牛日粮中添加 100~160 毫克/千克的锌,可迅速改善牛的缺锌症状,在 3~4 周内校正皮肤的损害与其他症状。饲料中常用的含锌添加物为硫酸锌、氧化锌、氯化锌和碳酸锌等。

9. 硒

硒是谷胱甘肽过氧化物酶的重要组成成分。谷胱甘肽过氧化物酶催化过氧化氢和脂质氢化物的降解,从而保护体组织不被氧化。我国土壤,水中缺硒的地区较多。亚硒酸钠、硒酸钠都可作为牛的补硒添加剂,但为剧毒品,要注意保存与安全使用。

10. 铜

铜对血红蛋白的形成、骨骼形成、毛发的生长有重要作用。铜缺乏导致的主要症状包括贫血症、骨质疏松等。牛因铜缺乏被毛干燥、易脱落,有时表现出明显的颜色变化,皮毛由黑色变为暗褐色。一般饲料中含铜丰富,但生长在缺铜土壤中的植物性饲料可出现铜缺乏症。铜通常以硫酸铜、碳酸铜或氧化铜的形式补充到日粮中。

11. 碘

碘的主要功能是合成甲状腺激素,甲状腺激素能够调节机体的能量代谢。饲喂含碘化合物还可预防牛的腐蹄病。一般碘需要量为日粮干物质的 0.5 毫克/千克。牛缺碘时甲状腺肿大,长期缺碘能导致增重降低,生长发育受阻,消瘦和繁殖机能障碍。此时,应增加饲料中碘的用量。碘化钾、碘酸钙和含碘食盐适宜添加。若长期饲喂含碘量高达 50~100 毫克/千克的日粮,牛会发生碘中毒。

12. 钴

牛的瘤胃微生物需要利用钴合成维生素 B,牛对钴的需要实际是微生物对钴的需要。进食的钴约有 3% 被转化成维生素 B,而合成的维生素 B 仅有 1%~3% 被牛吸收利用。牛对钴的需要量为 0.07~0.11 毫克/千克,应激情况下为 2~4 毫克/千克。缺乏时会妨碍丙酸的代谢,使丙酸不能转化为葡萄糖。牛出现食欲降低,精神萎靡,生长发育受阻,体重下降,消瘦,被毛粗糙,贫血,皮肤和黏膜苍白,甚至死亡。补钴常用氯化钴、硫酸钴、氧化钴。

13. 锰

主要存在于骨骼、肝、肾等器官和组织中。锰的功能是维持大量酶的活性,如水解酶、激素酶和转移酶的活性。牛的繁殖、生长和代谢都需要锰元素,锰还对中枢神经系统发生作用。一般饲料中含锰量低,锰的吸收利用率低,故在牛日粮中添加锰是必需的。缺锰使牛的生长速度下降,骨骼变形,关节变大,僵硬,腿弯曲。牛对锰的需要量为 20~50 毫克/千克,在应激条件下可达 90~140 毫克/千克。当日粮中钙和锰的比例上升时,对锰的需要量增加。日粮中若缺锰可用硫酸锰、碳酸锰、氯化锰补充,近年已有氨基酸合成锰,利用效率更高。

四、维生素的需要

维生素就是维持生命的要素,在饲料中虽然含量甚微,但所起作用极大。维生素种类很多,目前已知 20 多种,分为脂溶性和水溶性两大类。

1. 维生素 A

维生素 A 可能是牛饲料中最重要的维生素。维生素 A 的功能主要是在视色素的发生基因指导下生成视黄醛或作为对弱光敏感的视紫红质的组成成分。此外，维生素 A 也是正常生长和繁殖、上皮组织维护和骨骼发育所必需的。

圈养肥育牛对维生素 A 的需要量为 2200 国际单位/千克干饲料。维生素 A 缺乏的症状包括采食量降低、被毛粗糙、关节和胸部水肿、流泪、干眼病、夜盲症、生长缓慢、腹泻、惊厥抽搐、骨生长异常、失明、受胎率低、流产、死胎、幼牛失明以及其他感染；不过，其中只有夜盲症被证明是维生素 A 缺乏的特异症状。当上述症状中有几种同时存在时，应该考虑是否发生了维生素 A 缺乏。

2. 维生素 D

包括维生素 D_2 和维生素 D_3，前者是植物体内的麦角固醇经紫外线照射而成，后者是牛皮肤中的 7-脱氢胆固醇经日光紫外线照射后形成的产物。维生素 D 与机体内钙、磷代谢有密切关系。缺乏维生素 D 时，幼牛患佝偻病，成年牛患骨软症，食欲减退，生长缓慢，消化紊乱。自然干燥的牧草中的麦角固醇可转化为维生素 D，是牛维生素 D 的主要来源，牛在充足的日光下饲养也能获得一定的维生素 D，但用高青贮日粮和高精料日粮育肥牛时容易缺乏维生素 D；舍饲和强度育肥中也要补充维生素 D。

3. 维生素 E

维生素 E 在体内的贮存量不大，通常，许多组织中都有维生素 E 存在，其中以肝脏和脂肪组织含量最高。肉牛的维生素 E 需要量还没有确定，但估计幼牛的需要量在 15～60 国际单位/千克干饲粮之间。维生素 E 的耗竭和重新饲喂试验表明生长肥育阉牛最适宜生长的维生素 E 需要量为每日在日粮中添加 50～100

国际单位的维生素 E。幼牛维生素 E 缺乏的典型病症为白肌病,其症状包括肌肉营养不良、腿部肌肉衰弱、交叉行走,由于舌肌营养不良而引起吮乳障碍、心力衰竭、麻痹和肝坏死等。

4. 维生素 K

是一组具有典型的抗出血功能的脂溶性醌类化合物的总称。对反刍动物来说,瘤胃微生物合成大量的维生素 K_2,是最主要的维生素 K 源。维生素 K_1 在牧草和青绿饲料中含量丰富。

5. 维生素 B_{12}

维生素 B_{12} 对维持牛的正常营养、促进上皮的正常增生、加速红细胞的生成,以及保持神经系统髓磷脂正常功能有重要作用。研究表明,缺乏维生素 B_{12} 会降低纤维素的消化。维生素 B_{12} 的合成需要微量元素钴的参与,成年反刍家畜可以利用钴合成自身需要的维生素 B_{12},但幼龄反刍家畜瘤胃功能尚不健全,故必须由日粮供给。

6. 烟酸

烟酸可促进瘤胃微生物合成蛋白质,这可能是由于烟酸能够提高瘤胃中丙酸浓度,使乙酸和丁酸浓度降低的结果。

7. 硫胺素(维生素 B_1)

硫胺素有维护牛中枢神经系统正常功能、影响某些氨基酸的转氨作用和机体脂肪合成能力的作用。硫胺素缺乏的典型症状是肌肉运动失调、进行性失明、痉挛和死亡等特征。

五、水的需要

水在牛体内主要参与饲料的消化吸收、粪便排出和调节体温。水的需要量受牛的体重、环境温度、生产性能、饲料类型和采食量的影响。当水内含盐量超过1‰时,就会使牛中毒。在4℃之内,牛的需水量较为恒定,夏天饮水量增加,冬季饮水量减少。冬季给牛的水只要保持在10℃左右即可,有条件的地方最好饮用40℃的温水,以减少饲料的损耗。

生产实践中,最好的方法是给牛提供充足的饮水,让牛自由饮水。应根据牛群的大小,设立足够的饮水槽或饮水器,使所有的牛都能有机会自由饮水。

第三节 常用饲料的种类

国际上按饲料特性分类,将饲料分为青饲料、粗饲料、青贮饲料、能量饲料、蛋白饲料、矿物质饲料、维生素饲料和添加剂饲料8大类。

一、粗饲料种类

粗饲料是牛的主要饲料,含粗纤维较多,在干物质中粗纤维含量在18%以上的饲料便为粗饲料。粗饲料包括干草类、农副产品类(包括收获后的农作物秸、荚、壳、藤、蔓、秧)、干老树叶类等,它的特点是体积大,粗纤维含量高,营养价值较低。粗饲料中蛋白质的含量随其种类不同而有很大差别。豆科干草、豌豆蔓、花生藤、蚕豆蔓等含蛋白质较高,达10%~20%;禾本科干草6%~10%;秸秆、秕壳仅含蛋白质3%~5%,而粗纤维的含量却达25%~45%,质量较差。所以冬季喂牛不要单喂给稻草,如果只喂稻草,牛得不到需要的营养,就会消瘦、衰弱,甚至引起衰竭死亡。

1. 干草

干草是指青草或其他青饲料植物在未结籽实以前收割下来,

经晾干制成。由于干草仍保持部分青绿颜色,故又称青干草。干制青饲料的目的,主要是为保存青饲料中的有效养分,并便于随时取用。青饲料晒制后,除维生素 D 增加外,多数营养物质都比青贮饲料损失多。合理调制的干草,其干物质损失量约为 18%~30%。干草的营养价值高低取决于制作原料的植物种类、生长阶段和调制技术。就原料而言,由豆科植物制成的干草,含有较多的粗蛋白质。而在能量方面,豆科、禾本科以及谷类作物制成的 3 类干草之间没有显著的差别,但是优良干草中,可消化粗蛋白质的含量应在 12% 以上。

在山区适时采割的沼泽干草、山地干草、森林干草,可以用来喂牛。由于山地干草和沼泽干草的科属繁多,一般均称为杂草,其中包括大量的豆科、菊科等阔叶草本植物。

2. 秸秆饲料

指各种作物在收获籽实后的秸秆用做饲料,包括茎秆与叶片两部分。其叶片含营养成分较高,故叶片损失越少,其相对营养价值越高。常用的秸秆饲料主要有玉米秸、麦秸、谷草、稻草、糜草、大豆秸、豌豆蔓等。

3. 秕壳饲料

秕壳类饲料是籽实作物脱粒后的副产品,包括籽粒的外壳、不实粒及脱粒时附带脱落的穗轴、碎叶嫩枝等柔软部分,同时也会夹杂有野草种子等,其营养价值略优于同一作物的秸秆。常用的秕壳类有豆荚、花生壳及风谷时吹出的不实谷粒和碎叶等。其中各种豆荚含蛋白质较高,质量较好;谷壳、花生壳等粗纤维含量较高(按干物质计约为 45%~60%),消化率较低,蛋白质含量很少。

4. 枝叶类饲料

大多数树木的叶子(包括青叶和秋后落叶)及其嫩枝和果实都

可用做牛的饲料,且营养较高。树叶很容易消化,不仅能作牛的维持饲料,而且可以用作牛的生产饲料。枝叶虽然是粗饲料,但远远优于秸秆和荚壳类饲料。其营养成分随产地、季节、部位、品种、调制方式而有所不同。一般树叶中含胡萝卜素为110~250毫克/千克。在夏季,树叶饲料的粗蛋白质含量最高,约为36%;秋季以后逐渐降低,至冬季可降至12%。在养牛业上常用的枝叶饲料主要来自于柞树、胡枝子、椴树、榆树、柳树、桑树、杨树、桦树和果树等,一般嫩叶的干物质中含有15%~20%的粗蛋白质。

落叶是山区、半山区养牛的主要粗饲料,包括大柞树叶、小柞树叶、各种果树叶和阔叶类杂树叶等,其中以小柞树叶用做牛的饲料最为广泛。落叶类饲料多于霜后和早春收取,其可溶性营养物质流失较多,但优质落叶的营养成分仍高于秸秆类,接近于干草类饲料,通常落叶含粗蛋白质10.3%~26.3%、无氮浸出物37.8%~55.7%、粗纤维16.6%~35.2%、无机盐4.9%~10.3%,其中钙多磷少,且缺乏各种维生素。落叶类的饲料含有较多的鞣酸类物质,对非细菌性腹泻有止泻作用,但长期大量饲喂会影响牛的正常消化机能。

二、青绿多汁饲料

青饲料是指天然牧草、人工栽培牧草及蔬菜类饲料等。它的特点是养分较丰富,粗蛋白质含量较高,一般达12%~25%,质量比籽实类及农副产品好。粗纤维的含量在植物生长早期较低,后期则较高。青饲料适口性好,易于消化,但容积大,含水量多。在青饲料中豆科青饲料的质量比禾本科和蔬菜类饲料好。常用喂牛的青饲料有象草、甘薯藤、玉米叶、野青草、青刈玉米、青刈大豆、块根(茎)和瓜类饲料等。

1. 天然牧草及人工牧草

牧草种类很多,分豆科和禾本科两类。豆科牧草除紫花苜蓿外,还有三叶草、沙打旺、小冠花、紫云英、胡枝子、黄花草木樨和黄花苜蓿等。禾本科牧草包括黑麦草、无芒燕麦、茇茇草、紫穗羽茅、羊胡子草、鹅冠草、芦苇、碱草等;菊科牧草包括野艾、驼蒿、香蒿、奶子草等。

2. 象草

象草因大象爱吃而得名,象草又名紫狼尾草,由于该草产量高,近年来,在广东、福建和广西三省(区)作为牛场的集约化高产牧草利用。象草柔软多汁,适口性较好,利用率高,牛等畜禽均喜吃。象草除四季给牛提供青饲料外,也可调制成干草或青贮备用。

3. 甘薯藤

甘薯藤是甘薯的地上部分,鲜秧及时用铡草机或铡刀铡碎,进行饲喂。用来喂牛时,可与其他干草及精料配合饲喂,鲜秧最大饲喂量以每日每千克体重不超过 0.075 千克为好,每日分 2～3 次饲喂。初喂时宜少,以后逐渐增多,使其适应。

4. 青刈玉米

青刈玉米是青饲料中较好的饲料。玉米产量高,含丰富的碳水化合物,味甜,适口性好,质地柔软,营养丰富,牛很喜欢吃。青刈玉米用作牛饲料,一般是在抽雄穗到乳熟之前这段时间。根据牛群需要可分期收割,切碎后饲喂。

5. 青刈大豆

青刈大豆茎叶柔嫩,含纤维较少,含蛋白质多、脂肪较少,氨基酸含量丰富,是牛的优质青刈饲料。

6. 块根(茎)和瓜类饲料

该类饲料含水高,产量高,纤维少,易消化,适口性好,富含维生素,因此是冬春季节维生素的主要补充饲料,被称为多汁青饲料的当家饲料,尤以胡萝卜为主。

三、精饲料

精饲料是指禾本科和豆科等作物的籽实及其加工副产品。一般含粗纤维较少,含能量和蛋白质较高。按糖类和蛋白质的含量的多少,精饲料分为能量精料和蛋白质精料。

饲料干物质中粗纤维含量低于15%,粗蛋白质含量少于20%,无氮浸出物(糖类、脂肪)占60%~70%的饲料属能量精料,包括禾谷类籽实及其加工副产品和块根、块茎类饲料。用它来喂牛的主要目的在于供给能量。能量精料在营养上的特点是淀粉含量高,粗纤维含量少,易于消化利用,蛋白质较少;钙少磷多,B族维生素多,维生素A、维生素D较缺。因此,用能量饲料喂牛最好搭配一些蛋白质饲料,同时适当补充钙和维生素A,以使牛的日粮营养齐全。常用的能量精料有玉米、小麦、大麦、燕麦、碎米、谷粉、麸皮、细糠、甘薯等。

在饲料干物质中粗蛋白质含量高于20%、粗纤维含量低于18%的饲料属蛋白质精料。对牛来说,蛋白质饲料范围较广,包括一般含蛋白质丰富的油料籽实及其加工副产品以及适于瘤胃微生物利用的非蛋白质含氮物,如尿素和二缩脲等。常用的蛋白质精料以榨油副产品为主,如大豆饼、花生饼、椰子饼、菜籽饼、棉籽饼等,豆腐渣也属蛋白质精料。

1. 玉米

玉米籽实中含粗脂肪约4%,高油玉米品种可达10%,主要存在于玉米胚芽中,胚乳中淀粉含量约70%,粗纤维含量低,粗蛋白含量约8%~10%,是养牛精饲料中主要的能量饲料。玉米所含淀粉具有良好的过瘤胃特性,消化率高,适口性好。但是玉米所含蛋白质的质量差,家畜必需的赖氨酸、蛋氨酸和色氨酸含量低,使用中应注意与饼粕、鱼粉或合成氨基酸搭配。矿物质中钙的含量低,其他元素也不能满足家畜的营养需要,必须在配制日粮时给予补充。用玉米喂牛时不宜粉碎太细,有条件时可用热蒸汽软化压片则消化利用更好。

2. 高粱

籽实中含有约70%的碳水化合物和3.4%的粗脂肪,粗纤维含量低,矿物质中除铁的含量较高外,大都偏低,平均粗蛋白质含量9%,品质较差,其中赖氨酸、含硫氨基酸和色氨酸等必需氨基酸含量低,同时含有约0.2%~0.5%的单宁,由于单宁能抑制蛋白质在瘤胃的降解,养牛的混合精料中配合1%左右的高粱,不仅可提高有效能的含量,还有利于提高蛋白质的过瘤胃特性。

3. 大麦

大麦是裸大麦和皮大麦的总称,大麦的粗蛋白质含量高于玉米,粗纤维含量略高,略低于玉米,大麦的蛋白质品质较好,其中赖氨酸含量高出玉米1倍,矿物质含量也比较高。大麦是肉牛理想的能量饲料,用大麦肥育的牛,胴体脂肪洁白、硬实,成为优质肉的标志。

4. 豆科籽实

豆科籽实是一种优质的蛋白质和能量饲料。豆科籽实蛋白质含量丰富,约为20%~40%,而无氮浸出物较谷实类低,只有28%~62%。

由于豆科籽实有机物中蛋白质含量较谷实类高,故其消化能较高。特别是大豆,含有很多油脂,故它的能量价值甚至超过谷实中的玉米。无机盐与维生素含量与谷实类大致相似,不过维生素B_2与维生素B_1的含量有些种类稍高于谷实。含钙量虽然稍高一些,但钙磷比例不适宜,磷多钙少。

豆科饲料在植物性蛋白质饲料中应是最好的,尤其是植物蛋白中最缺乏的限制性氨基酸——赖氨酸的含量较高。蚕豆、豌豆、大豆饼的赖氨酸含量分别为 1.80%、1.76%和 3.09%。但是豆类蛋白质中最缺乏的是蛋氨酸,其在蚕豆、豌豆和大豆饼中的含量分别为 0.29%、0.34%和 0.79%。

豆类饲料含有抗胰蛋白酶、致甲状腺肿大物质、皂素和血凝集素等,会影响豆类饲料的适口性、消化率及动物的一些消化生理过程。但这些物质经适当的热处理(加热 100℃,3 分钟)后就会失去作用。

5. 大豆饼(粕)

大豆饼(粕)是以大豆为原料取油后的副产品。依取油工艺的不同,用压榨法取油后的副产品称为大豆饼,用浸提法取油后的副产品称为大豆粕。二者相应地在成分上稍有差异,大豆饼中残脂为 5%～7%,大豆粕中仅为 1%～2%,由于原料和加工方法的不同,产品成分与营养价值也存在差异。质量好的豆饼为黄色有香味,适口性好,但在日粮中添加量不要超过 20%。

6. 棉籽饼(粕)

棉籽饼(粕)是以棉籽为原料经脱壳、去绒或部分脱壳取油后的副产品。依取油工艺的不同产品分为饼与粕,加工中棉籽去壳的程度不同,产品质量各异。棉籽饼中含有游离棉酚等毒素,长期大量饲喂会引起中毒。日粮中添加量一般不超过 20%。

7. 菜籽饼(粕)

菜籽饼(粕)是以油菜籽为原料,加工取油后的副产品。依加工工艺的不同,产品分为饼与粕。菜籽饼(粕)中粗纤维含量较高为 12%～13%,属能量较低的蛋白质饲料,蛋白质品质较好,含有畜禽必需的氨基酸。产奶牛蛋白质降解率24%~44%,具有较好的过瘤胃性能。油菜属十字花科植物,种子中含有硫葡萄糖甙的成分,利用饼粕作饲料时会产生一种叫恶唑烷硫酮的具有抗甲状腺作用的物质,对家畜有害;菜籽饼遇水产生芥子的刺鼻气味,影响食欲。日粮中注意与其他饼类搭配,不宜单独使用。若浸泡发酵后再喂,能正常采食,对牛的生产性能没有影响。

8. 花生饼粕

花生饼是榨取了花生油后所得的副产品,去壳后榨油所得的饼叫花生仁饼,粗纤维含量低于7%,带壳榨油的花生饼,粗纤维含量约为15%,含蛋白质较少。花生仁饼的粗蛋白含量为43%~45%,但由于含脂量高,不耐久藏,若长期贮存,常寄生黄曲霉菌。由它产生的黄曲霉菌素,对牛有严重毒害作用,且花生饼在温度高时易酸败。因此花生饼宜新鲜饲喂,此外,花生饼还具有轻泻作用,牛过食易引起腹泻。

9. 亚麻籽饼粕

亚麻仁饼(粕)是以亚麻籽为原料,加工取油后的副产品。依加工工艺的不同,产品分为饼与粕。中国西北地区生产的油用型亚麻籽,常混有少量其他油料作物种子,俗称"胡麻籽"。蛋白质含量略低于菜籽饼,氨基酸组成中除赖氨酸含量较低外,其余与菜籽饼近似。胡麻籽饼中混有少量菜籽与芸芥籽,用作饲料时也会产生恶唑烷硫酮等有害物的问题。另一方面亚麻中含有亚麻苦甙,经酶解后会生成氢氰酸,食入过多,会引起中毒。因此,配制日粮时要与其他饼类混合使用或少量搭配。

10. 向日葵仁饼(粕)

向日葵仁饼(粕)是以部分脱壳的向日葵籽为原料,加工取油后的副产品。依加工工艺的不同,产品分为饼与粕。由于原料中含有一定数量的壳,因此壳、仁比例及加工后壳与油在向日葵仁饼中的残留量,成为决定其饲料营养成分的关键性制约因素。其中粗纤维含量大于 20% 的应归于粗饲料,属低能量蛋白质饲料,在养牛饲料中仍有一定的意义。

11. 小麦麸

小麦麸是以小麦籽实为原料加工面粉后的副产品。由于面粉加工品种不同,麦麸的内在质量存在差异,粗蛋白质含量 14%～15%、粗脂肪 3.9%、粗纤维 8.9%、矿物质与微量元素含量较高,其中锰与锌含量丰富,在中国饲料分类中属糠麸类。由于其蓬松柔软的物理性状,适口性好,在牛的配合饲料中占有重要地位。

12. 米糠

精制糙米时由稻谷的皮糠层及部分胚芽构成的副产品。因大米品种不同,米糠质量有较大差异。米糠含粗蛋白质 12.8%、粗脂肪 15%～17%、粗纤维 5.7%。脂肪中不饱和脂肪酸较多,易氧化变质,不宜久存,虽适口性较好,但喂后出现软脂肪,影响肉的品质。米糠经机榨或浸提法生产糠油后的副产品为米糠饼(粕),含脂量减少,其他成分与米糠相近,且易于保存和运输,不致因含脂量高在湿热季节引起霉坏变质而造成损失。

13. 玉米糠

玉米糠是玉米加工时脱离的外壳,由于其组成比例的变化及工艺的不同,产品质量差异变动较大。平均粗蛋白质含量 19.3%、粗脂肪 7.5%、粗纤维 7.8%,是蛋白质含量较高的能量饲料。

14. 大豆皮

大豆皮是大豆制油工业中采取去皮浸出工艺所得的副产品。大豆皮占大豆重量的 8%,占大豆体积的 10% 左右,主要成分是植物纤维。由于原料和加工方法的不同,营养成分有差异,配制日粮时可代替一部分能量饲料。

15. 酒糟

酒糟是以高粱、玉米、甘薯等为原料,用固体发酵法或液体发酵法制取乙醇后的副产品。其营养成分受原料、主辅料比例、发酵工艺等的影响,差异很大,是能量较高的蛋白质饲料,适口性都好,尤其适宜鲜喂。

16. 啤酒糟

啤酒糟是以大麦为原料,经过水浸泡、发芽、干燥、粗磨与秕壳等辅料混合,再水浸、加温、磨碎等工艺,分离大麦汁后的沉淀物,是啤酒酿造厂的副产品,是反刍家畜的好饲料。

17. 粉渣

粉渣是以玉米、小麦、大米、甘薯、马铃薯、豌豆等为原料,加工生产淀粉后的副产品。因原料和加工方法的不同,营养成分差别较大。要注意加工工艺中原料的浸泡是否用酸或碱液,以便配制饲料时控制粉渣的用量。

18. 甜菜渣

以糖用甜菜为原料,经切片、水煮、压榨等工艺提取糖料后的残渣,是制糖工业的副产品之一。甜菜渣可以鲜喂,每头牛日喂量20千克。鲜渣数量多时,可与含蛋白质多的豆科干草、豆荚壳等混合青贮,能调制成很好的青贮饲料。还可人工干燥,添加尿素、矿物质和维生素压制成颗粒饲料。

四、矿物质饲料

肉牛在生长发育和生产过程中需要十多种矿物质元素,均需由饲料摄入或人工补给。一般而言,这些元素在动物、植物体内都有一定的含量,如肉牛能采食多种饲料,往往可以相互补充而得到满足。但由于肉牛舍饲及现代集约化程度提高,单从常规饲料已很难满足其高产的需要,这种情况下必须另行添加。

1. 食盐

植物性饲料中一般含钠和氯较少,含钾丰富。补充食盐,可满足牛对钠和氯的需要,以及对矿物质平衡的要求;并有调味、促进唾液分泌、增加食欲、提高采食量的作用。给量应占日粮饲料量的 0.5%~1%。可以拌和在精料中饲喂,也可与其他矿物质混合制成盐砖让牛舔食。在缺碘地区,应以碘盐形式补给。

2. 含钙矿物质饲料

主要有石粉、贝壳粉、蛋壳粉、白垩粉等,它们的主要成分是碳酸钙。石粉即石灰石粉,含钙 38%;贝壳粉是用贝壳煅烧而制成的,含钙 37%;蛋壳粉是由鸡蛋、鸭蛋、鹅蛋和鹌鹑蛋等禽蛋粉碎而制成的,含钙 35%~40%。当日粮中磷多钙少时,用于钙的补充。通常给精料中配合 1.5%~2%使用。

3. 含磷矿物质饲料

单纯含磷的矿物质饲料不多,其价值昂贵,一般不单独补给,只有在个别情况下才使用。这类饲料主要有磷酸氢钠、磷酸氢二钠、磷酸等。

4. 含钙和磷矿物质饲料

主要有骨粉、磷酸钙、磷酸氢钙和脱氟磷酸钙等。骨粉含钙 30%、磷 14.5%,磷酸钙含钙 33%、磷 14%,磷酸氢钙含钙 23%、磷 20%。它们既含钙又含磷,且钙与磷比例恰当,符合牛的需要,消化利用比含钙矿物质饲料好,价格又比含磷矿物质饲料低,故日粮中钙、磷不足时,常用它们来补充。

5. 混合矿物质饲料

混合矿物质饲料是人们根据牛在不同生理状态对各种矿物质元素的需要,按一定比例配制而成的。目前这类饲料名目繁多,多以添加剂预混料形式使用。

五、动物性饲料

育肥牛动物性蛋白饲料主要指乳及乳品加工业副产品、渔业加工副产品、肉食加工副产品以及其他副产品。肉牛饲养上常用的有乳、脱脂乳、鱼粉、血粉、肉渣、蚕蛹等。肉牛动物性含蛋白质丰富,且品质好,所含氨基酸较全,比例也适当,特别是必需氨基酸含量高。

1. 鱼粉

鱼粉是用一种或多种鱼类为原料,经去油、脱水、干燥、粉碎后的动物性蛋白质饲料。其营养成分和营养价值,因原料质量、加工方法的不同有较大差异,我国鱼粉质量标准依粗蛋白质、粗脂肪、水分、盐分、砂石及颜色等指标的不同分为3个等级。鱼粉中一般含赖氨酸4%~6%,含硫氨基酸2%~3%,色氨酸0.6%~0.8%,是品质优良的蛋白质补充料,牛瘤胃蛋白质降解率35%~48%,具有较好的过瘤胃特性。鱼粉中一般含有6%~12%的粗脂肪,其中不饱和脂肪酸含量较高,易被氧化,贮存中要有干燥、冷凉的环境,以防变质。

2. 血粉

血粉是以畜禽血液为原料,经脱水加工而成的粉状动物性蛋白质补充饲料。血粉的加工方法中以喷雾干燥法工艺先进,产品质量可靠。优质血粉中赖氨酸含量高达6.67%,含硫氨基酸1.7%,与进口鱼粉的含量相近,色氨酸1.1%,比鱼粉高出1倍,但总的组成不平衡,需经过氨基酸的平衡调配才能达到较高的利用率。

3. 肉骨粉

肉骨粉是用动物屠宰后不宜食用的下脚料及肉类食品加工厂的残余碎肉、杂骨为原料,经高温消毒、干燥粉碎而成的动物蛋白质饲料。原料的来源、组成不同,质量差异较大,牛瘤胃蛋白质降解率60%左右。

4. 蚕蛹粉

蚕蛹粉是以桑蚕工业的副产品蚕蛹为原料,经脱脂等工艺制成的动物性蛋白质补充料。蚕蛹中含有一半以上的粗蛋白质和25%以上的粗脂肪,脂肪中含不饱和脂肪酸较多,不易贮存,须经脱脂后再加工成粉状,此时粗蛋白质含量可达70%以上,氨基酸和维生素B_2含量丰富,是优质蛋白质补充料。

5. 皮革粉

皮革粉是以制革工业副产品为原料,经浸泡、水解、分离铬、沉淀、干燥等工艺制成的动物性蛋白质饲料。

6. 羽毛粉

羽毛粉是以家禽羽毛为原料,经过净化、消毒、蒸煮、酶水解或膨化等工艺制成的动物性蛋白质饲料。

六、饲料添加剂

按国际饲料分类中的定义,饲料添加剂指为了补充营养物质,提高饲料利用率,改善饲料品质,防止饲料质量下降,促进和提高家畜的繁殖与生产性能,保障动物的健康而掺入饲料中的少量或微量营养性及非营养性物质。如非蛋白质含氮物、促生长剂、促

(青贮)发酵剂和生理调节剂等。

(一)营养性添加剂

1. 维生素添加剂

它是由合成或提纯方法生产的单一或复合维生素。常用的有维生素 A、维生素 D、维生素 E、维生素 K、B 族维生素及氯化胆碱等。由于瘤胃微生物能够合成大多数 B 族维生素,如饲料供应平衡,一般不会发生此类维生素缺乏症。但维生素 A、维生素 D、维生素 E、维生素 K 等脂溶性维生素应另外补充。

2. 微量元素添加剂

家畜常常容易缺乏的微量元素有铜、锌、锰、铁、钴、碘、硒等。一般制成复合添加剂进行添加。

使用时应注意 3 点:严格控制添加剂量并注意混合技术,如果混合不匀,则会给生产带来损失;必须考虑这些元素之间的相互关系,有的会产生拮抗作用,使利用率下降,从而起不到应有作用;这些元素一般都是以含有该元素的盐类添加的,而这些盐类往往含有一定结晶水,使用时应注意干燥,密封保存。

3. 氨基酸添加剂

用于家畜饲料的氨基酸添加剂,一般是植物性饲料中最缺的必需氨基酸,如蛋氨酸与赖氨酸。

4. 非蛋白氮

反刍动物在有一定能量营养物质的支持下,瘤胃微生物释放的脲酶将尿素分解成氨和二氧化碳等,微生物利用氨合成微生物蛋白质成为牛蛋白质营养的重要组成部分。此时,若有多余的氨,大部分通过瘤胃壁吸收进入肝脏合成尿素,一部分由尿排出,另一部分成为内源尿素进入血液回到瘤胃,或随唾液流入瘤胃,参与体内尿素再循环。可供牛利用的非蛋白氮来源主要有以下种类。

(1)尿素:在牛的饲料添加剂中尿素用得最多最普遍。肉牛喂尿素加工过的饲料,增重可提高10%～20%。

(2)氨:可用来处理秸秆,制作氨化饲草。液氨用量为秸秆干物质重量的3%。

(3)缩二脲:又名双缩脲,在牛瘤胃中能缓慢地释放氨,因此比尿素安全,适口性也较好。我国生产中混合精料中的添加量在2%以下。

(4)磷酸脲:又名尿素磷酸酯,由于含有磷酸,可作为青贮料的添加剂,加入混合精料中除提供氮源,还可补充磷源。

(5)碳酸氢铵:又名碳铵,一般不加入混合精料中,只用作调制氨化秸秆的氨源,用量占秸秆干物质重量的8%～12%。

(二)非营养性添加剂

这类添加剂本身在饲料中不起营养作用,但具有刺激代谢、驱虫、防病等功能。也有对饲料起保护作用的。

1. 促长剂

这类添加剂属于饲用抗生素类,其作用机制在于能抑制动物消化道内病原微生物的滋生,避免或减少有害微生物产生的毒素阻碍动物的生长,甚至引起临床或亚临床症状,从而促进家畜正常生长。同时抑制有害微生物对营养物质的争夺和破坏,达到提高饲料利用率,促进动物生长的效果。在技术上可采取定期更换种类的办法,为了防患于未然,使用这类添加剂要严格遵守国家饲料管理部门制定的有关条例与法规,同时认真执行。在养牛业中,主要用于犊牛、青年牛和肉牛,产奶牛禁用。

(1)杆菌肽锌:杆菌肽是一种环状多肽类饲用抗生素,由枯草杆菌或地衣型芽孢杆菌发酵、分离制取。我国农业部规定每吨饲料的添加量,3月龄以内的犊牛为10~100克(相当于42万~420万效价单位);3~6月龄犊牛为10~40克。生长期的牛,35~70毫克/(头·日)。

(2)硫酸黏杆菌素:又名多黏菌素E、硫酸抗敌素等,由多黏芽孢杆菌变种培养液中分离提取,通常制成硫酸盐作添加剂用。我国农业部规定,每吨牛饲料中硫酸黏杆菌素添加量为20克,屠宰前7天停用。

(3)泰乐菌素:又名泰霉素,由弗氏链霉菌经发酵制取。难溶于水,其磷酸盐或酒石酸盐则易溶于水。美国规定每头牛每天量为60~90毫克,即每吨混合精料中8~10克,我国可参考此剂量,同时规定屠宰前5天停用。

(4)黄磷酯素:又名黄霉素,由斑贝链霉菌发酵分离制取,肉牛适宜剂量为每头每日30~50毫克,即每吨混合精料添加4~6克。

(5)莫能霉素钠:又名瘤胃素、莫能霉素、莫能菌酸等。美国规定仅用于肉牛,每吨混合精料中的添加量为5~30克,约相当于每头每日摄入量50~360毫克,同时注意,若连续饲喂,以30天为1个周期,间隔一定时间,再继续使用或停用。瘤胃素可与泰乐菌素配伍使用,用量均不能超过推荐的最高剂量。

(6)拉沙洛西钠:又名拉沙里菌素钠,抗球虫效果好。停喂后,体内组织中残留极少,规定屠宰前5天停药。可促进肉牛增重,每吨混合精料中添加量为10~30克,必须混合均匀。牛饲料中如果计算错误或搅拌不充分,一旦浓度过高,会造成牛的死亡事故。

(7)马杜拉霉素铵盐:以铵盐形式作为抗球虫剂,对多数革兰阳性菌有效。生产实践中只准以1%浓度的预混剂向饲料中添加,同时充分搅拌均匀。

2. 防霉、防腐添加剂

在高温高湿的环境条件下存放的饲料,尤其是散装堆积的饲料,容易吸潮引起微生物繁殖而长霉。饲料的营养成分被微生物消化,降低营养价值;饲料中蛋白质发生腐败、脂肪变性等降低饲料的适口性;霉变严重时,微生物分泌的代谢产物有可能引起家畜中毒。

在高温潮湿的环境中,最简便易行的防霉措施是在饲料中加入防霉剂。大多数防霉、防腐剂的原料是有机酸和有机酸盐,它们能降低饲料的pH,使微生物不适应;同时多数有机酸参与家畜的能量代谢,成为营养需要的组成部分。

(1)丙酸:无色液体,无毒有刺鼻气味,可与水以任何比例混匀。豆科牧草青贮时可直接均匀加入;饲料中应用,通常采用以具多孔特性的硅胶或蛭石等材料吸附丙酸,然后加入饲料中,贮存中丙酸缓慢释放出来,收到防止霉菌滋生的效果。添加量依饲料含水量和环境条件的不同而异,高温潮湿的条件则添加量大些,干燥气候可以少些,每吨饲料的添加量按丙酸含量计为 0.3~0.8 千克。

(2)丙酸钙:由丙酸和碳酸钙加工制成,白色结晶颗粒或粉末,略有丙酸气味,使用方便,在饲料中受到潮湿即释放出丙酸起到防霉的作用,每吨饲料的添加量为 0.4~1 千克。

(3)丙酸钠:白色结晶颗粒或粉末,易溶于水,丙酸钠本身呈碱性,对皮肤有刺激性,使用中应予注意。其用法、用量与丙酸钙相同。

(4)山梨酸:无色针状结晶或白色结晶性粉末,略带刺激性臭味,在空气中氧化后着色,是一种不饱和脂肪酸,可参与动物体内脂肪酸代谢,因此,按推荐量使用无毒副作用,其抑菌原理主要是破坏微生物酶的作用,对霉菌、酵母等好氧菌有效。美国规定饲料中添加量为 0.15%,一般不超过 0.4%,即每吨饲料中 1.5~4 千克。

此外,甲酸、苯甲酸及其盐类等,也具有防腐、防霉作用。

3. 抗氧化添加剂

在温度、光照、潮湿或金属离子作用下,饲料中的有效成分易遭受氧化,使营养价值降低,尤其是维生素成分与脂肪。故防止或延缓饲料中有效成分被氧化变质而加入饲料中的物质称为抗氧化剂。如二丁基羟基甲苯、丁基羟基茴香醚、没食子酸丙酯、乙氧基喹啉等都是带有苯环的有机化学合成产品。都具有脂溶性,难溶于水,用量很小,几种配合使用具有协同效果,可减少添加量,降低成本。与柠檬酸、酒石酸等有机酸结合可增进抗氧化效果。由于价格较高,多用于复合维生素预混剂或饲用脂肪和油等经济价值较高的饲料中。

4. 粘结用饲料添加剂

主要用于颗粒饲料、干草饼和尿素舔砖的加工中,增加饲料的固结性。

(1)膨润土:又名皂土,主要成分为硅酸铝镁铁的水合物,此外还含有少量碳酸钙、石英、云母、钠盐、碳酸锰等,颜色依所含成分而不同,有白色、浅褐、浅灰等色。具有吸附、吸水和遇水膨胀的能力。膨润土的主要种类有钠皂土与钙皂土,以钠皂土的性能更好,可吸收本身重量5倍以上的水分,而钙皂土仅为 $1.5 \sim 3$ 倍。

(2)磺酸木质素:由造纸厂木浆生产的废液(黑液)中提取,干燥后为暗褐色粉末,含有木糖、碳水化合聚合体、铵盐及钙、镁、钠盐等成分。吸湿性强,略带甜味。黏度因产品生产工艺温度而有不同。饲料中用量应控制在4%以内。

(3)羧甲基纤维素钠:是纤维素经碱处理后的高分子化合物,白色或淡黄色粉末,无臭无味,有吸湿性,可溶于水,在中性或偏碱液体中具有很强的黏度。

5. 生理代谢调节剂

具有保证代谢正常进行的作用。常用的有碳酸氢钠、溴化钠、益生素等。

(1)碳酸氢钠(小苏打)：牛瘤胃的酸性环境对微生物的活动有重要影响，尤其是当变换饲料类型时(如在肥育后期由粗饲料变换为高精料催肥时)，可使瘤胃的 pH 值显著下降，而影响瘤胃内微生物的活动，进而影响饲料的转化。在肉牛饲料中添加碳酸氢钠 0.7% 后，能使瘤胃的 pH 值保持在 6.2~6.8 的范围内，符合瘤胃微生物增殖的需要，使瘤胃具有最佳的消化机能，提高 9% 的采食量，日增重提高 10% 以上。碳酸氢钠 66.7 克、磷酸二氢钾 33.3 克组成缓冲剂，肥育第一期添加量占牛日粮干物质的 1%，第二期添加 0.8%，日增重可提高 15.4%，精料消耗减少 13.08%，并且消化系统疾病的发病率大为减少。

(2)溴化钠：0.5 克溶于水中后拌精料喂，可限制牛的活动，减少能量的消耗，增加营养物质在体内沉积。日增重可提高 16.4%~17.7%，酮体重、肉重分别可提高 8.6% 和 10.5%。

(3)益生素：是一种有取代或平衡胃肠道内微生态系统中一种或多种菌系作用的微生物剂，如乳酸杆菌剂、双歧杆菌剂、枯草杆菌剂等，能激发自身菌种的增殖，抑制别种菌系的生长；产生酶、合成 B 族维生素，提高机体免疫功能，促进食欲，减少胃肠道疾病的发病率，具有催肥作用。添加量一般为牛日粮的 0.02%~0.2%。可以在牛日粮中或每日饲喂用活力 99 生酵剂制成的保健液 300~500 克，可以提供足够的益生细菌。

6. 非蛋白氮饲料

反刍动物可以利用其瘤胃微生物把非蛋白氮转变为微生物蛋白，随后又被瘤胃后消化管消化吸收转变为肉等。非蛋白氮指的是除蛋白质、肽和氨基酸以外的有机或无机的含氮化合物。按其物理和化学性状，一般可分为三大类：氨及其水溶物(如液氨、氨水)、尿素及其衍生物类(如尿素、缩二脲、缩三脲、羟甲基尿素、磷酸尿素等)、无机铵盐类(如硫酸铵、碳酸氢铵、磷酸铵)等。在反刍动物生产中应用最多的是尿素及其衍生物类。

(1)尿素:尿素是一种非蛋白质的简单含氮化合物,一般作化肥用的尿素含氮量在46%左右。如果这些氮全部被牛瘤胃中的微生物合成,则1千克尿素可相当于2.6～2.8千克蛋白质。牛是反刍家畜,瘤胃中有大量的微生物,当牛从饲料中获得尿素后,在瘤胃微生物分泌的尿素酶的作用下,先分解尿素产生氨,然后瘤胃微生物利用所产生的氨和饲料中的多糖合成菌体自身蛋白质,这些菌体蛋白质进入牛的皱胃和小肠,被畜体消化吸收利用。从消化利用的过程看,瘤胃微生物可将非蛋白氮转化成微生物,即菌体蛋白质,而微生物蛋白质丰富了畜体所吸收的氨基酸的数量和种类,使牛的蛋白质营养得到了改善。实际上非蛋白氮起到了蛋白质的营养作用,所以使用尿素作牛等反刍家畜蛋白质饲料的代用品是解决我国目前蛋白质饲料不足的重要途径。

①喂尿素的方法

· 尿素与谷物精饲料均匀混合饲喂,或把混合有尿素的精饲料与粗饲料或与轻工业副产品果渣、甜菜渣等混合均匀饲喂。尿素含量为0.1%～0.2%。

· 直接把尿素与青干草混拌,或尿素用水溶解后喷洒在青干草上饲喂;也可将尿素用水溶解后喷洒在干秸秆上封存14～20天后再饲喂。尿素含量同上。

· 用0.1%～0.2%的尿素与玉米、糖浆混合成液状饲料饲喂。

· 添加尿素制作青贮饲料饲喂:尿素的添加量一般为青贮物的0.2%～0.5%;或将尿素3.4～4千克、硫酸铵1.5～2千克,分别配成水溶液,掺入2000千克青贮物青贮,能增加青贮物中的硫元素,并能减少尿素的用量,降低成本,因而比前者更优。

· 制成尿素舔食砖舔喂:将尿素等非蛋白氮化合物与谷物精

饲料和矿物质等充分混合,压制成砖状舔砖。我国生产的尿素饲料舔食砖的主要成分为粗蛋白30%、尿素21%、糖蜜9%、食盐15%、骨粉4%,钙:磷为2:1,以及多种维生素和微量元素。使用时,将尿素舔食砖置于放牧草场或圈内,任牛只自由舔食,并供给充足的饮水。

②尿素喂牛应注意的问题

· 尿素不能直接喂,应注意饲喂方法。因为若将尿素直接喂牛会导致尿素在瘤胃内水解速度过快(常在30分钟内分解完毕),尿素这种爆发式氨释放速度与粗饲料中的碳水化合物降解速度不协调,使得粗饲料和尿素均不能充分被瘤胃中的微生物利用,不仅造成饲料和尿素浪费,而且还会因短时间内蓄积的氨引起牛只中毒,排泄后也会污染环境。

尿素不能饮用,也不能单独饲喂。一天的喂量不能一次喂给,而应该分次喂给,分2～3次将定量尿素溶于水中,然后拌入精料中喂牛。尿素喂后也不能立即饮水,目的是要减慢尿素在瘤中的分解速度,使瘤胃微生物有时间充分利用尿素分解产生的氨来合成菌体蛋白质。犊牛由于瘤胃尚未发育完全,瘤胃内缺乏微生物,所以不能给犊牛舔喂尿素。

· 严格尿素饲喂量。一般认为尿素最大喂量为每千克体重0.3～0.4克,超过0.4克/千克体重用量的,则可以引起牛只中毒;尿素含量超过日粮0.3%时,则饲料适口性下降,而牛的采食量降低,进而影响增重。

· 尿素要连续饲喂,因为牛体与瘤胃微生物对尿素都有一个适应过程,尿素喂量开始由少到适量增量,一般连续饲喂效果明显,间歇饲喂效果不明显。

· 合理配制牛的日粮:尿素喂牛时,牛日粮中应有足够的谷物饲料;牛日粮中尿素氮含量不能超过日粮总氮的5%,蛋白质水平保持在9%为宜;日粮中添加适当的硫(硫酸钾、硫酸钠提供)和磷

（骨粉提供），可以提高尿素的利用率。

·在牛只过度饥饿、长途运输后不能立即喂含尿素的饲料。因为在这些情况下，尿素在瘤胃中分解速度快，而降低尿素利用效率，也易发生中毒。

·不能将尿素与豆饼、苜蓿、三叶草等豆科牧草混合喂牛。因为这些饲料含脲酸量大，分解尿素，造成浪费；进入瘤胃分解速度快，易引起牛中毒。

·喂加尿素青贮饲料时，应先取出摊开，让氨气挥发后再喂牛，否则会发生余氨中毒。

·未断奶的犊牛不宜喂尿素。因为犊牛胃肠正常微生物区系在未断奶期间尚未建立，不能利用尿素，易发生胃肠不适，甚至中毒。

·开始喂含尿素饲料时，应有 2 周以上适应期，在此期间，逐渐增加饲喂量。

(2) 糊化淀粉尿素：尿素（15%～25%）和淀粉质原料（如玉米粉）和尿素氨缓释剂按一定比例混合均匀，然后经过高温、高压和突然减压的膨化过程，使淀粉糊化并将尿素嵌合和包被，这种被称作糊化淀粉尿素的饲料属于反刍动物专用非蛋白氮浓缩饲料。该种产品含粗蛋白可达 40% 以上，与豆饼相当，而且由于尿素与载体（淀粉）凝胶化，延缓在瘤胃中释放氨的速度，而且同步为瘤胃微生物提供碳源，有利于被微生物利用，可有效地防止氨中毒。六月龄以上的犊牛每天 200～300 克，育肥牛每天可添加量为 300～500 克。

(3) 包被尿素：包被尿素是尿素经加工后制成的 NPN 饲料。包被尿素使尿素与酶的接触机会减少，待包被物在瘤胃逐渐分解后，再逐渐地裸露出被包被的尿素。因此在瘤胃中尿素释放氮的速度减慢。目前，一般用羧甲基纤维素钠作包被材料。羧甲基纤维素钠与尿素的重量比为 35∶65（或 15∶85；2.5∶97.5）。加工的方法是把以上按比例配成的混合物,加上2份水搅拌均匀,在制粒机内通过孔径为12.5毫米的压模,制成颗粒,在20℃温度下冷却并干燥,即为饲用的尿素颗粒。经试验,该种尿素颗粒浸泡在39℃温水中(相当于瘤胃内的温度),经过2个小时只有50%被溶解,而不用羧甲基纤维素钠包被的尿素颗粒饲料,仅经过9分钟即可完全溶解。尿素经过包被以后,可以适当提高在精料、混合料中的配比,可占到2%～5%。

(4)双缩脲:尿素加热,自身缩合为双缩脲,该产品含氮量高,在瘤胃中释放氨的速度缓慢。以双缩脲为主要成分制成的牛用饲料蛋白添加剂已有通过鉴定的产品投放市场。推荐每头每日喂100～150克双缩脲添加剂,可减少1千克蛋白质精饲料。双缩脲添加剂不能水溶喂,不能单一喂。

(5)磷酸脲(尿素磷酸盐):磷酸脲是用尿素和磷酸作用生成的化合物,主要作为牛羊等反刍家畜专用添加剂。

用磷酸脲饲喂反刍动物后,血液和瘤胃液中过剩的氨能被磷酸中和,减缓了氨的释放和传递速度,而不致引起氨中毒。并能提供氨,补充磷。磷酸脲能增加反刍动物瘤胃的醋酸、丙酸含量及脱氢酸的活性,促进牛羊的生理代谢和对氮、磷、钙的吸收和利用。磷酸脲在瘤胃中释放氨的速度低于尿素,给肉牛的添加量可适当增加,但要考虑磷的含量应符合动物的磷需要量,不可过多。用于饲喂肉牛,以每100千克活重添加40克到精料中,适口性良好,增重明显,肉品质也较佳。

由于微生物蛋白质在成分上接近肉质,因此尿素类饲料产品喂育肥牛或育成牛的增重效果好于喂牛时增产奶的效果。

第四节 饲料的加工

饲料内含有一定的粗蛋白、粗纤维、氨基酸等多种营养成分，却不易被牛等直接吸收利用。饲料加工技术就是利用物理、化学原理改变秸秆的物理、化学性质，把农作物秸秆加工成牛容易消化吸收的单糖、双糖、氨基酸等小分子物质，从而提高饲料的消化吸收率。

一、干草的加工

干草是指牧草在不同生长阶段收割后干燥保存的饲草。通过晾晒或热风干燥，使牧草水分降低至15%~20%从而抑制酶和微生物的活性。牧草成熟后，干物质含量增加，但是消化率降低。因此，收割期应选择干物质含量与消化率的最佳平衡点。禾本科牧草收割适期。应是抽穗期至开化期，豆科牧草是开花初期到盛花期；制干草则应在干物质含量较高的盛花期收割。

(一)干草的种类

1. 豆科饲草

苜蓿是肉牛的主要豆科饲草。种畜、生长期小牛或当限制使用谷物饲料时，只有它是能单一使用的饲草。以它为主体蛋白质的日粮就不必再加蛋白质补充物。紫花苜蓿中的含钙量超过肉牛的实际需要，但它的含磷量却满足不了肉牛实际需要的一半。苜蓿的缺点之一是它容易使家畜发生臌胀病，尤其当干草潮湿或空气湿度高时更易发生。多叶的干苜蓿比粗茎秆多的苜蓿更易得膨胀病。其他豆科饲草有白三叶草、紫云英、草木犀等,均是肉牛的优良饲料。

2. 禾本科饲草

种植的禾本科饲草主要有象草、苏丹草、披碱草、燕麦、老芒麦、无芒雀麦等。天然草场生长较多的优良禾本科饲草主要是羊草和针茅等。蛋白质含量一般在 2%～10%,这些饲料中的矿物质含量很低,尤其是钙和磷。钙的含量为 0.3%～0.4%,磷的含量为 0.05%～0.2%。

(二)割草适期

干草的产量和质量与青草的收割时期关系密切。适时收割青草,能使干草可消化物质的产量增加。牧草成熟后,干物质含量增加,但是消化率降低。因此,收割期应选择干物质含量与消化率的最佳平衡点。禾本科牧草收割适期,应是抽穗期至开花期;豆科牧草是开花初期到盛花期;制干草则应在干物质含量较高的盛花期收割。

以苜蓿为例,收割过晚,因营养价值最高的叶和花序减少,饲用价值降低,产量也减少。干草的质量很大程度上取决于草的茎叶比例,叶的比例越大,干草的品质越好。收割过早(如在开花初期以前),下一年的产草量减低;在开花期收割,则下一年的产草量增加。

(三)割草的适宜高度

割草高度过高,干草产量降低,营养成分减少。割草过低,虽然当年的干草产量提高了,但下一年以及以后几年的产量却下降了,这样做实在得不偿失。

天然草地和人工草地,适宜的割草高度为距地面5～6厘米;当地面不平时可适当提高割草高度;下一年作采种用的多年生牧草和第一年播种的人工牧草,割草高度应为7～9厘米;茎秆下部较粗的高茎牧草,如芦苇和高大的杂草类,割草高度可适当提高,但不宜超过15厘米。

(四)干草的调制

刚收割的鲜草含水率为75%～80%。安全贮存干草最高含水量:散放干草为25%,打捆干草为20%～22%,铡碎干草为18%～20%,干草块为16%～17%。凡高于上述含水量者均不能安全贮存。北方气候较干燥,干草水分为17%时,可堆垛贮存;在南方,气候潮湿,水分为14%时才能贮存。因此,干草制备的主要关键是脱水。目前,调制干草的方法基本上分为两种:一种是自然干燥;另一种是人工干燥。调制干草的方法不同,养分损失差别很大。

1. 自然干燥法

自然干燥法不需要特殊设备,尽管在很大程度上受天气条件的限制,但为我国目前采用的主要干燥方法。晒制过程中要尽可能避免雨水淋湿,否则会降低干草的品质。与人工干燥法相比,自然干燥法效率较低、劳动强度大、制作的干草质量差、成本低,自然干燥的方式又可分为地面干燥、草架干燥和发酵干燥3种。

(1)地面干燥法:也叫田间干燥,牧草刈割后在原地或另选地势较高处晾晒,适合我国北方夏、秋季雨水较少的地区。牧草刈割后,原地平铺或堆成小堆进行晾晒,当水分降至50%以下时,再将牧草集成高约0.5～1米的小堆,任其自然风干。

(2)架上晒草法:在南方地区或夏、秋雨水较多时,可以在专门制作的干草架上进行干草调制。干草架主要有独木架、三角架、铁丝长架和棚架等。将刈割后的牧草自上而下地置于干草架上,厚度不超过70~80厘米,离地20~30厘米,保持蓬松,有一定斜度,以利采光和排水。草架干燥虽花费一定物力,但制得干草品质较好,养分损失比地面干燥减少5%~10%。

(3)发酵干燥法:阴湿多雨地区,光照时间短,光照强度小,不能用普通方法调制成干草时,可用发酵干燥法调制。将刈割的牧草平铺,经过短时间的风干,当水分降低到50%时分层堆积成3~5米高的草垛逐层压实,表层用土或地膜覆盖,使牧草迅速发热,经2~3天草垛内的温度上升到60~70℃,打开草垛,随着发酵热量的散失,经风干或晒干,制成褐色干草,略具发酵的芳香酸味,家畜喜食。如遇阴雨连绵天气无法晾晒时,可堆放1~2个月,一旦无雨马上晾晒,容易干燥。褐色干草发酵过程中由于温度的升高,造成营养物质的损失,对无氮浸出物的影响最大,损失可达40%,其养分的消化率也随之降低。

2. 人工干燥法

利用加热、通风的方法调制干草,主要有常温鼓风干燥和高温快速干燥。其优点是干燥时间短,养分损失小,可调制出优质的青干草,也可进行大规模工厂化生产,但其设备投资和耗能较高。

(1)常温鼓风干燥:牧草的干燥可以在室外露天堆贮场,也可在干草棚中进行干燥,堆贮场和干草棚中都安装常温鼓风机。不论是散干草还是干草捆,经堆垛后,通过草堆中设置的栅栏通风道,用鼓风机强制吹入空气,达到干燥。常温鼓风干燥适于在干草收获时期,大部分白天、早晨和晚间的相对湿度低于75%和温度高于15℃的地方使用。在空气相对湿度高的地方,鼓风用的空气应适当加温。干草棚常温鼓风干燥的牧草质量优于晴天野外调制的干草。

(2)高温快速干燥:高温快速干燥常用烘干机将牧草水分快速

蒸发掉,烘干机有不同型号,有的烘干机入口温度为75～260℃,出口温度为25～1160℃,有的烘干机入口温度为420～1160℃,出口温度为60～260℃。含水量80%～85%的新鲜牧草的烘干机内经数分钟,甚至几秒钟可使水分下降到5%～10%。对牧草的营养物质含量及消化率几乎无影响,如早期收割的紫花苜蓿和三叶草用高温快速干燥法制成的干草粉含粗蛋白20%,每千克含200～400毫克胡萝卜素和24%以下的纤维素。用快速干燥法制成的干草,占原来鲜草干物质的95%和90%～95%的胡萝卜素。

(3)压裂草茎加速干燥:牧草干燥时间的长短,实际上取决于茎秆干燥所需时间,茎与叶相比干燥速度要慢得多。当豆科牧草叶干燥到含水量15%～20%时,茎的水分含量为35%～40%。所以加快茎的干燥速度可加速牧草的整个干燥过程,同时可减少因茎叶干燥不一致造成的叶片脱落。常使用牧草压扁机压裂牧草的茎秆,破坏茎角质层的表皮,破坏茎的维管束使它暴露出来,这样茎中水分蒸发速度大为加快,茎的干燥速度大致能跟上叶的干燥速度。在良好的天气条件下,牧草茎经过压裂后干燥所需时间,与未压裂的同类牧草相比,前者仅为后者所用时间的1/2～1/3。干草压扁机有两种类型,圆筒型和波齿型。圆筒型压扁机装有捡拾装置,压扁机将草茎纵向压裂,波齿型压扁机有一定间隔将草茎压裂。牧草刈割后应尽快压裂,最好刈割、压裂和成条连续作业一次完成。农村也可使用滚辗。

(4)化学干燥剂加速干燥:近年的研究表明,某些化学物质能够加速豆科牧草的干燥速度。目前应用较多的有碳酸钾、氢氧化钾、碳酸氢钠、碳酸钙、磷酸二氢钾、长链脂肪酸甲基酯等物质,用这些物质的溶液喷洒豆科牧草紫花苜蓿,能破坏牧草表皮,特别是茎表面的蜡质层,促进了牧草体内水分的散发,加快了田间干燥的速度,缩短了干燥的时间,能够减少紫花苜蓿叶量的损失,提高蛋白质的含量和干物质的产量,使其消化率也有所提高。

(五)干草品质的评定

(1)牧草品种:豆科牧草的营养价值比禾本科牧草高。

(2)收割期:牧草在盛花期和成熟期收割时蛋白质、无机盐、维生素的含量比在初花期收割时要低。

(3)叶的比例:叶的营养价值最高,当叶的比例高时,整株牧草的营养价值也就高。

(4)颜色:深绿色牧草的质量最高,表明没受雨淋,胡萝卜素含量高。

(5)气味:优质牧草有香味,有霉味的牧草质量低。

(6)柔软性:牧草的柔软性好时,质量较高。

(7)杂质:腐草、枯草、泥土等杂质少时,牧草质量较高。

(六)干草成型加工

1. 草捆

有常规的小方草捆和圆形草捆。目前我国的牧草多用方草捆捡拾压捆机压制成小方草捆,草捆重量15~25千克,草捆密度100~180千克/立方米。为了便于贮存和运输,固定作业的高密度压捆机在生产中也有应用。草捆密度可达300千克/立方米,每捆重量30~35千克。在草地上大规模储备干草时,也采用大圆形草捆,草捆直径1.5~1.8米,草捆重量450~500千克。由于圆草捆重量大,其装卸运输必须应用机械。圆草捆具有较好的防雨雪性能,在田间贮存时损失较小。

2. 干草块

牧草/秸秆压缩成套设备由铡切系统、上料系统、搅拌系统、压缩系统、输出系统5个系统组成。农作物秸秆原料经晾晒风干后,经铡切系统进行铡切,铡切长度以3~5厘米为宜;铡切后进行搅拌堆积,使湿度均匀,水分以控制在20%为宜;通过输送系统上料,上料要求保持均匀,尽量去除原料中的杂质;原料进入搅拌系统进行搅拌,此系统中的去铁装置可以有效的去除原料中的金属物质;搅拌后的原料进入压缩系统进摩擦挤压,并通过模块形成成品有规则的挤出,出口最高温度可达100℃以上,原料由生变熟。成品通过冷却输出系统输出,经晾晒去水分后一般水分在14%以下为宜,进行称重包装,便可储存运输了。主要问题是干草块制作成本高。

3. 草颗粒

将干草粉碎后使用颗粒饲料压制机加工而成的直径为10～14毫米的草颗粒,体积小于所有其他产品。便于运输、贮存和机械化饲喂。

(七)干草饲喂技术

干草可以单喂,也可以与精料混合喂。混合饲喂可避免牛挑食和剩料,增加干草的适口性,增加干草的采食量。同时要防止干草内的铁丝和其他金属碎片、针、钉等危险物被牛误食入瘤胃。

二、青贮加工

青贮饲料是指将新鲜的青刈饲料、饲草、野草等,切碎装入密闭的容器(塔、壕、窖、堆、袋)内,经过微生物的发酵作用使青贮料发生一系列物理的、化学的、生物的变化,形成一种多汁、耐贮、适口性好、营养价值高、可供全年饲喂的一种营养丰富的多汁饲料。它基本保持了青绿饲料的原有特点,有青草"罐头"之称。是提高饲草的利用价值、扩大饲料来源和调整饲草供应时期的一种经济有效的方法,也是在冬季或舍饲饲养牛的主要饲料之一。青贮饲料可长时间保存,利于均衡供应喂饲。青贮饲料在调制过程中营养损失最小,仅为8%～10%,而调制干草养分损失一般为20%～30%。喂给肉牛优质青贮饲料能刺激食欲,特别在喂高精饲料日粮时更为明显,含多量干饲料的日粮拌入青贮饲料还有助于减少粉尘。有时使用青贮饲料还可以减轻臌胀病。因此,青贮是调制和贮藏青饲料的有效方法,是发展草食家畜,尤其是养牛业生产切实可行的技术措施。

(一)青贮原理

青贮原理是在缺氧条件下利用植株内碳水化合物、可溶性糖和其他养分,厌氧的乳酸细菌大量繁殖,进行发酵,产生乳酸,当酸度积累到一定浓度后氢离子浓度上升,就抑制了腐败菌和丁酸菌的生长,从而使原料中的养分能够绝大部分保存下来,达到长期保存的目的。

(二)青贮的优缺点

1. 优点

(1)保存营养:采用青贮工艺保存青饲料。营养的损失率为8%～10%,而制成干草保存营养损失率达20%～30%。

(2)来源广,成本低。玉米产区、麦类产区、杂粮混种地区,均有大量的可用来制作青贮饲料的原料,牧区利用野草青贮,前途十分广阔。

(3)用途广泛:青贮饲料可以作为冬春枯草期牛粗饲料来源,尤其对于舍饲牛是不可缺少的饲草。

(4)保质期:一般在6个月以下。

(5)适口性好:青贮饲料气味酸、香,适口性好,增加了牛的采食量。

(6)受气候影响小:青饲料制成青贮后,不受季节、气候的影响,一年四季均可使用。

(7)防火:青贮饲料无火灾的可能,因此安全性好。

(8)占地面积小:采用青贮时,每立方米体积内可以堆放青贮饲料450~700千克(干物质150千克左右)。如改为干草堆放,则每立方米体积内只能堆放干草70千克(干物质60千克)。

(9)灭菌、杀虫、消灭杂草种子:除厌氧菌种外,各种菌族都不能在青贮饲料中存活,各种植物的寄生虫及杂草的种子也都在青贮过程中被杀死。

(10)易消化:青贮饲料的消化率可达60%以上,而干草的消化率不到50%。

2. 缺点

青贮饲料不足之处是建筑青贮窖一次性投资大,需要管理技术高,饲料维生素D含量低。且不能当作惟一的粗料,更不能当作惟一日粮来源。其次,制作保存不当,也会发生霉烂、酸败、变质。

(三)青贮设施的要求

(1)不透气:这是调制良好青贮饲料的首要条件。无论用哪种材料修建,必须做到严密不透气。为防止透气,可在壁内裱衬一层塑料薄膜。

(2)不透水:青贮设施不要在靠近水塘、粪池的地方修建,以免污水渗入。地下或半地下式青贮设施的地面,必须高于地下水位。

(3)墙壁要平直:青贮设施的墙壁要求平滑垂直,圆滑,这样才有利于青贮饲料的下沉和压实。

(4)要有一定的深度:一般宽度和直径应小于深度,宽、深比为1∶1.5或1∶2,以利于青贮饲料借助于本身的压力压紧压实,并减少窖内的空气,保证青贮质量。

(5)防冻:各种青贮设施必须防止青贮冻结,影响使用。

(四)青贮设施

青贮设施是指装填青贮饲料的容器,主要有青贮窖、青贮壕、青贮塔、地面青贮设施及青贮袋等。

1. 青贮窖

青贮窖是我国广大农村应用最普遍的青贮设施。按照窖的形状,可分为圆形和长方形窖两种。在地势低平、地下水位较高的地方,建造地下式窖易积水,可建造半地下、半地上式。圆形窖占地面积小,圆筒形的体积比周长等尺寸的长方形窖较大,装填原料多。但圆形窖开窖喂用时,需将窖顶泥土全部揭开,窖口不易管理;取料时需一层层取用,若用量少,冬季表层易结冻,夏季易霉变。长方形窖适于小规模饲养户采用,开窖从一端启用,先挖开1~1.5米长,从上向下,一层层取用,这一段饲料喂完后,再开一段,便于管理。但长方窖占地面积较大。不论圆形窖或长方形窖,都应用砖、石、水泥建造,窖壁用水泥挂面,以减少青贮饲料水分被窖壁吸收。窖底只用砖铺地面,不抹水泥,以便使多余水分渗漏。

长方形窖容积计算公式为:长×宽×深=容积。

如果暂没有条件建造砖、石结构的永久窖,使用土窖青贮时,四周要铺垫塑料薄膜。第二年再使用时,要清除上年残留的饲料及泥土,铲去窖壁旧土层,以防杂菌污染。

2. 青贮壕

青贮壕是指大型的壕沟式青贮设施,适用于大规模饲养场使用。此类建筑最好选择在地方宽敞、地势高燥或有斜坡的地方,开口在低处,以便夏季排出雨水。青贮壕一般宽4~6米,便于链轨拖拉机压实。深5~7米,地上至少2~3米,长20~40米。必须用砖、石、水泥建筑永久窖。青贮壕是三面砌墙,地势低的一端敞开,以便车辆运取饲料。

3. 地面青贮堆

大型和特大型饲养场,为便于机械化装填和取用饲料,采用地面青贮方法。在宽敞的水泥地面上,用砖、石、水泥砌成长方形三面墙壁,一端开口。宽8~10米,高7~12米,长40~50米。可以同时多台机械作业,用链轨拖拉机压实。国外有的用硬质厚2~3厘米塑料板作墙壁,可以组装拆卸,多次使用。

4. 青贮塔

青贮塔适用于机械化水平较高、饲养规模较大、经济条件较好的饲养场,是有专业技术设计和施工的砖、石、水泥结构的永久性建筑。塔直径4~6米,高13~15米,塔顶有防雨设备。塔身一侧每隔2~3米留一个60厘米×60厘米的窗口,装料时关闭。原料由机械吹入塔顶落下,塔内有专人踩实。饲料是由塔底层取料口取出。青贮塔封闭严实,原料下沉紧密,发酵充分,青贮质量较高。

5. 青贮塑料袋

近年来随着塑料工业的发展,一些小型饲养场,采用质量较好的塑料薄膜制成袋,装填青贮饲料,袋口要求封口严实,不漏气,堆放在畜舍内,使用很方便。袋宽50厘米,长80~120厘米,每袋装40~50千克。但因塑料袋贮量小,成本高,易受鼠害。

(五)用作青贮的原料

作为青贮饲料的原料,首先是无毒、无害、无异味,可以作饲料的青绿植物。其次,青贮原料必须含有一定的糖分和水分。

1. 青贮类型

(1)玉米青贮:青贮玉米饲料是指专门用于青贮的玉米品种,

在蜡熟期收割,茎、叶、果穗一起切碎调制的青贮饲料。这种青贮饲料营养价值高,每千克相当于0.4千克优质干草。每千克玉米青贮中,含粗蛋白质20克,其中可消化蛋白质12.04克。维生素、矿物质含量丰富,适口性强。

青贮玉米含糖量高,制成的优质青贮饲料,具有酸甜、清香味;且酸度适中(pH4.2),牛喜欢采食。适宜采用砖、石、水泥结构的永久窖装贮,如果用土窖装贮时,窖的四周要用塑料薄膜铺垫,绝不能使青贮饲料与土壤接触,防止青贮饲料水分丧失或接触土壤而造成霉变。

(2)玉米秸青贮:玉米籽实成熟后先将籽实收获,秸秆进行青贮的饲料,称为玉米秸青贮饲料,是充分利用农作物副产品的有效方法。

(3)牧草青贮:牧草不仅可晒制干草,而且可制作成青贮饲料。在长江流域及以南地区,北方地区的6~8月雨季,可以将一些多年生牧草如苜蓿、草木樨、红豆草、沙打旺、红三叶、白三叶、冰草、无芒雀麦、老芒麦等调制成青贮饲料。但豆科牧草不宜单独青贮,因为豆科牧草蛋白质含量较高而糖分含量较低,满足不了乳酸菌对糖分的需要,单独青贮时容易腐烂变质。

(4)秧蔓、叶菜类青贮:这类青贮原料主要有甘薯秧、花生秧、瓜秧、甜菜叶、甘蓝叶、白菜等,其中花生秧、瓜秧含水量较低。制作青贮饲料时,甘薯秧及叶菜类含水率一般在80%~90%,收割后应晾晒2~3天,以降低水分。由于原料多数柔软膨松,填装原料时,应尽量踩实。

(5)混合青贮:混合青贮是指两种或两种以上青贮原料混合在一起制作的青贮。可以根据当地牧草种类和数量选择不同的饲草饲料进行混合青贮。如可将水分含量偏低(如披碱草、老芒麦),而糖分含量稍高的禾本科牧草与水分含量稍高的豆科牧草(如苜蓿、三叶草)混合青贮;也可将高水分青贮原料与干饲料混合青贮,如一些蔬菜废弃物(甘蓝苞叶、甜菜叶、白菜)、水生饲料(水葫芦、水浮莲)、秧蔓(如甘薯秧)等含水量较高的原料,与适量的干饲料(如糠麸、秸秆粉)混合青贮;以及糟渣饲料与干饲料混合青贮,食品和轻工业生产的副产品如甜菜渣、啤酒糟、淀粉渣、豆腐渣、酱油渣等糟渣饲料有较高的营养价值,可与适量的糠麸、草粉、秸秆粉等干饲料混合贮存。

(6)半干青贮:半干青贮也叫低水分青贮或黄贮。半干青贮要求原料含水率降到45%~50%时进行青贮,因含水量较低,干物质相对较多,具有较多的营养物质,优质的半干青贮呈湿润状态,深绿色,有清香味,结构完好,适于人工种植牧草和草食家畜饲养水平较高的地方应用。

2. 制作要求

(1)原料含有适当水分:青贮原料中最适宜乳酸菌繁殖的水分含量是65%~70%。用手抓挤原料后,慢慢松开,若原料团缓慢展开,手中见水不滴水,说明水分合适。水分不足,青贮料不易压实,空气不易排出,乳酸菌不能充分繁殖,霉菌和腐败菌大量繁殖,影响青贮质量。水分过多时,可再晾晒或加些铡短的稻草、麦秸或等风干物质来吸收水分。

(2)含糖量适宜:适量的碳水化合物是乳酸菌繁殖的主要养分来源,青贮中以干物质计含糖量不应少于10%~15%。"糖分"不足,产生的乳酸少,有害微生物就会活跃起来,青贮就会霉烂变质。

(3)适宜的厌氧环境:装填时必须压实,排除空气,顶部封严,防止透气,促进乳酸菌迅速繁殖,抑制需氧菌的生长繁殖。

(4)适宜的温度:最适温度是25~30℃,温度过高或过低,都会妨碍乳酸菌的生长繁殖,影响青贮质量。

(六)青贮方法

青贮方法的要领随割、随运、随切、随装、随踩、随封,连续进行。装填时原料要切碎、装填要踩实、窖顶要封严。

1. 清理青贮设施

已用过的青贮设施，在重新使用前必须将窖中的脏土和剩余的饲料清理干净，有破损处应加以维修。

2. 切碎

通常禾本科牧草及一些豆科牧草（苜蓿、三叶草等），茎秆柔软，切碎长度应为 3～4 厘米。沙打旺、红豆草茎秆较粗硬的牧草，切碎长度应为 1～2 厘米。

3. 配料

按每 50 千克青贮料 250 克食盐、250 克尿素，备好配料。

4. 晾晒

将铡成段的青绿饲料放在干净的水泥地上晾晒。含水率要达到 65%～70%，水分不足时，要及时添加清水，并与原料搅拌均匀。水分过多时，要添加一些干饲料（如秸秆粉、糠麸、草粉等），把含水率调整到标准水分。

5. 装填与压实

切短的原料应立即装填入窖，以防水分损失。如果是土窖，窖的四周应铺垫塑料薄膜，以免饲料接触泥土被污染和饲料中的水分被土壤吸收而发霉。砖、石、水泥结构的永久窖则不需铺塑料薄膜，窖底可用砖平铺而不要水泥挂面。原料入窖时应有专人将原料摊平。

在装填原料的同时，要进行踩实或机械压实。中小型窖需要人工踩实，原料踩得越实，窖内残留空气越少，有利于乳酸菌的繁殖生长，抑制和杀死有害微生物，对提高青贮饲料质量至关重要。大型青贮壕或地面上青贮堆，要用链轨拖拉机反复压实。无论机械或人工压实,都要特别注意四周及四个角落处机械压不到的地方,应由人工踩实。青贮原料装填过程应尽量缩短时间,小型窖应在1天内完成,中型窖2～3天,大型窖3～4天。

6. 密封和覆盖

青贮原料装满压实后,必须尽快密封和覆盖窖顶,以隔断空气,抑制好氧性微生物的发酵。覆盖时,先在一层细软的青草或青贮上覆盖塑料薄膜,而后用土堆上30～40厘米,用拖拉机压实。覆盖后,连续5～10天检查青贮窖的下沉情况,及时把裂缝用湿土封好,窖顶的泥土必须高出青贮窖边缘,防止雨水、雪水流入窖内。

青贮饲料开窖前,要防止牲畜在窖上踩踏或窖周边被猪拱。开窖后要将取料口用木杆、草捆覆盖,防止牲畜进入或掉入泥土,保持青贮饲料干净。

(七)品质鉴定

青贮饲料品质的优劣与青贮原料的种类、刈割时期及调制技术有密切的关系。正确青贮,一般经21～30天的乳酸发酵,就可以开窖喂用。可根据微贮饲料的外部特征,用看、嗅和手握的方法鉴定微贮饲料的好坏。

1. 气味

品质优良的青贮料具有芳香的酒糟味或山楂糕味,酸味浓而不刺鼻,给人以舒适的嗅感,手摸后味道容易洗掉。而品质不良的青贮饲料沾到手上的气味,一次不易洗掉。中等品质的青贮饲料具有刺鼻酸味,芳香味轻。品质低劣的青贮饲料,有如厩肥一样的臭味,这种青贮饲料只能作肥料,不可喂牛。

2. 颜色

青贮饲料的颜色因所用原料和调制方法的不同而有所差异。

如果原料新鲜、嫩绿,制成的青贮饲料呈青绿色;如果所用原料是农副产品或收获时已部分发黄,则制成的青贮料是黄褐色。品质好的青贮料,颜色一般呈绿色、茶绿色或黄绿色,有光泽。中等品质的呈黄褐色或暗绿色,光泽差。而品质低劣的则呈褐色或灰黑色(在高温条件下青贮的饲料呈褐色),甚至像烂泥一样的深黑色。

3. 形状质地

良好的青贮饲料,压得非常紧密,但拿到手上又很松散,质地柔软、较湿润,茎叶多保持原来状态,茎叶轮廓清楚,叶脉和绒毛清晰可见。如果青贮料黏成一团,像污泥一样,或者质地软散、干燥而粗硬,或者霉结成干块,说明其品质很差。中等品质的青贮,茎、叶、花部分保持原状,水分稍多。

(八)青贮饲料的饲用技术

1. 取料方法

封窖后经 40 天左右时间即可开窖饲用。开窖面的大小可根据养殖规模而定,不宜过大,开窖后,首先把窖口处霉烂变质的青贮饲料除去。取用时不要松动深层的饲料,以防空气进入,最好现用现取,不要存放过夜。为了保持青贮饲料新鲜卫生,有条件的还应在窖口搭一些活动凉棚,以免日晒雨淋,影响青贮料质量。

2. 饲喂方法

初用青贮的牛有几分不适。因此先给少量使牛逐渐适应。当习惯青贮料后,逐渐增加。含乳酸过多的青贮,适当蒸发后再喂。青贮应与其他粗料配合应用,不可以青贮代替其他粗料。劣质青贮应废弃,不可利用。冰冻青贮待融冰后再用。

3. 饲喂量

青贮饲料的用量一般成年牛每头每日 10~20 千克,青年牛 5~10 千克。

(九)注意事项

(1)制做青贮时含水量、切碎长度、压实程度必须达到要求,使青贮料成为密闭的大块。

(2)秸秆微贮饲料一般需在窖内贮 40 天才能取喂,冬季则需要时间长些。取料时动作要快,取完后应立即封闭窖口。

(3)准确计算用量,1 天取 1 次。计算不准、不足,则增加开窖次数;过量则造成剩余腐败。每次投喂微贮饲料时,要求槽内清洁,对冬季冻结的微贮饲料应加热化开后再用。

(4)霉变的农作物秸秆,不宜制作微贮饲料。

(5)微贮饲料由于在制作时加入了食盐,这部分食盐应在饲喂家畜的日粮中扣除。农作物秸秆微贮饲料应以饲喂草食家畜为主,可作为家畜日粮中的主要粗饲料,饲喂时可与其他饲料搭配,也可与精料同喂。

三、秸秆的加工调制

提高秸秆利用的途径主要有两个方面:一是改善适口性,增大容重,提高反刍动物对秸秆的采食量。二是提高瘤胃微生物对秸秆有机物的降解率。

(一)物理处理

1. 切短、粉碎和揉碎

这是处理粗饲料的最简便又重要的方法之一。秸秆用铡草机切短,用锤片式粉碎机粉碎或用揉碎机揉碎的目的是使秸秆长度变短,茎秆和叶裂解细化,部分地分离了纤维素、半纤维素与木质素的结合,反刍动物采食后可增加瘤胃微生物与秸秆的接触面积,提高纤维素降解率,提高适口性、采食率、进食量和通过瘤胃的速度。物理处理对玉米秸秆和玉米芯很有效。与不加工的玉米秸秆相比,铡短粉碎后的玉米秸秆可以提高采食量25%,提高饲料效率35%,提高日增重。用于喂牛的秸秆经机械加工后长度应为30毫米左右,粉碎过细的秸秆喂牛,将引起反刍减少,可能使消化率降低。由于秸秆各部位消化率不同,因此,采用机械加工将植株茎、叶分开收集是提高秸秆利用价值的新的加工方法。

2. 浸泡

秸秆饲料浸泡后质地柔软,能提高其适口性。将粗饲料切碎后加水浸泡拌精料,可以改善饲料利用性。试验表明,浸泡处理可改善秸秆饲料采食量和消化率、并提高代谢能利用效率,增加体脂中不饱合脂肪酸比例。

3. 秸秆压粒、压块

秸秆压粒、压块后密度达600~1000千克/立方米,便于贮运,使贮运损失减少20%~30%,使采食量增加30%~50%。经过压粒的玉米秸秆体外消化率可高达64%,大麦秸秆颗粒为70%。若在秸秆压粒、压块过程进行化学处理,可显著提高秸秆饲料的消化率。氢氧化钙、尿素复合化学处理稻草压块饲料消化率提高15%,而且粗蛋白质含量提高到10%。若按全日粮配方在粉碎秸秆中添加精料,混合均匀后压粒、压块,则可以制成全日粮颗粒或块状饲料,适用于规模化肥育牛场。

4. 秸秆的热喷和膨化处理

热喷是将秸秆装入饲料热喷机内,向热喷机内通入过热饱和蒸汽,经一定时间的高压热力处理,然后对物料突然降压,物料从机内喷爆出大气中,改变了秸秆的结构和某些化学成分,它是使之饲用价值更高的一个压力和热力加工过程。

热喷处理时,秸秆在高压罐内经 1～15 分钟,压力 0.4～1.2 兆帕,温度 145～190℃,含水量 25%～40%,使物料纤维细胞间木质素溶解,氢键断裂,纤维结晶度降低,当突然喷爆,木质素会熔化,同时发生若干高分子物质的分解反应,加之喷爆的机械效应,应力集中于熔化木质素的脆弱结构区,致使壁间疏松,细胞游离,物料颗粒骤然变小,总面积增加,物料内原有的有毒物质分解。因此,热喷处理可提高秸秆的适口性、采食量和消化率。

我国每年生产大量的稻壳,为利用稻壳作为饲料已研制出稻壳膨化机。膨化机主要工作部件是挤压螺杆和螺套,与谷物膨化机相似。工作原理为对物料边加热边加压,经过几秒钟,将物料挤出机筒外,突然解除压力使之膨化。膨化机还可以用来膨化稻秸秆、麦秸秆等。膨化稻壳使包围在纤维素外的木质素全部被撕裂而脱落,吸水性很强,各种营养成分溶水机会增多,消化率有较大提高。肉牛饲料中可添加 20% 膨化稻壳。膨化秸秆类似木棉般柔软并有香味,可作为牛饲料。膨化稻壳和秸秆设备投资大,能耗高,加工成本高,不宜大力提倡。

(二)化学处理

化学处理主要是改变秸秆中木质素、纤维素的膨胀力与渗透性,使酶与被分解的底物有更多的接触面积。另外,可以打开纤维素和半纤维素与木质素之间对碱不稳定的酯键,使底物更易被酶分解,从而提高反刍动物对秸秆的进食量和消化率。

1. 秸秆的氨化处理

秸秆氨化是指在一定的密闭条件下,用氨水、无水氨(液氨)或尿素溶液,按照比例喷洒在农作物秸秆等粗饲料上,在常温下经过一定时间的处理,提高秸秆饲用价值的方法。经过氨化处理的粗饲料叫氨化饲料。经过氨化处理的粗饲料,比原来变得柔软,有一种糊香或酸香的气味,适口性及营养价值显著提高;并且大大降低了粗纤维含量,提高了粗饲料的饲用价值,从而降低了饲养成本。

(1)机械处理:氨化用的麦秸或玉米最好是新鲜的,垛放的原料只要不发生霉变,也可使用。原料要求干燥,含水量在10%以下。

①切短:切短的目的是利于咀嚼,便于拌料,减少浪费。切短的秸秆,牛不易挑剔。而且拌入适量糠麸后,可以增强适口性,提高采食量。但不宜切得太短,过短不利于咀嚼和反刍。一般牛的粗饲料切短至2～3厘米长为宜。

②磨碎:磨碎的目的是提高粗饲料的消化率。同时磨碎的秸秆在牛日粮中占有适当比例可以提高采食量,从而增加能量。

③碾压:即将干粗饲料、鲜粗饲料分层铺垫,然后用磙子碾压,挤出水分,加速鲜粗饲料干燥的方法。

(2)秸秆的氨化调制:秸秆饲料蛋白质含量低,经氨化处理后,能提高秸秆的适口性,增加牛对秸秆的采食量。氨化后的秸秆质地变得柔软和膨松,具有糊香味,适口性显著提高,对秸秆的采食量可提高20%以上。氨化能杀死秸秆上的病虫及病菌。氨有杀菌作用,秸秆氨化过程中能杀死秸秆上的病菌和虫卵,防止发生疾病,是牛的良好粗饲料。

①无水液氨氨化处理:将秸秆一捆捆地垛起来,上盖塑料薄膜,接触地面的薄膜应留有一定的余地,以便四周压上泥土,使之呈密封状态。在秸秆垛的底部用一根管子与无水液氨连接,按秸秆重的3%通入液氨,氨气扩散,很快遍及全垛。处理时间长短取决于气温,如气温低于5℃,需8周以上;5～15℃,需4～8周;15～30℃,需1～4周,喂前要揭开薄膜晾1～2天,使残留的氨气挥发。不开垛可长期保存。

②农用氨水氨化处理:用含氨量15%的农用氨水,按秸秆重10%的比例,把氨水均匀洒于秸秆上,逐层堆放,逐层喷洒,最后将

堆好的秸秆用薄膜封严。

③尿素氨化处理:秸秆里存在尿素酶,加进尿素后用塑料膜覆盖,尿素在尿素酶的作用下分解成氨,对秸秆进行氨化。按秸秆重量的3%加进尿素,将3千克尿素溶解于60千克水中,均匀喷洒在100千克秸秆上,逐层堆放,用塑料薄膜盖严。

④碳酸氢铵氨化:将稻草切短,均匀拌入10%~12%碳铵和一定水,塑料膜密封口,20℃需3周,25℃需2周,30℃1周即可完成氨化。氨化后秸秆呈棕褐色,质地柔软,牛进食量可提高20%,消化率提高10%,且含氮增加。

(3)氨化秸秆的品质鉴定:简易方法是感官检查饲料的色泽、气味和质地。优质氨化饲料,呈褐黄色、有糊香味、松散柔软。如优良氨化麦秸,呈褐黄色。鲜麦秸氨化后有亮光;旧麦秸发暗。放走余氨后有糊香气味。质地松软,易揉成团,放开后便立刻散开,易撕断。

(4)氨化秸秆的饲用:氨化好的秸秆饲料,若暂不饲用,不可开封,可长期存放。饲用时先从池(垛)的一边揭开塑膜,每次取1~2天的用量即可。取后随手盖好塑膜,防止氨散失。取出的料在干净水泥地或塑膜上晾片刻,待余氨散发后才可饲喂。初期喂牛采用由少到多,少给勤添或拌料等方法,使牛逐渐适应,一般来说,牛的每百千克体重日采秸秆量占体重的2%~3%。例如,一头200千克的架子牛,日采食秸秆在4~6千克(不含浪费的秸秆)。另外,因秸秆养分不全,应补充适量青绿饲料,在混合料中加少量饼粕类,以确保含氮物的有效利用。

(5)其他饲料的补饲

①精料补充量:在我国目前的条件下,多数地方宜采用低精料添补法。例如:饲喂氨化秸秆的肉牛,每天补喂1千克以上的精料,能获得500克以上的日增重。因此,肉牛育肥以每天添补1~2千克精料补充料为宜。

②青绿饲料补充量:补充少量的鲜草,有利于秸秆饲料在瘤胃里更好的发酵,补喂豆科饲草的效果比禾本科饲草要好。在生产实践中,青绿饲料的补充量以占日粮干物质的20%为宜,如果补充量过高,反而会引起秸秆采食量下降,不利于充分利用秸秆的资源。

③补充过瘤胃养分:以秸秆为日粮时,动物体内易缺乏氨基酸和葡萄糖或生糖物质,因此,补充优质蛋白质(过瘤胃蛋白),有利于生产力的提高。补充以饼粕饲料为主的过瘤胃蛋白,能取得明显的增重效果。其最佳添补量,以占日粮干物质的25%左右为宜。据报道,当以氨化秸秆喂奶牛时,如每天每头补喂混合精料1千克,补喂200克鱼粉作为过瘤胃蛋白质,可获得良好的增重效果。又如用氨化麦秸喂黄牛,日补喂1千克棉籽饼,日增重达602克,饲料转化率提高1倍以上,补喂2千克棉籽饼,日增重达703克,精料与增重比为2.6:1。

④添补无机盐:以秸秆为基础日粮时,添加补充各种无机盐,能提高瘤胃微生物的活力,促进养分消化,满足对无机盐的需要,有利于提高动物的生产性能。据报道,国内许多单位研制出了秸秆(矿物质和多种维生素)饲料增效剂或许多无机盐的复合营养舔砖,并用以饲喂各种草食动物,取得了良好的效果,例如:用占精饲料1%的秸秆(矿维)饲料增效剂喂养肉牛,平均日增重达700～800克,饲养肉牛,平均日增重达110～140克,经济效益提高6.6%。牛饲喂舔砖后,牛平均增重提高81%,同时补饲无机盐的牛比未补饲的对照组,毛色光润,膘情良好,体质健壮。

(6)注意事项:在用氨化等秸秆喂反刍家畜时,应特别注意下列事项。

①操作安全:氨化期间无论采用何种氨化方法,一定要经常检查密封情况,绝不可泄漏氨气和进水;若有破孔要及时封好;使用液氨应注意人身安全,万一发生事故,可采取相应措施:当皮肤沾

染氨水后,立刻用凉水冲洗;若氨水溅入眼睛,要用清水反复冲洗,或用2%硼酸水溶液冲洗10分钟左右。之后点入氯霉素眼药水;当严重漏氨时,立即用大量水冲洗漏氨处,以减少氨的弥散。操作时要戴湿口罩。

②训饲方法:刚开始饲喂氨化秸秆时,有的家畜可能不太习惯采食,这就需要有一个逐渐适应的过程,这种适应过程称之为训饲。开始训饲时要少给勤添,逐步提高饲喂量,一般经过一周就能适应。当第一次饲喂出现牛不肯采食时,只要不喂给其他饲料,由于饥饿,下一次饲喂也就会采食了,对于产奶牛,开始阶段可以将氨化秸秆与其他粗饲料掺合饲喂,一旦习惯,也就能大量采食了。

③放尽余氨:秸秆氨化后,施加氨源中仅有30%~40%的氨与秸秆结合,其余的氨则呈现游离状态,即余氨。饲喂前,必须将秸秆中的余氨放净,否则不但氨化秸秆的适口性差,而且牛采食后瘤胃中会产生大量氨,容易导致动物氨中毒。放氨的方法是选择晴朗天气,打开氨化窖或氨化垛,摊放1~2天就可以饲喂牛了。余氨的放净时间受到多种因素的影响,如是否打捆及秸秆捆的大小等,天气情况,氨化时的加水量等。对于大捆秸秆,在无风潮湿的天气时放氨,余氨挥发就较慢;氨化时加水量过多也不利于氨的挥发。在这些情况下就需要较长时间才能放净余氨,具体时间要因时因地而定。

④霉烂秸秆不能喂牛:在氨化的过程中,由于空气进入氨化窖或氨化垛,有时会引起部分秸秆发霉变质。饲喂牛前应剔除霉变秸秆,否则会引起中毒。据研究,霉菌素对牛危害很大,轻者可影响牛健康和生产性能,重者可导致牛死亡,造成生产损失。因此,霉烂的秸秆千万不能饲喂牛。

2. 秸秆的碱化调制

秸秆的碱化处理通常是指用氢氧化钠、氢氧化钙和过氧化氢等碱性物质进行处理的技术。

(1)机械处理:碱化调制同样将秸秆铡成2~3厘米的短草。

(2)秸秆的碱化调制:用碱处理秸秆主要是提高消化率,也是一种简单易行、成本较低的处理方法。从处理效果和实用性看,目前在生产实践中用得较多的有氢氧化钠处理和石灰水处理两种。

①氢氧化钠碱化法:氢氧化钠处理的优点是化学反应迅速,反应时间短;对秸秆表皮组织和细胞木质素消化障碍消除较大;牛对秸秆的消化率和采食量提高明显,易于实现机械化商品生产。缺点是牛食入碱化秸秆饲料随尿排出的大量钠,污染土壤,易使局部土壤发生碱化;秸秆饲料碱化处理后,粗蛋白质含量没有改变;处理方法较繁杂,费工费时,而且氢氧化钠腐蚀性强。

喷洒碱水快速碱化法:将秸秆铡成2~3厘米的短草,每千克秸秆喷洒5%的氢氧化钠溶液1千克,喷洒并搅拌均匀,经24小时后即可喂用。处理后的秸秆呈潮湿状,鲜黄色,有碱味。牛喜食,比未处理秸秆采食量增加10%~20%。处理后的秸秆pH为10左右。若不补喂其他饲料时,碱化秸秆的氢氧化钠溶液浓度可为5%,若碱处理秸秆饲料只占日粮一半时,碱液浓度可提高到7%~8%。

喷洒碱水堆放发热处理法:使用25%~45%的氢氧化钠溶液,均匀喷洒在铡碎的秸秆上,每吨秸秆喷洒30~50千克碱液,充分搅拌混合后,立即把潮润的秸秆堆积起来,每堆至少3~4吨。堆放后秸秆堆内温度可上升到80~90℃,是因氢氧化钠与秸秆间发生化学反应所释放的热量所致。温度在第3天达到高峰,以后逐渐下降,到第15天恢复到环境温度水平。由于发热的结果,水分被蒸发,使秸秆的含水量达到适宜保存的水平,即秸秆处理前含水量低于17%。若水分高于17%,就会产热不足和不能充分干燥,草堆可能发霉变质。经堆放发热处理的碱化秸秆,消化率可提高15%左右。

草捆浸渍碱化法:将切碎的秸秆压成捆,浸泡在1.5%的氢氧化钠溶液里,经浸渍30~60分钟捞出,放置3~4天后进行熟化,即可直接喂饲牛,有机物消化率可提高20%~25%。

②石灰碱化法:此方法就是用氢氧化钙处理秸秆的方法。它又可分为石灰乳碱化法和生石灰碱化法两种。石灰处理的秸秆,效果虽不及氢氧化钠处理的好,且易发霉,但石灰来源广,成本低,对土壤无害,且钙对家畜也有好处,故可使用,但使用时需要注意钙磷平衡,适当补充磷酸盐。

石灰乳碱化喷淋法:先将45千克的石灰溶于2000千克水中,调制成石灰乳(即氢氧化钙微粒在水中形成的悬浮液),在水泥地上铺上切碎的秸秆,再用石灰乳喷洒数次,然后堆放,经软化1~2天后即可饲喂家畜。为了增加秸秆的适口性,可以在石灰乳中加入0.5%的食盐。

生石灰喷粉法:即将切碎秸秆的含水量调至30%~40%,然后按每100千克秸秆均匀地撒入生石灰粉3~6千克,使其在潮湿的状态下密封6~8周后,取出即可饲喂家畜。

(3)碱化秸秆的饲用:初期喂牛采用由少到多,少给勤添或拌料等方法,使牛逐渐适应,饲喂时要把碱化秸秆与其他饲料混合饲喂,一般碱化秸秆用量占日粮的20%~40%。

(4)碱化秸秆注意事项:碱处理虽然效果较好,但碱液中钠离子残留土壤中,影响植物生长,钠离子对动物生理也带来不利影响。

(三)微贮调制

秸秆微贮技术主要是针对含水量低的麦秸、稻草以及半黄或黄干玉米秸、高粱秸等不宜青贮的秸秆,这类秸秆中的纤维素已经老化、粗硬,营养成分含量也低,适口性差,由于秸秆自身的呼吸作用几乎停止,很难通过秸秆自身的呼吸作用造成厌氧环境,同时秸秆上吸附的乳酸菌数量也大大减少,不具备乳酸菌繁殖的条件,因此很难做成青贮。

1. 微贮原理

一般将微生物(专用菌种)发酵处理后的秸秆称为微贮秸秆饲料,就是在农作物秸秆中,加入高效活性菌,放入密封的容器中贮藏,经一定的发酵过程使农作物秸秆变成具有酸、香味的饲料。其原理是秸秆在微贮过程中,由于秸秆发酵菌的作用,在适宜的温度和厌氧条件下,秸秆中的半纤维素-木聚糖链和木质素聚合物的酯键被酶解,增加了秸秆的柔软性和膨胀度,使 pH 值降到 $4.5\sim5.0$,抑制了丁酸菌、腐败菌等有害菌的繁殖,使秸秆能够长期保存不坏。

2. 微贮优点

微贮秸秆与氨化秸秆比较,具有成本低、效益高等优点。同等条件下饲养牛的效果优于或相当于秸秆氨化饲料,而且解决了畜牧业与种植业争化肥的矛盾。此外,秸秆微贮饲料可随取随喂,不需晾晒,无毒无害,安全可靠,可长期饲喂。有试验报道,用微贮饲喂肉牛,可提高采食量 49.5%。

3. 微贮方法

秸秆微贮饲料的制作除需进行菌种的复活和菌液配制外,其他步骤和尿素氨化秸秆制作方法基本相同。

(1)建造微贮窖:一般要选在地势高、排水容易、土质坚硬、离畜舍近的地方。家庭养牛,一般选用高 2 米,宽 $1\sim1.2$ 米,长 $2.5\sim3.5$ 米为宜。最好同时建 2 个窖以便交替使用。

(2)菌种的复活:秸秆发酵活干菌每袋 3 克,可处理秸秆 1 吨。处理秸秆前先将袋剪开,将菌剂倒入 2 千克水中,充分溶解,有条件情况下,可在水中加白糖 20 克,溶解后,再加入活干菌,然后常温下放置1~2小时使菌种复活,复活好的菌剂要当天用完。

(3)菌液的配制:将复活好的菌剂倒入充分溶解的0.8%~1%食盐水中拌匀。1000千克秸秆加入发酵干菌3克,食盐8~10千克,水1000~1200千克。微贮饲料含水量达60%~70%最理想。

(4)秸秆的切短:用于微贮的秸秆一定要切短,养牛的切短为5~8厘米,这样易于压实。

(5)装窖:在窖底铺放20~30厘米厚的秸秆,均匀喷洒菌液水,如此重复,直到高出窖口40厘米,再封口。如果当天没装满,可盖上塑料薄膜待继续工作。提高微贮饲料的质量,在装窖时每1000千克秸秆可加1~3千克麸皮、米糠等,为微生物在发酵初期提供一定的营养物质。具体操作时,铺一层秸秆,撒一层料。

(6)封窖:秸秆装满充分压实后,在最上面均匀洒上一些盐,再盖上塑料薄膜,薄膜上面撒上20~30厘米厚的稻、麦秸或杂草,覆土15~20厘米,密封,保证窖内呈厌氧状态。

(7)贮后管理:秸秆微贮后,窖内贮料慢慢下沉,要经常注意检查是否漏水、漏气,发现问题及时排除。

4. 品质鉴定

(1)色泽:优质微贮青玉米秸秆色泽呈橄榄绿,稻草、麦秸呈金黄褐色。如果变成褐色和墨绿色则表明质量低劣。

(2)气味:优质秸秆微贮饲料具有醇香味和果香味,并具有弱酸味。若有强酸味,表明醋酸较多,是由于水分过多和高温发酵造成。若有腐臭味,是由于压实程度不够和密封不严,使有害微生物发酵,则不能饲喂。

(3)手感:优质微贮饲料拿到手里感到很松散,且质地柔软湿润。若发黏,或者黏在一起,说明贮料开始霉烂。有的虽然松散,但干燥粗硬,也属于不良饲料。

5. 饲喂

贮饲料要从上往下取料,依据用量随取随用,立即封口。每头每日饲喂量 15 千克。并在日粮中减去微贮饲料中已加入的食盐用量,以免引起不良后果。

6. 注意事项

秸秆微贮饲料,一般需在窖内贮 21~30 天后才能取喂,冬季需要的时间则更长些。取料从一角开始,从上至下逐段取用。取料后应立即将料口封严。冬天冻结的料,化开后再用。喂料前食槽内要清洁。牲畜日粮中扣除料中加入的食盐比例。霉变后不能再用。

四、工农业副产品加工

(一)糟渣类饲料

工业下脚料,除榨油工业的副产品之外,大多是提取了原料中的碳水化合物后剩下的多水分的残渣物质。这些糟、渣类下脚料,除了水分含量高(70%~90%)之外,粗纤维、粗蛋白质、粗脂肪的含量也较高,都可以作为饲料。

1. 酒糟

(1)用谷物酿造的白酒糟:多为固体酒糟,含水分高,在 70%左右,含有丰富的蛋白质,但粗纤维偏高(20%左右),其原因是在酿造过程中加入了 20%~25%的稻壳,以利蒸汽通过,提高出酒率。如能在酒糟加工过程中将稻壳除去,则酒糟的饲用价值将进一步提高。采用以鲜酒糟为主的饲料配方喂肥育牛也可取得较好效果。

(2)啤酒厂下脚料:啤酒在酿造过程中有啤酒糟、麦芽根及啤酒醇母几种下脚料。鲜啤酒糟含水分75%左右,干啤酒糟含65%的可消化养分和21%的可消化蛋白质,是很好的蛋白质和能量来源。风干啤酒干酵母含水分7%,含粗蛋白44%,特别富含B族维生素,无机盐和未知生长因子。

2. 酱油糟和醋糟

酱油糟一般含水50%左右,风干酱油糟含水10%,粗蛋白质19.7%~31.7%,粗纤维12.7%~19.3%,含盐量5%~7%,是一种较安全的饲料之一。但由于含食盐较高,因此,喂牛时添加量不能超过5%~7%。青贮牧草添加7%的酱油糟,不仅能提高干物质含量,而且还能改进发酵效果。醋糟含水量65%~70%,风干醋糟含水量10%时,含粗蛋白质9.6%~20.4%,粗纤维15.1%~28%,并含有丰富的微量元素铁、锌、硒、锰等。

3. 豆渣和粉渣

新鲜豆渣含水量70%~90%,风干物(含水10%)中含粗蛋白质25%~33.6%,粗纤维14.4%~20.2%。由于原料不同,各类粉渣的营养成分也不同。

4. 玉米淀粉工业的下脚料

基本上可分为玉米浆、胚芽饼、纤维渣、麸质料4种,均是营养价值高的蛋白质饲料。玉米麸质粉(玉米蛋白粉)是粗淀粉经离心机分离出来的麸质水,复经沉降池浓缩,脱水干燥后制得的,含蛋白质高达65%。玉米胚芽饼是将提出的玉米胚芽,经榨出玉米油后而制得的,含有多种氨基酸。玉米麸质饲料(玉米蛋白质饲料)是纤维渣加入部分玉米浆,干燥后而制得的,含蛋白质21%,主要成分为纤维素和半纤维素。上述下脚料除玉米浆用于医药和发酵工业外,其余多数供作牛饲料。

5. 甘蔗渣

含粗蛋白 1.2%，粗纤维 51.9%，木质素 25%，能作为牛的饲料。采用"碱化甘蔗渣＋糖蜜＋尿素"的工艺制成牛饲料，即对甘蔗渣碱化处理后添加糖蜜，促进乳酸发酵，制成青贮饲料，加尿素为增加青贮饲料的粗蛋白质含量。甘蔗渣碱化处理可显著提高其消化率。用 2%NaOH，在常温下处理 24 小时，甘蔗渣的体外消化率从处理前的 11%，提高至 50%；若在 70℃ 条件下处理 24 小时，则消化率提高至 65%。

6. 甜菜渣

干物质中含粗蛋白质 9.2%～12.9%，粗纤维 16.7%～23.3%，甜菜渣吸水能力强大。其养分相当于同等重量的燕麦或高粱。甜菜渣大都经过干燥并制成颗粒贮存。甜菜干粕颗粒总糖分(Rs 计)≤7.5%，水分≤13.5%，灰分 5.0%，砷含量≤2.0 毫克/千克。大部分甜菜渣可作为能量饲料代替一部分谷物。为了使肉牛肥育场日粮中的甜菜渣能达到最大的饲养价值，建议每天每头牛饲用甜菜渣的用量限制在 1.8 千克左右。或不超过总日粮干物质的 20%。

对于生长中的犊牛来说，甜菜渣可用作能量饲料，如果价格与谷物差不多，则可用它作惟一的饲料成分。

甜菜干粕中废蜜加入量最高可达其干物质的 50%。而且还可以加入尿素、磷酸盐、维生素、酵母等，压成直径 12～16 颗粒饲料。以甜菜干粕、糖蜜、氨基精料及脲酶抑制剂预混料为原料制成的反刍动物浓缩饲料"甜蛋白料精"，粗蛋白质含量 45%，粗纤维 11%，在瘤胃内的消化率可达 90% 以上。该新型浓缩饲料可以代替豆饼(粕)喂牛，可提高肉牛的增重，具有良好的经济效益。

甜菜干粕在喂牛前，应提前数小时用水浸泡，使其水分达到 85% 以上。未经浸泡的甜菜干粕直接喂牛时，一次用量不可过多，以免引起严重的臌胀病。

甜菜湿渣可以青贮,以提高其营养价值和适口性,又可长期保存。还可采用甜菜湿渣与稻草或麦秸分层或混匀贮存,稻草、麦秸占10%~15%。发酵40天左右即可开窖使用。这种混合青贮可解决甜菜渣单独贮存时的营养汁液流失15%的问题(流失液中含可溶性糖0.25%);而且甜菜渣中生物碱从原来的0.48%降低至0.03%,可避免喂甜菜渣造成的家畜中毒。

7. 果渣

指果品加工业的下脚料,以苹果渣、葡萄渣和柑橘渣居多。发达国家已将苹果渣、葡萄渣和柑橘渣作为猪、鸡、牛的标准饲料成分列入国家颁发的饲料成分表。在牛日粮中可用葡萄渣粉取代20%~25%的配合饲料。

8. 红花籽饼粉

是加工红花油的副产品。榨出油的红花籽饼粉蛋白质含量为20%~25%,取决于榨油过程中留下籽壳的数量。红花籽饼粉的纤维素含量高,适口性差,主要用做肉牛的蛋白质补充物。

(二)农业副产品

这类副产品能量低,包括棉籽壳、菜籽饼、豆饼、花生饼粕、花生饼、亚麻仁等。由于粗纤维含量高,作为牛饲料营养价值低,适口性差,需要进行处理。

1. 棉籽饼去毒法

(1)硫酸亚铁石灰水混合液去毒:100千克清水中放入新鲜生石灰2千克,充分搅匀,去除石灰残渣,在石灰浸出液中加入硫酸亚铁(绿矾)200克,然后投入经粉碎的棉籽饼100千克,浸泡3~4小时。

(2) 硫酸亚铁去毒：可在粉碎的棉籽饼中直接混入硫酸亚铁干粉，也可配成硫酸亚铁水溶液浸泡棉籽饼。取 100 千克棉籽饼粉碎，用 300 千克 1% 的硫酸亚铁水溶液浸泡，约 24 小时后，水分完全浸入棉籽饼中，便可用于喂牛。

(3) 尿素或碳酸氢铵去毒：以 1% 尿素水溶液或 2% 的碳酸氢铵水溶液与棉籽饼混拌后堆沤。一般是将粉碎过的 100 千克棉籽饼与 100 千克尿素溶液或碳酸氢铵溶液放在大缸内充分拌匀，然后倒在地上摊成 20~30 厘米厚的堆，地面先铺好薄膜，堆周用塑料膜严密覆盖。堆放 24 小时后，扒堆摊晒，晒干即可。

(4) 加热去毒：将粉碎过的棉籽饼放入锅内加水煮沸 2~3 小时，可部分去毒。此法去毒不彻底，故在畜禽日粮中混入量不宜太多，以占日粮的 5%~8% 为佳。

(5) 碱法去毒：将 2.5% 的氢氧化钠水溶液，与粉碎的棉籽饼按 1:1 重量混合，加热至 70~75℃，搅拌 30 分钟，再按湿料重的 15% 加入浓度为 30% 的盐酸，继续控温在 75~80℃，30 分钟后取出干燥。此法去毒彻底，一般不含棉酚。

(6) 小苏打去毒：以 2% 的小苏打水溶液在缸内浸泡粉碎后的棉籽饼 24 小时，取出后用清水冲洗 2 次，即可达到去毒目的。

2. 菜籽饼去毒法

主要有土埋法、硫酸亚铁法、硫酸钠法、浸泡煮沸法。

(1) 土埋法：挖 1 立方米容积的坑（地势要求干燥、向阳），铺上草席，把粉碎的菜籽饼加水（饼水比为 1:1）浸泡后装入坑内，2 个月后即可饲用。

(2) 硫酸亚铁法：按粉碎饼重的 1% 称取硫酸亚铁，加水拌入菜籽饼中，然后在 100℃ 下蒸 30 分钟，再放至鼓风干燥箱内烘干或晒干后饲用。

(3) 硫酸钠法：将菜籽饼掰成小块，放入 0.5% 的硫酸钠水溶液中煮沸 2 小时左右,并不时翻动,熄火后添加清水冷却,滤去处理液,再用清水冲洗几遍即可。

(4)浸泡煮沸法:将菜籽饼粉碎,把粉碎后的菜籽饼放入温水中浸泡 10～14 小时,倒掉浸泡液,添水煮沸 1～2 小时即可。

3. 豆饼(豆粕)去毒法

一般采用加热法。将豆饼(粕)在温度 110℃下热处理 3 分钟即可。

4. 花生饼粕去毒法

一般采用加热法。在 120℃左右,热处理 3 分钟即可。

5. 亚麻仁饼去毒法

一般采用加热法。将亚麻仁饼用凉水浸泡后高温蒸煮 1～2 小时即可。

第五节 饲料的贮存

饲料主要在春、夏、秋之间产生,生产时间比较集中,为冬季越冬准备,如果贮存不当,造成腐烂变质或其他损害,会降低饲料的营养价值及绝对数量,影响正常生产。

造成饲料损害的原因是微生物的繁殖产生毒素,导致养分分解,营养价值下降,失去食用价值。饲料本身酶活动,消耗饲料养分,造成营养价值下降。由于昆虫或鼠类影响,减少可使用数量。

饲料种类很多,性质和水分含量也有所不同,因此贮存方法也就不同,总体上分粗饲料和精饲料两类。

一、贮存方法

(一)干草的贮藏

干草调制成功后,必须尽快采取正确而可靠的方法进行贮藏,才能减少营养物质的损失和其他浪费。如果贮藏不当,会造成发霉变质,使营养成分消耗殆尽,完全失去干草调制的目的和意义。此外,贮藏不当还会引起火灾。

1. 散干草的堆藏

当调制的干草水分含量达15%～18%时即可进行堆藏,堆藏有长方形垛和圆形垛两种,长方形草垛的宽一般为4.5～5米,高6～6.5米,长不少于8米;圆形草垛一般直径应为4～5米,高6～6.5米。为了防止干草与地面接触而变质,必须选择高燥的地方堆垛,草垛的下层用树干、稿秆等作底,厚度不少于25厘米。垛底周围挖排水沟,沟深20～30厘米,沟底宽20厘米,沟上宽40厘米。垛草时要一层一层地堆草,长方形垛先从两端开始,垛草时要始终保持中部隆起,高于周边,便于排水。堆垛过程中要压紧各层干草,特别是草垛的中部和顶部。从草垛全高的1/2或2/3处开始逐渐放宽,到每边宽于垛底0.5米,以利于排水和减轻雨水对草垛的漏湿。为了减少风雨损害,长垛的窄端必须对准主风方向,水分较高的干草堆在草垛四周靠外边,便于干燥和散热。气候潮湿的地区,垛顶应较尖,干旱地区,垛顶坡度可稍缓。垛顶可用劣草铺盖压紧,最后用树干或绳索以重物压住,预防风害。散干草的堆藏虽经济节约,但易遭雨淋、日晒、风吹等不良条件的影响,使干草褪色,不仅损失营养成分,还可能使干草霉烂变质。试验结果表明,干草露天堆藏,营养物质的损失重者可达20%～30%,胡萝卜素损失最多可达50%以上。长方形草垛贮藏1年后,周围变质损失的干草,在草垛侧面厚度为10厘米,垛顶损失厚度为25厘米,其他部分为50厘米,其中以侧面所受损失为最小,适当增加草垛高度可减少干草堆藏中的损失。干草的堆藏可由人工操作完成,也可由悬挂式干草堆垛机或干草液压堆垛机完成。

2. 打捆干草的贮藏

干草捆体积小,密度大,便于贮藏,一般露天垛成干草捆草垛,顶部加防护层或贮藏于干草棚中:草垛的大小一般为宽5~5.5米,长20米,高18~20层干草捆。下面第一层(底层)草捆应将干草捆的宽面相互挤紧,窄面向上,整齐铺平,不留通风道或任何空隙,其余各层堆平(窄面在侧,宽面在上下)。为了使草捆位置稳固,上层草捆之间的接缝应和下层草捆之间接缝错开。从第2层草捆开始,可在每层中设置25~30厘米宽的通风道,在双数层开纵通风道,在单数层开横通风道,通风道的数目可根据草捆的水分含量确定。干草捆的垛壁一直推到8层草垒高,第9层为"遮檐层",此层的边缘突出于8层之外,作为遮檐,第10、11、12……成阶梯状堆置,每一层的干草纵面从下层缩进2/3捆或1/3捆长,这样可堆成带檐的双斜面垛顶,垛顶共需堆置9~10层草捆。垛顶用草帘或其他遮雨物覆盖。

干草捆除露天堆垛贮藏外,还可以贮藏在专用的仓库或干草棚内,简单的干草棚只设支柱和顶棚,四周无墙,成本低。干草棚贮藏可减少营养物质的损失,干草棚内贮藏的草捆,营养物质损失在1%~2%,胡萝卜素损失为18%~19%。

3. 草棚堆藏

气候湿润或条件较好的牧场,应建造简易的干草棚贮藏干草。草棚贮藏干草时,应使棚顶与干草保持一定的距离,以便通风散热。

(二)粗饲料的贮存

1. 干粗饲料贮存

粗饲料经干燥处理后,水分降至15%左右,方可贮存,干粗饲料应垛好,放在遮雨避雪、通风干燥的棚舍中,以防霉变,以利贮存。

2. 鲜饲料贮存

鲜饲料的贮存最好方法就是青贮方法,也可采用切短后干燥贮存。

(三)精饲料贮存

精饲料正常都是以风干状态存在,但其种类不同,要求也有所不同。

1. 谷实类

禾本科籽实的水分含量即使在15%以下,也有呼吸作用,水分越多,温度越高,呼吸作用越旺盛,养分损失也就越多,因此对谷实类饲料最好使其充分干燥,放于低温处。

2. 饼粕、糠麸类

一般不发生呼吸作用,但水分多时,容易发霉变质,对含脂肪量较高的饲料,脂肪易氧化变质,所以对这类饲料,也最好干燥脱脂保存。

对精饲料除了水分、温度要求外,还应注意防虫、防鼠,粮食贮存前应熏蒸或加入杀虫剂,每年5~9月份为害虫活动期,用二硫化碳闭熏1次;此外,仓库应密闭,设置捕鼠装置或鼠药,用来减少鼠害。

二、影响饲料安全的因素

(一)饲料中虫害、螨害与鼠害

1. 虫害

饲料在贮藏过程中常受到虫害的侵蚀,造成营养成分的损失或毒素的产生。常见的虫害有玉米象、谷象、米象、大谷盗、锯谷盗等。它们不仅使饲料损失高达5%~10%,而且还以粪便、结网、身体脱落的皮屑、怪味及携带微生物等多种途径污染饲料,有些昆虫还能分泌毒素,给牛带来危害。

2. 螨害

在温度适宜、湿度较大的地区螨类对饲料的危害较大。因螨类喜欢在阴暗潮湿的环境下寄生,它的大量存在加剧了饲料中碳水化合物的新陈代谢,形成二氧化碳和水,使能值降低、水分增加,导致饲料发热霉变、适口性差。

3. 鼠害

鼠的危害不仅在于它们吃掉大量的饲料,而且会造成饲料的污染,对饲料厂包装物、电器设备及建筑物产生危害,引发动物和人类疾病的传播。

(二)饲料中的微生物污染

1. 霉菌

目前已发现可产生霉菌素的霉菌有100多种,其中能导致牛中毒的主要有曲霉菌属、青霉菌属和镰刀菌属等。霉菌可以通过适当的干燥或添加防霉剂进行控制,一旦霉菌素产生就很难去除。

目前虽有一些物理、化学或生物法脱毒,但常因工序繁杂或费用较高均难以在生产中应用。

2. 霉菌毒素

较常见的霉菌毒素有黄曲霉素、玉米赤毒素、玉米赤霉烯酮和单端孢霉菌毒素,其中黄曲霉毒素毒性最强。

(1)曲霉毒素:易受黄曲霉毒素污染的有玉米、棉籽、花生及其饼粕。牛摄食了被黄曲霉毒素污染饲料会表现出很强的细胞毒性、致突变性。黄曲霉毒素属肝脏毒素,以引起成年牛的急性肝炎、肝细胞瘤有肝癌、血凝不良、机体免疫机能下降为主要特征。成年牛耐受性较强些,但仍会抑制生长、降低饲料利用率、导致毒素在产品中残留。

(2)玉米赤霉烯酮:易受玉米赤霉烯酮污染的饲料主要有玉米、小麦、大麦、高粱、燕麦等。

(3)单端孢霉菌素:T-2毒素和呕吐毒素等单端孢霉菌素存在于玉米、小麦、大麦、黑麦及燕麦中。主要由在线镰孢霉产生。该类毒素的靶器官是肝和肾,属于组织刺激因子和致炎物质直接损伤皮肤和黏膜。主要影响采食,使其生长减慢,发生呕吐、血痢,严重的皮炎、出血等病症,饲料利用率降低。

(4)沙门菌:是细菌中危害最大的病原微生物,为有鞭毛的杆状细菌。易受沙门氏菌污染的饲料为鱼粉、肉骨粉、羽毛粉等。

(三)饲料中的有毒有害化学物质

1. 农药污染

近年来,有机氯、有机磷农药造成饲料污染并危害畜禽健康的事件时有发生,有的严重危害人类的健康。

2. 工业"三废"的污染

工业"三废"能从多渠道渗透到饲料中,常见的有砷、铅、汞、镉、铬、3,4-苯、N-亚硝基化合物、氰化物、氟化物等。若长期饲用受工业"三废"的饲料,牛体内将富集大量的有害物质,引起致畸、致突变,并通过产品等转移给人类,造成公害。

第六节 饲粮配合

近年来,随着肉牛饲养业的发展,国内学者对肉牛日粮配方进行了较为广泛地研究,并筛选出了许多实用配方,现将其中一部分摘录如下,以供广大肉牛饲养者参考应用。

一、饲粮配合原则

牛的日粮,是指1头牛一昼夜所采食的全部饲料量。而日粮的配合,是根据饲养标准和饲料的营养价值选用数种饲料按一定的比例相互搭配,使能量、蛋白质及各种营养物质的数量与比例能够满足牛的营养需要,称为全价日粮或平衡量日粮。因此,对肉牛日粮配合要遵循如下原则。

(1)日粮所含能量、蛋白质、矿物质、维生素等养分能满足肉牛的营养需要,一般应以饲养标准所规定的要求为基础,在具体实践中还应根据牛的生产性能高低、环境因素(如温度)等做适当的调整。但要保障采食量和营养需要,做到让牛吃得下,吃得饱。

(2)要有适当的精粗比,这关系到肉牛的肥育方式和肥育速度,并对肉牛的健康十分必要。以干物质为基础,日粮中粗饲料比例一般在40%~60%,强度育肥时精料的比例可提到70%~80%,粗纤维含量都应在15%以上。

(3)因地制宜选用饲料,充分利用本地价格低廉、资源丰富的饲料,可以降低成本,提高经济效益。不同地区、不同季节应采取不同的日粮配方。

(4)饲料种类应多样化,所选用的饲料种类应尽可能多些,以达到养分互补、营养更加平衡。但同时也要保持饲料种类的相对稳定,否则瘤胃微生物会不适应,影响消化功能和易产生消化道疾病。选择原料时要求所用饲料品质优良,适口性好,符合肉牛的消化生理特点,有利于肉牛采食,勿选用发霉变质饲料。

(5)生产中要考虑个体的差异,肉牛日粮配合要从牛的体重、体况、饲料体积、适口性、牛只采食能力等方面综合考虑。如肉牛的采食量为每100千克体重每日2～3千克干物质;粗纤维含量一般占干物质15%～20%为宜;干草或秸秆每100千克体重约2千克左右;青草每100千克体重可喂8～10千克;混合精料主要是用来平衡日粮的营养,一般每100千克体重喂1～2千克。

(6)我国对无公害肉牛生产的饲料要求是应未受农药污染,不发霉变质,不含有国家禁用的药品(物质)和规定的兽药、细菌、重金属等含量不超标,符合《国家饲料卫生标准》(GB13078-2001),有效成分及含量符合国家质量标准或生产企业的质量标准。饲料添加剂要严格按照农业部第318号公告《饲料添加剂品种目录》规定使用。除此之外,新发现和研制的饲料和饲料添加剂,是否可以使用,必须经农业部批准。

二、降低饲料成本的方法

饲料费用占肉牛肥育费用70%～80%,因此,必须科学饲养,降低饲料成本。

1. 选择合适的精粗比和营养水平

在架子牛肥育的不同阶段,应该选择不同的饲养水平。在开始30天内,要求精粗比为3:7到1:1,粗蛋白质含量为12%;中间 70 天,要求精粗比为 6∶4,粗蛋白质含量为 11%;最后 10～20 天,精粗比为 7∶3 到 8∶2,粗蛋白质含量为 10%。

2. 使肉牛在后期达到最大精料采食量

这样用于维持的饲料量相对降低。一般在最后 10 天,要求精料日采食量达到 4～5 千克。粗饲料让肉牛自由采食。

3. 饲料加工

(1)精饲料:玉米不可粉得太细(大于 1 毫米),否则影响适口性和采食量,使消化率降低。高粱必须粉细至 1 毫米,才能达到较高的利用率。

(2)粗饲料:不应粉得过细,应为 30 毫米左右。不要呈面粉状,以免沉积瘤胃内,影响反刍和饲料消化率,容易引起瘤胃积食等疾病。

4. 合理利用工业副产品,节约精料用量

我国啤酒糟、淀粉渣、豆腐渣和酱油渣的产量每年约 3000 万吨。这些资源喂猪和鸡效果不好,但对肉牛肥育则是宝贵的饲料资源。这些饲料的缺点是营养不平衡,单独饲喂时效果不好,容易造成肉牛生病。如果结合添加剂使用,就能够代替日粮内 90% 精饲料,日增重仍可达到 1.5 千克。

第四章 育肥管理

目前,我国肉牛育肥主要采用小白牛育肥、青年架子牛育肥、淘汰牛育肥等模式。目前,全国各地规模化、集约化育肥牛场主要采用从农村、牧区购买架子牛、乳用公犊和淘汰牛,在育肥场进行短期快速育肥。

第一节 肉用牛生长发育规律

一、肉牛体重的增长规律

1. 肉牛体重增长规律

肉牛的体重增长有一定的规律,体重是表示肉牛生长发育情况的最常用的方法。一般采用初生重、断奶重(6月龄重)、12月龄重、18月龄重和24月龄重等项目。

(1)出生后体重增长的一般规律:在保证充足营养的条件下,体重在性成熟时呈加速增长趋势,到发育成熟时增重则逐渐变慢,即12月龄前的生长速度较快,以后逐渐变慢。

(2)生长速度与初生重和断奶重呈正相关:初生重和断奶重受

遗传、妊娠牛的饲养管理、妊娠期长短、哺乳母牛饲养管理的影响较大。初生重越大，断奶重也大，增重越快。

(3)初生后生长速度与饲料利用率呈正相关：生长速度越快，能量生产利用效率越高。在整个饲养过程中，维持的能量利用效率较高，但维持的能量消耗并无直接产品，维持占能量消耗的比重越小，则能量利用效率越高，生长速度较快，达到出栏体重所需时间就越短。

(4)不同品种、性别、类型体重增长各具特点：在相同饲养条件下，当饲养到相同的胴体等级时，大型晚熟品种所需时间较长，小型晚熟品种所需时间较短。但大型晚熟品种生长速度快，饲料利用率高。公牛的生长速度和饲料利用率要比阉牛高5%~10%，阉牛比母牛约高10%，母牛增重最慢。同样的饲料供应不足，公牛掉膘的速度也最快，母牛最慢。

肉牛前期生长速度较快，后期较慢，在由较快到较慢的过程中会出现一个转折，称为生长转缓点，生产中一定要加强生长转缓点之前的饲养，促进生长，提高生产效率。生长转缓点出现的时间早晚，与牛的品种有很大关系，一般大型牛种前期生长速度较快，转缓点出现得较早，如夏洛莱牛一般出现在8~18月龄，而小型地方牛种相对较迟，如秦川牛出现在18~24月龄。

2. 肉牛体重的补偿生长规律

幼牛在生长发育阶段，因饲料或饲养条件比较粗放，造成营养不足而使生长速度下降，当在育肥期恢复高营养水平时，则生长速度明显加快，比正常速度可加快1倍。经过一段时期后，肉牛仍能达到正常体重，肉牛生长中的这种特性叫补偿生长。这说明肉牛的特点是生长速度反应在一定时期内的体重上，而不是在它的年龄上。

在补偿生长阶段，肉牛的生长速度、采食量、饲料利用率均高于正常生长的肉牛。架子牛育肥常常获得较好的经济效益，就是这一道理。在补偿生长的肉牛与正常生长的牛达到相同体重的情况下，因前者饲养周期长，虽在补偿生长阶段的饲料利用率较高，但整个饲养期的饲料利用率仍低于正常生长肉牛。虽然补偿生长在饲养期结束时能达到体重要求，但最后体组织受到一定影响，屠宰时补偿生长肉牛的骨骼成分较高，脂肪成分较低。

肉牛补偿生长是有条件的，并不是任何情况下都能获得补偿生长。在生命早期增长速度受到严重影响时，往往会形成"小僵牛"。此外，低水平饲养时间越长，则补偿生长越难，效果也越差。因此，在饲养管理过程中运用补偿生长原理时注意以下几种情况：生长受阻时间不能超过6个月；如生长受阻阶段在胚胎期，补偿生长效果不好；生长受阻阶段在初生至3月龄时，补偿生长效果不好。

3. 肉牛生长的不平衡性

肉牛体重增长的不平衡性表现在12月龄以前的生长速度很快。在此期间，从出生到6月龄的生长强度要远大于从6月龄到12月龄。如西门塔尔牛在良好的饲养管理条件下，周岁体重可达到300千克以上；夏洛莱牛的平均日增重，从初生到6月龄为1.15~1.18千克，而从6月龄到12月龄则下降到0.5千克。12月龄之后，肉牛的生长明显减慢，接近成熟时的生长速度则很慢。因为动物每天食入的饲料营养首先被用于维持生命活动和代谢需要，剩余的部分才被用来生长，所以，生长快的肉牛被用于维持需要的饲料营养所占的比例相对减少，饲料报酬高。据测定，日增重1.1千克的犊牛维持需要饲料仅占38%，比日增重0.8千克的犊牛维持需要饲料（47%）减少9%，因此，在生产上应掌握肉牛的生长发育特点，在其生长发育快速阶段给予充分的营养，使牛能够快速生长，提高饲养效率。

4. 肉牛的限制生长

在营养供给充足、饲养管理条件良好的情况下,肉牛的增重呈缓S形曲线。而当营养物质摄入量不足或饲养管理比较粗放时,如饲料配合不合理,或在天气寒冷的条件下,肉牛的饲料采食量严重不足,其摄入的营养物质不能满足生长的需要,甚至不能满足维持需要,肉牛就动用体内贮存的营养物质用于维持需要,导致肉牛的体重不但不增加,反而减轻。这就造成肉牛本身的生长潜力不能发挥出来,生长受到限制。这种状况被称之为限制生长。限制生长的严重程度取决于饲料的组成、饲料的供给量、气温以及肉牛的品种等多种因素。生长潜力越大的肉牛品种,饲养管理条件不合理时,生长受限制的程度越严重。

二、肉牛体组织的生长规律

1. 肉牛体组织的一般生长规律

(1)牛的骨骼发育较早,在胎儿期间发育较快。初生犊牛的骨骼已能负担整个体重,占整个胴体重的30%左右。四肢骨的相对长度比成年牛高,以保证出生后能跟随母牛哺乳。出生后骨骼的生长一直比较稳定。随着体重的增加,骨骼占体重的比例逐渐下降,当肉牛的体重达到400千克左右时,骨骼大约占胴体重量的15%左右。

(2)初生犊牛的肌肉占整个胴体重量的60%左右,当体重达到200千克左右时,这一比例达到最高,为70%左右,而后逐渐下降。肌肉的生长在胎儿期间发育较慢,低于骨骼的增长速度;但出生后肌肉生长加快,生长速度高于骨骼的生长速度。

(3)初生犊牛的体脂肪大约只占胴体重量的7%左右,体重达到400千克时,脂肪大约占胴体重量的20%,而体重为500千克时,脂肪比例为25%左右。从初生到12月龄期间较慢,仅稍快于骨骼的生长,以后逐渐加快。肥育初期网油和板油增加较快,以后皮下脂肪很快增加,最后才加速肌纤维间的脂肪沉积,使肉质变嫩。

(4)初生犊牛机体的含水量可达70%以上,而随着牛的生长发育,含水量逐渐下降,体重达到400千克时,含水量可降至50%左右。

(5)体组织的生长与品种和性别相关。早熟品种体重较轻时就能达到成熟年龄的体组织比率;晚熟品种达到成熟年龄体组织的比率较晚,因此育肥期较长;公牛骨重、肌肉较多,脂肪的生长延迟。

脂肪的能量含量是蛋白质的2倍多,所以肉牛体内沉积大量脂肪不仅不利于提高牛肉质量,而且使饲料的消耗成倍增加。这些变化规律对于确定肉牛的屠宰年龄,掌握肌肉、脂肪和骨骼占肉牛胴体百分比,提高肉牛生产效益是非常重要的。

公牛、阉牛、母牛在生长前期,肌肉、脂肪和骨骼的生长趋势相似,但生长后期,母牛脂肪生长速度明显加快,阉牛次之,公牛明显较慢。

2. 不同部位体组织的生长规律

(1)肉牛各部位脂肪占胴体的比例,在幼龄时期肾及骨盆腔脂肪和肌肉间脂肪占有较高的比重,皮下脂肪的比例很低,但随着体重的增加,皮下脂肪的比例明显增大,肌肉间脂肪比例明显下降。

(2)各部位肌肉占整个肌肉的比例,最初四肢肌肉特别是后肢肌肉较大,以后随着年龄的增长,占全身肌肉的比重有所下降。而颈部、背腰部、肩部肌肉的比例增加。公牛颈部、肩胛部肌肉所占整个肌肉的比重均高于母牛。

(3)高水平饲养时,脂肪所占比例很高,肌肉比例下降;低水平饲养时,肌肉的比例较高。骨骼所占的比例以低水平饲养时为最高。瘦肉与骨之比是表示瘦肉增长的重要指标,一般在(3~4.5):1。高水平饲养时比值较高,即净肉率较高,而低水平饲养时比值较低。当饲养水平很低、体重减少时,一般先是脂肪下降,而后是肌肉。当体重恢复时,肌肉恢复最快。

第二节 育肥牛的选择和育肥方式

一、育肥牛的选择

1. 品种的选择

供作育肥的牛以专门肉牛品种最好,但目前我国还没有培育出优良专门肉用牛品种,引进的国外优良肉用牛品种的繁殖数量也不多。因此,从品种的角度考虑,可采用以下选择育肥牛的优先次序。

(1)肉用杂交改良牛,即用国外优良肉牛为父本与本地黄牛杂交繁殖的后代。生产性能较好的杂交组合有夏洛莱牛与本地牛杂交后代,利木赞牛与本地牛杂交后代,西门塔尔牛与本地牛杂交后代等。其特点是体型大,增重快,成熟早,肉质好。

(2)奶用荷斯坦公犊特点是体型大,增重快,但肉质略差。

(3)国内优良品种,如南阳牛、鲁西黄牛、秦川牛、草原红牛等。其特点是体型较大,肉质好,但增重速度慢,育肥期较长。

(4)非优良品种牛的优秀个体,这些牛虽然体型、增重速度性能较差,但其价格低廉,也可以作为育肥牛的来源。

2. 性别、年龄与体重的选择

育肥牛目的不同,对性别与年龄有不同的要求。若育肥出口活牛或生产高档优质牛肉,则应选择 2 岁以内的公牛,若生产普通牛肉,对年龄和性别的要求可以放宽,但以幼牛为好。

体重主要反应肉牛的生长发育水平和营养状况,体格越大、体重越重的牛肉用性能越好。一般要求 6 月龄的牛体重达到 180 千克以上,18 月龄牛体重应达到 300 千克以上,24 月龄牛体重应达到 400 千克以上。

3. 体型外貌的选择

选择的育肥牛要符合肉用牛的一般体型外貌特征。要求身体低垂,紧凑匀称,体宽而深,四肢端正,各部位发育良好,整个体型呈长矩形。头粗颈短,口大,鼻镜宽,眼明亮;胸宽深,胸骨开张良好,突出于前肢,忌窄胸和尖胸;肩宽厚,背平直,肋骨开张良好,忌三棱骨和凸凹背;沉宽平,忌凸凤、凹凤、斜况和尖况;腿端正,忌"O"形腿和"X"形腿;尾粗壮,皮肤有弹性,被毛密而有光亮。

4. 健康状况选择

育肥牛要求来自非疫区,无任何传染病和普通疾病的症状,有检疫证明。

二、育肥方式

在肉牛生产中,目前我国的肉牛主要是肉用杂交改良牛,即用国外优良肉牛品种与本地黄牛杂交繁殖的后代和荷斯坦公犊以及淘汰的老母牛、残牛及地方品种,这些牛通过科学饲养,特别是后期集中 3~5 个月催肥,使其具有了良好的肉用性能,体重达 450 千克以上,生产高档牛肉的优质肉牛体重要求达到 500~600 千克。肉牛的育肥方式有以下几种。

(一)按给料划分

牛是草食动物,一般情况下,只要供给充足的优质粗饲料就能维持正常的生长发育。育肥饲养由于追求较快的增重速度和肉的品质,必须增加精饲料的给量,以提高饲料的营养水平。因此,精饲料给量的不同和喂给饲料时期的不同,而形成了不同的育肥方式。

1. 以精饲料为主的育肥方式

以精饲料为主的肉牛育肥,就是在育肥过程中最大限度地喂给精饲料,最小限度地喂给粗饲料,使肉牛快速生长发育,快速出栏。其优点是肉牛增重速度快,饲养期短,肉质好,便于规模饲养;缺点是消耗饲料多。

(1)育肥技术指标:7~8月龄,体重250~270千克的牛,育肥10~12个月,平均日增重0.85千克以上,出栏体重500~550千克。

(2)育肥期:饲养管理上,一般把育肥期分为4个阶段。第一阶段0~10周,第二阶段10~20周,第三阶段20~30周,第四阶段30~40周。以精料为主的肉牛育肥,初期日增重可以达到1千克以上,但随着体重的增长和体内脂肪的沉积,体重达到400千克以后,日增重明显下降。一般把育肥期的第20周以前或体重400千克以下称为育肥前期;把第20周以后体重400千克以上称为育肥后期。育肥前期平均日增重0.8~1千克,育肥后期平均日增重0.6~0.8千克。

(3)给料的原则与标准:以精饲料为主的育肥方式,育肥过程中必须保证喂给一定量的粒饲料。育肥前期为防止脂肪过早过快沉积,粒饲料的比例应大些,一般控制在35%左右;育肥后期为加快肌肉和脂肪的生长,粗饲料的比例要尽量减少,一般控制在

20%左右,最低限度不少于10%。给料的方法与参考实例:精饲料进行高能量、低蛋白配合,进行粗粉碎或压扁加工;粗饲料以优质秸秆或干草为主,切短或粉碎加工,采取自由采食给料方式时要将精饲料与粗饲料混合,一般喂精料时要混入10%～15%的粗饲料,以免育肥牛采食过多的精料而引起消化疾病。

2. 前粗后精育肥方式

前粗后精育肥就是在肉牛育肥过程中,前期以饲喂粗饲料为主,在营养状态下维持牛体生长;后期以饲喂精饲料为主,在高营养状态下,发挥补偿生长的优势,加速肌肉和脂肪的生长。其优点是育肥期消耗饲料少,后期增重速度快,出栏体重大,肉质好。缺点是总体增重速度慢,育肥期长。

(1)育肥技术指标:7～8月龄,体重250～270千克的牛,育肥16～18个月,平均日增重0.7～0.8千克,出栏体重500～550千克。

(2)育肥期:饲养管理上,一般把育肥期分为3个阶段。第一阶段5～6个月为低营养阶段,第二阶段5～6个月为补偿生长阶段,第三阶段5～8个月为肉质改善阶段。

(3)给料原则与参考标准:育肥前期或第一阶段,要以粗饲料为主,粗饲料的比例可以达到50%以上,但最低饲养标准应该保持日增重在0.4千克以上。育肥中期或第二阶段,要增加精饲料给量,粗饲料比例降到35%。育肥后期或第三阶段。进一步增加精饲料给量,粗饲料比例降到20%以内,但最低限度要保持10%。

3. 以青粗饲料为主的育肥方式

以青粗饲料为主的肉牛育肥,是在育肥过程中以喂给青粗饲料为主,并按照肉牛生长发育规律补饲精料,使肉牛正常生长发育并逐渐达到育肥程度。该育肥方式的优点是犊牛断奶后直接转入育肥饲养,不必经过育成期;育肥过程中可以充分利用青粗饲料,可以采取放牧加补饲的饲养方式,同时还可以根据市场需求变化情况合理调整出栏时间。其缺点是增重速度慢,育肥期长。其技术要点如下。

(1)育肥技术指标:断奶犊牛育肥20~24个月,体重达到600千克出栏,平均日增重0.65千克。

(2)育肥期:育肥期分为4个阶段。第一阶段6个月为育肥准备期,第二阶段6个月为育肥前期,第三阶段6个月为育肥中期,第四阶段4~6个月为育肥后期或出栏准备期。

(3)给料原则与方法:育肥期间以喂给青粗饲料为主,给料的原则是育肥准备期日增重0.7千克,育肥前期和中期保持日增重0.6千克,育肥后期保持日增重0.5千克。育肥前12个月应控制精饲料给量,以占体重的1%~1.35%为宜;体重达到450~470千克以后,精饲料给量增至占体重的1.4%;育肥后期肉牛采食量减少,食入精饲料的比重也减少,精饲料给量占体重的1.2%~1.3%。

可采用先喂粗饲料后喂精饲料或先放牧后补饲的饲喂方法。一般每天补料1~2次。育肥前期采取群饲自由采食或放牧的饲养管理方式;后期,尤其是出栏前采取拴养、限制运动、限制采食的饲养管理方式。

(二)按育肥牛的年龄划分

不同年龄的育肥牛,其生长发育状况和对营养的需求程度也不一样。因此,应按育肥牛的年龄划分相应的育肥方式。

1. 育成牛育肥

一般公牛1~2岁,母牛2~3岁,体重400~450千克开始育肥,育肥期300~360天,平均日增重0.7~0.8千克,出栏重600~700千克。该牛育肥期间正是肌肉和脂肪快速生长发育阶段,强化育肥与身体生长发育同步,所以,育肥的肉质好,价值高。技术上可根据具体情况选择以精饲料为主育肥方式、前粗后精育肥方式和青粗饲料为主育肥方式的中后期给料标准和饲养管理方案。

2. 成年牛育肥

公牛 2~3 岁,母牛 3~6 岁,体重 340~420 千克开始育肥;育肥期 150~180 天;平均日增重 1~1.1 千克,出栏重 550~600 千克。该育肥牛体格发育已经结束,只是经过短期育肥增加肌肉和脂肪的重量。成年牛育肥前一般采取以粗饲料为主的低营养饲养,因此育肥期可发挥补偿生长的优势,提高增重速度。成年牛育肥具有增重速度快、饲料利用率高的特点。育肥技术可根据具体情况选择前粗后精育肥方式、中后期饲养方案,以及以粗料为主育肥方式、后期饲养方案。

3. 犊牛育肥

断奶犊牛,体重 200~280 千克开始育肥,育肥期 330~360 天,出栏重 500~600 千克,平均日增重 0.8 千克。犊牛育肥出栏快、肉质好,但育肥期长,育肥成本高,可以根据具体情况选择以精料为主、前粗后精的以粗料为主的育肥方式中的任何一种方案。

4. 老龄淘汰牛育肥

一般年龄 8 岁以上、体重 350 千克以上开始育肥,育肥期 100 天左右,出栏重 450 千克以上,平均日增重 1.0 千克。该育肥牛虽然肉质差,但增重一般较快。老龄淘汰牛经育肥可大大提高其经济价值。育肥技术可选择前粗后精育肥方式的后期育肥方案。

(三)按饲养方式划分

肉牛的育肥有持续育肥(一贯肥育)和后期集中育肥(吊架子育肥)两种方法。

1. 持续育肥

犊牛断奶后就地转入育肥阶段进行育肥,或断奶后由专门化的育肥场进行集中育肥,一直到出栏体重(12～18月龄,体重400～500千克)。这种方式由于充分利用了牛体自身的生长发育,故日增重较高,饲料利用率也高,并可获得优质的牛肉。由于饲养期短,日粮中精料用量较多,成本较高,但效益也高。生产的牛肉鲜嫩,是一种很有推广价值的育肥方法。

(1)放牧加补饲持续肥育法:在牧草条件较好的牧区,犊牛断奶后,以放牧为主,根据草场情况,适当补充精料或干草,使其在18月龄体重达到400千克。要实现这一目标,犊牛在哺乳阶段平均日增重达到0.9～1千克,冬季日增重保持在0.4～0.6千克,第二个夏季日增重在0.9千克。在枯草季节,对杂交牛每日每头补喂精料1～2千克。放牧时应做到合理分群,每群50头左右,分群轮牧。放牧时要注意牛的休息、饮水和补盐。夏季防暑,狠抓秋膘。

(2)放牧-舍饲-放牧持续育肥法:此法适应于9～11月出生的秋犊。犊牛出生后随母牛哺乳或人工哺乳,哺乳期日增重0.6千克。断奶后以喂粗饲料为主,进行冬季舍饲,自由采食青贮料或干草,日喂精料不超过2千克,平均日增重0.9千克。到6月龄体重达到180千克。然后在优良牧草地放牧(此时正值4～10月份),要求平均日增重保持0.8千克。到12月龄体重可达到325千克。转入舍饲,自由采食青贮料或干草,日喂精料2～5千克,平均日增重0.9千克,到18月龄,体重达到490千克。

(3)全舍饲持续育肥法:采取全舍饲持续育肥法应首先制订生产计划,然后按阶段进行饲养。犊牛断奶后即进行持续育肥,犊牛的饲养取决于培育的强度和屠宰时的月龄。强度培育和12～15月龄屠宰时,需要提供较高的饲养水平,以使育肥牛的平均日增重在1千克以上。制订育肥计划,要考虑到市场需求、饲养成本、牛场的条件、品种、培育强度及屠宰上市的月龄等。按阶段饲养就是按肉牛的生理特点、生长发育规律及营养需要特征将整个育肥期分成2~3个阶段,分别采取相应的饲养管理措施。

2. 后期集中育肥

犊牛断奶后,为了降低饲养成本,减少饲料消耗,不能保持较高的日增重,首先搭成骨架,当体重达到250千克以上时,逐步提高日粮水平,进行强度育肥,除增加体重外,进一步增加体脂肪的沉积,以改善肉质,一直达到450~600千克时出栏。这种育肥方式,在搭骨架阶段使肉牛的消化器官得到了充分的发育,所以对日粮品质的要求较低,可充分利用农副产品,降低饲养费用,是一种国内外普遍应用的、比较经济的育肥方式。

我国育肥肉牛的来源多是改良牛或当地黄牛。而本地黄牛的繁殖有明显的季节性,如北方地区,一般于秋收前配种,次年春季产犊,断奶后即到枯草季节,营养贫乏,日增重较低,以简单的粗饲料拉骨架,到来年青草期进行集中育肥,干枯草期前达到出栏体重,这样可降低成本,提高饲料利用效率,同时也是牛肉销售的旺季。因此,后期集中育肥非常适合我国北方的生产条件。后期集中育肥有放牧加补饲育肥、秸秆加精料日粮类型的舍饲育肥、青贮料日粮类型舍饲育肥及酒糟日粮类型舍饲育肥等方法。

(1)放牧加补饲育肥:此法简单易行,以充分利用当地资源为主,投入少,效益高。我国牧区、山区可采用此法。对6月龄断奶的犊牛,7~12月龄半放牧半舍饲,每天补饲玉米0.5千克,生长素20克,食盐25克,尿素25克,补饲时间在晚8点以后;13~15月龄放牧;16~18月龄经驱虫后,进行强度育肥,全天放牧,每天补喂精料1.5千克,尿素50克,生长素40克,食盐25克,另外适当补饲青草。

(2)一般青草期育肥：牛日粮，按干物质计算，料草比为1：(3.5~4)，饲料总量为体重的2.5%，青饲料种类应在两种以上，混合精料应含有能量、蛋白质饲料和钙、磷、食盐等。强度育肥前期，每头肉牛每日喂混合精料2千克，后期喂3千克，精料日喂2次，粗料补饲3次，可自由采食。我国北方省份11月份以后，进入枯草季节，继续放牧达不到育肥的目的，应转入舍内进行全舍饲育肥。

(3)青草加尿素混合日粮育肥法：玉米1.5千克，人工盐50克，尿素50克，青草自由采食，吃饱为宜。也可白天野外放牧，早、中、晚为舍饲喂3次，经过100天左右的肥育期，日增重1千克以上。

(4)处理后的秸秆加精料：农区有大量作物秸秆，是廉价的饲料资源，将农作物秸秆经过氨化处理能提高其使用价值，改善饲料的适口性和消化率。以氨化秸秆为惟一粗饲料，肥育150千克的架子牛至出栏，每头每天补饲1~2千克的精料，能获得500克以上的日增重。但如果选择体重较大的架子牛，日粮中适当加大精料比例，并喂给青绿饲料或优质干草，日增重也达1千克以上。选择体重350千克以上的架子牛进场后10天内为训饲期，训练采食氨化秸秆。开始时少给勤添，逐渐提高饲喂量，进入正式肥育阶段，应注意补充矿物质和维生素。矿物质以钙、磷为主，另外可补饲一定量的微量元素和维生素预混料。秸秆的质量以玉米秸最好，其次是麦秸。在饲喂前应放净余氨，以免引起中毒，并且霉烂秸秆不得喂牛。饲喂方法：将牛单槽饲养，日喂2次，日粮适量拌水，日饮水1次，60天育肥期，日增重平均达1千克以上。育肥牛日粮组成：氨化玉米秸秆14千克，配合饲料2千克，添加剂33克，食盐33克。

(5)青贮饲料加精料：在广大农村，可作青贮用的原料比较多。有资料显示，我国有可供青贮用的农作物副产品达10亿吨以上，而用于青贮的只有少部分。若能提高青贮数量，则每年可节省大量的粮食。青贮玉米是育肥肉牛的优质饲料,在低水平精料条件下,饲喂青贮料能达到较高的增重。试验证明,完熟后的玉米秸,在尚未成枯秸之前青贮保存,仍为饲养肉牛的优质粗料,加喂一定量精料进行肉牛育肥能获得较好的增重效果。

(6)酒糟育肥法:酒糟饲料育肥效果好,饲料成本也低。酒糟一年四季育肥肉牛都可以,尤其在冬季育肥效果更好,但是饲喂时间不宜过长。开始阶段,由于牛不喜食酒糟,只给以少许,以干草和粗料为主。半个月以后,逐渐增加酒糟,减少干草喂量,到肥育中期,酒糟量每天可达20~30千克,同时配以少量精料和适口性好的饲料,以保证良好的食欲。酒糟育肥法饲喂的秸秆粉或禾本科干草每头每天不少于2.5千克。另外,再添加0.002%~0.003%的莫能菌素(瘤胃素)及0.5%碳酸氢钠,同时补以维生素A和维生素D。饲喂时要注意钙、磷比例的平衡,并且注意补饲能量饲料,保证饲料中蛋白质与能量的比例平衡。饲喂的酒糟要新鲜优质,腐败、发霉及冰冻或带砂土的不能饲喂,以免中毒。饲喂酒糟时,要先喂干草、青贮秸秆,最后喂精料,喂料后1小时饮水。

(7)高能日粮强度育肥法:这是一种高精料、低粗料的育肥方法,对于体重200~300千克、年龄1.5~3岁的架子牛,要求日粮中精料比例不低于70%,15~20天或1个月的过渡期,使牛适应。例如,对于1.5~2岁、300千克左右的架子牛,可分为3期进行育肥。前期主要是过渡期,约15~30天,精粗比例可控制为40:60,精料日喂量增加到1.5~2千克;中期一般1个月左右,精粗料比为13:7,精料日喂量增加到3~4千克;后期一般为2个月,精粗比3:1,精料日喂量增加到4千克以上,精料比例为:玉米粉75%~80%,麸皮5%~10%,豆饼10%~20%,食盐1%,添加剂1%。通常情况下,牛的粗料为氨化秸秆或青贮玉米秸,自由采食。

第三节 肉牛的育肥技术

肥育肉牛包括幼龄公牛、成年牛和老残牛,肥育的目的是科学应用饲料和管理技术,以尽可能少的饲料消耗获得尽可能高的日增重,提高出栏率,生产出大量优质牛肉。

一、架子牛育肥

架子牛是指未经肥育或不够屠宰体况,年龄在1~3岁以内的牛,目前多指公牛而言。对架子牛进行屠宰前的短期肥育叫架子牛肥育。肥育原理是利用肉牛的补偿生长特点。

犊牛断奶后,到肥育前经过8~10个月甚至更长时间的生长期,即"吊架子"期,250~300千克为小架子牛,300~400千克为大架子牛。对这类牛集中后在肥育场经过90~120天强度肥育,使体重达到450~500千克出栏,是一种比较经济的肉用牛肥育方式。

(一)架子牛的营养需求

吊架子期的牛对粗饲料利用率较高,主要是保证骨骼的正常发育,以降低饲养成本为主要目标,不追求高速生长,日增重在0.5千克即可。因此应以钙、磷等矿物质为重点,适当的蛋白质含量,不要求过高能量。

肥育阶段是要充分利用肉牛补偿生长的特点,促进其肌肉和脂肪的沉积,营养以能量和蛋白质为主,供应量要高于当时体重的维持需要和生长需要,在保证矿物质需要的前提下,采用高能量和足够的蛋白质营养。实际饲养时,按照生长肥育牛的饲养标准,根据对日增重的要求和环境因素进行必要调整,要充分利用本地成本低、资源丰富、能长期稳定供应的饲料。催肥期 1～20 天日粮中精料的比例要达 55%（以饲草为主的粗饲料比例为 45%），粗蛋白水平保持在 12%，每头每日采食干物质（指精饲料、粗饲料总量）约 7.6 千克；21～60 天，日粮中精料比例为 75%（以饲草为主的粗饲料比例为 25%），日粮粗蛋白质水平 10%；每头每日干物质采食量（指精、粗饲料总量）为 8.5 千克。61～150 天，日粮中精料比例 80%～85%（以饲草为主的粗料比例为 20%～15%）；日粮中粗蛋白质水平为 10%；每头每日采食干物质量（指精、粗饲料总量）为 10.2 千克。

(二)架子牛的选择

在肉牛快速育肥工作中，正确的选购架子牛，是搞好肉牛快速育肥工作的前提，也是获得较高经济效益的重要环节。购买架子牛要立足于本地区、本省（因饲料、气候等条件相近，牛购回后很快适应），如必须到外省购买，千万注意不要到疫区购买，以免带回疾病，造成经济损失。具体操作时要考虑品种、年龄、体重、性别和体型外貌等。

1. 检疫

从外地购肉牛时，首先要了解产地有无疫情，并做检疫，针对实际情况检疫后再决定是否购买。

2. 品种

应选择杂种牛，在相同的饲养条件下，杂种牛的增重、饲料利用效率和产肉性能都优于我国地方黄牛。据试验，西门塔尔牛、利木赞牛和夏洛莱牛杂交改良本地黄牛，18 月龄体重西杂牛平均提高 29%，利杂牛提高 34%，夏杂牛提高 39%；18～24 月龄肉牛育肥日增重平均提高 42%。

3. 性别

性别对于肉牛育肥性能的影响主要表现在公牛的生长速度和饲料利用效率，明显高于阉牛和母牛。一般认为，公牛的日增重高于阉牛 10%～15%，阉牛高于母牛 10%。因此，在短期快速育肥选择架子牛时，首先应选公牛，而后才选阉牛和母牛。

4. 年龄和体重

应根据生产计划和架子牛来源而定。目前，在我国农牧区较粗放的饲养管理条件下，1.5～2 岁肉用杂种牛体重多在 250～300 千克，2～3 岁牛体重多在 300～400 千克，3～5 岁牛体重多在 350～400 千克。因此，3 个月短期快速育肥最好选体重 350～400 千克的架子牛。而采用 6 个月育肥期，则以选择年龄 1.5～2.5 岁、体重 300 千克左右的架子牛为佳。高档牛肉的生产条件是 12～24 月龄的架子牛，一般牛年龄超过 3 岁就不具备生产高档牛肉的条件，因为牛肉品质下降，并且优质牛肉块比例也会降低。

(1) 年龄鉴别法：判断牛年龄最准确的方法是查出生记录，如无出生记录，主要采用其他方法进行年龄的鉴别和估计，如根据牛的外貌、角轮和牙齿去判断。

① 外貌法：一般年轻的牛被毛有光泽，细密，皮肤柔润，富有弹性，眼盂饱满，目光明亮，举动活泼。老年牛则相反，皮肤干枯缺乏光泽，眼盂凹陷，目光呆滞，眼圈上多皱纹，行动迟缓。根据牛的外貌仅能区分幼牛、青年牛或老牛，不能进行准确地判断。

② 角轮法：根据角轮的鉴定方法主要适用于母牛和牧区牛。母牛在妊娠后半期，胎儿发育速度快，常造成营养不足而影响角组织的生长，在角的表面形成一轮凹陷，叫角轮。母牛每产一犊出现一个角轮。可以根据角轮数目的多少去判别母牛年龄（母牛年龄＝该牛第一次产犊年龄－1＋角轮数）。通常母牛多在 2.5 岁或 3 岁首次产犊，但由于空怀、流产、饲料不足及疾病等因素的影响，这

种方法并不十分准确可靠。牧区的牛由于冬春枯草季节营养供应不足也会出现一年一层的角轮。

③牙齿法:根据牙齿鉴别牛的年龄较为准确,其依据是牛齿的发生、更换和磨面形状变化规律。牛没有上门齿,下颚门齿共4对8颗,正中间一对叫钳齿或第一中间齿,靠近钳齿的一对叫内中间齿或第二门齿,内中间齿外侧的一对叫外中间齿或第三门齿,最外一对叫隅齿或第四门齿。

像人的牙齿一样,牛齿也有乳齿和永久齿之分,最初长出的是乳齿,以后随着年龄的增长,由于磨损脱落而换生为永久齿,乳齿呈乳白色,较小且排列不整齐,相反永久齿一般色黄,较大且排列整齐,二者很易区分。

一般犊牛在出生时就有1对乳钳齿,有时是3对。生后5~6天或半月左右长出最后1对乳门齿,从4~5月龄开始乳门齿齿面逐渐磨损,磨损次序是由中央到两侧,磨损到一定程度时乳门齿便开始脱落换生永久齿,更换顺序也是由钳齿开始,最后是隅齿。当门齿更换齐后,又逐渐磨损、脱落,所以根据门齿的更换和磨损,可较准确地判断牛的年龄。一般讲2岁时更换第一对门齿,以后每年更换1对门齿,4对门齿都更换为永久齿时叫"齐口",齐口前的年龄为永久门齿对数加1,以后根据钳齿的磨面形状来判断。6岁时钳齿面和内中间齿磨损加深,7岁时钳齿磨面呈长方形,8岁时钳齿磨面呈方形,9岁时钳齿磨椭圆形,并出现齿星,10岁时内中间齿出现齿星,11~12岁时外中间齿和隅齿出现齿星,为了便于记忆,看口齿时有常用口语:两岁一对牙,三岁时两对牙,五岁新齐口,六岁老齐口,七八岁看齿线,九岁一对星,十岁两对星,十一岁三对星,十二岁四对星。除年龄因素外,品种的早熟性、饲料性质、当地气候及畸形牙等因素都可能影响门齿的磨损和脱落规律。

(2)活重估测:活重估测的理论依据是体重和体积的关系。因为不同品种、年龄、性别和膘情的牛体型结构差异较大,所以很难用一个统一的公式来准确估测,一般估测体重要求与实际体重相差不过5%。如相差超过5%则估测公式就不能用。

①肉牛或肉乳兼用型牛估测公式:体重(千克)=胸围2(米)×体斜长(米)×100

②黄牛估测体重公式:体重=胸围2(米)×体斜长(米)×估测系数

公式中估测系数:6月龄犊牛为80,18月龄牛为83。

5. 体型外貌

应选体型大、脊背宽、顺肋、生长发育好、健康无病的架子牛。牛皮要松软、有弹性,用拇指与食指捏起一拉像橡皮筋,用手插入后档一拉一大把,这样的牛易育肥、增重快。

6. 膘情判断

一般来说,架子牛由于其营养状况不同,膘情也不同,可通过肉眼观察和实际触摸来判断。主要应注意肋骨、脊骨、十字部、腰角和臀端肌肉丰满情况,如果骨髓明显外露,则膘情为中下等;若骨髓外露不明显,但手感较明显为中等;若手感较不明显,表明肌肉较丰满,则为中上等。而对于被毛粗糙、膘情不好的牛,则要仔细观察其反刍及粪便等是否正常,并且要了解膘情不好的原因。因饲养管理不当或患某种寄生虫疾病造成膘情不好的架子牛,只要反刍正常就可选购,这种牛通过驱虫和健胃即可治愈,育肥后可以得到较好的效益。

(三)架子牛的运输

如是收购的架子牛,在运输过程中,由于生活环境及规律的变化,导致生理活动的改变,造成运输应激反应。肉牛所受到的应激越大,损失也越大,掉膘也越多。运输中的体重损失包括牛的排泄物和体组织两部分损失。据研究,减重中排泄物和体组织两部分损失约各占一半。运输后体重的恢复所需平均时间,犊牛为13天,1岁牛为16天。运输过程中如过度拥挤、气温过高或过低、风、雨等都会引起减重增加。因此,要想方设法减少运输应激反应,以减少掉膘。

1. 运输管理

(1)运肉牛的汽车高度不低于140厘米,不可装得太拥挤。肉牛少时,可用木杠等拦紧,肉牛头朝前,减少开车前和刹车时肉牛站不稳的事故。一般4米车厢装2排。后排肉牛头和前排牛的屁股错开,在相当肉牛的前胸处绑一粗的横杠,以缓解刹车时前方冲力,一般大肉牛在前排,小肉牛在后排,若为铁板车厢时,应铺垫锯末、碎草等防滑物品。

(2)装车前半小时可注射镇静剂,此法在短途运输时效果更好。长途运输时,每千克日粮中添加氯化钠3.5克,或在运输前3~4天,每千克日粮添加5~10毫克和血平。运输前2小时及运输后进食前2小时饮补盐溶液,每头牛2000~3000毫升。配方为:氯化钠3.5克,氯化钾1.5克,碳酸氢钠2.5克,葡萄糖20克,加凉开水至1000毫升。

(3)装车前不饲喂饼类、豆类草等易发酵的草料,少喂精料,肉牛半饱,饮水适当。

(4)车速不超过40公里/小时,匀速。启动、转弯和停车均要先减速。运输中每隔2~3小时应检查1次,将躺下的肉牛赶起以防被踩坏。肉牛运行超过10小时的路途,应当中间休息1次,给肉牛饮水。夏季白天运肉牛要搭凉棚,冬天运肉牛要有挡风设施。

2. 到场后架子牛的管理

(1)新到架子牛肌肉注射维生素A、维生素D、维生素E和1克土霉素。

(2)提供清洁饮水。

(3)注意观察牛的反刍活动,发现异常及时诊治。特别注意臌胀病及腹泻病。

(四)架子牛的饲养管理

近些年研究表明,育肥公牛去势后容易造成脂肪大量沉积,使瘦肉率相应减少,且青年牛去势后,伤口疼痛,恢复正常需要消耗营养,增加成本,影响育肥速度。因此,除生产高档牛肉外应该不予去势。

1. 舍饲育肥管理

(1)备足草料:牛的饲料广泛,农作物秸秆、青干草、谷实类、农副产品(糟渣、饼粕、糠麸等)都可用于饲喂肥牛,但草料要按养牛数量备足,可按每头牛日采食干物质量占牛活重的3%准备。

(2)提供良好的环境:肉牛肥育以秋季最好,其次为春、冬季节。春、冬季牛舍内温度要保持在5~10℃之间,如果温度过高或过低,都会影响增重,还会掉膘。北方冬季牛舍要保温,加盖塑料布,用稻草或泥堵住墙壁上的漏风处,既保证舍内温度,又便于采光,同时牛体本身散发的热量也不会流失太大。夏秋季防止日头曝晒、雨淋,牛舍要保持清洁、干燥、通风良好,做到冬暖夏凉。牛喜干燥、怕潮湿,应保持牛舍卫生、干燥、空气新鲜,使牛有一个好的育肥环境,牛就长得快。否则,会导致肉牛的环境应激,造成增重速度的下降。切忌牛舍阴冷潮湿和阳光过强等不利肉牛增重的因素。

(3)牛体消毒:用0.3%的过氧乙酸消毒液逐头进行1次喷体消毒,在3天内用0.25%的螨净乳牛化剂对牛体进行1次全面刷洗式或用2%的敌百虫溶液喷洒牛体,以防体表寄生虫病的发生。

(4)驱虫:育肥牛在进栏7天内要进行体内驱虫。

①丙硫咪唑:每千克体重10毫升的丙硫咪唑1次口服。

②虫克星:口服剂量为每千克体重0.1克,针剂皮下注射量为每千克体重0.2毫克。

③左旋咪唑:口服量为每千克体重8毫克。

④抗蠕敏:每千克体重5~7毫克的抗蠕敏。

(5)健胃:进场后7~8天,用健胃散对所有牛进行健胃,体重不足250千克牛灌服250克,体重250千克以上的每头灌服500克,随着牛体况的恢复和对环境的适应,逐步添加精饲料。

(6)限制运动:肉牛在育肥期应限制运动,一般采取拴系饲养(缰绳的长度以牛能卧下为度),以减少其活动范围,降低能量消耗,提高育肥效果。缰绳、围栏等易损品要经常检修、更换。一般一头牛占地面积4~5平方米比较合适。

(7)圈舍消毒:在牛进舍前,要定期、不定期地用生石灰水或来苏儿对牛舍进行消毒,在门口设消毒池,以防病菌带入。

(8)刷拭:牛体每天要刷拭1~2次,保持牛体卫生。刷拭方法是饲养员先站左侧用毛刷由颈部开始,从前向后,从上到下依次刷拭,中后躯刷完后再刷头部、四肢和尾部,然后再刷右侧,每次3~5分钟。刷拭宜在挤奶前30分钟进行,否则由于尘土飞扬污染牛奶。刷下的牛毛应收集起来,以免牛舔食,而影响牛的消化。

(9)防疫和治病:制订免疫程序,做到无病早防。对牛舍每天打扫1次,保持槽净、舍净。要注意观察肉牛的采食、饮水、反刍情况,发现病情及时治疗。

(10)注意安全:公牛记忆力强,防御反射力强,饲养人员要通过喂饲、饮水、刷试等途径培养人畜亲合力,确保饲养人员的安全。

(11)育肥配方

①混合料饲养育肥配方

·肥育肉牛体重300千克以下

配方一:黄玉米17.1%,棉籽饼19.7%,鸡粪8.2%,玉米青贮(带穗)17.1%,小麦秸36.6%,食盐0.3%,石粉1.0%。

配方二：黄玉米 15.0％，胡麻饼 13.6％，玉米黄贮 35.0％，干草粉 5.0％，白酒糟 31.0％，食盐 0.4％。

配方三：黄玉米 19.0％，胡麻饼 13.0％，玉米黄贮 17.6％，干草粉 5.0％，白酒糟 45.0％，食盐 0.4％。

配方四：黄玉米 10.0％，棉籽饼 12.0％，玉米青贮（带穗）44.6％，玉米秸 3.0％，白酒糟 30.0％，食盐 0.4％。

配方五：黄玉米 15.0％，棉籽饼 22.9％，鸡粪 8.0％，玉米青贮（带穗）17.9％，小麦秸 35.0％，石粉 1.0％，食盐 0.2％。

· 肥育肉牛体重 300～400 千克

配方一：黄玉米 10.4％，棉籽饼 32.2％，鸡粪 4.1％，玉米秸 9.1％，玉米青贮（带穗）13.4％，白酒糟 30.0％，石粉 0.5％，食盐 0.3％。

配方二：黄玉米 8.6％，玉米黄贮 36.0％，白酒糟 48.0％，胡麻饼 7.0％，食盐 0.4％。

配方三：黄玉米 11.0％，玉米黄贮 25.0％，玉米秸 5.0％，白酒糟 50.0％，胡麻饼 8.6％，食盐 0.4％。

配方四：黄玉米 9.0％，棉籽饼 11.0％，玉米秸 3.0％，玉米青贮（带穗）51.0％，白酒糟 25.6％，食盐 0.4％。

配方五：黄玉米 25.0％，棉籽饼 13.0％，玉米青贮（带穗）37.0％，玉米秸 3.0％，白酒糟 21.1％，石粉 0.5％，食盐 0.4％。

配方六：黄玉米 19.0％，玉米黄贮 17.6％，干草粉 5.0％，白酒糟 45.0％，胡麻饼 13.0％，食盐 0.4％。

配方七：黄玉米 37.6％，玉米黄贮 19.0％，干草粉 5.0％，白酒糟 28.0％，胡麻饼 10.0％，食盐 0.4％。

· 肥育肉牛体重 400～500 千克

配方一：黄玉米 16.7％，棉籽饼 24.7％，玉米秸 9.5％，玉米青贮（带穗）37.4％，石粉 1.0％，食盐 0.7％，白酒糟 10.0％。

配方二：黄玉米 21.1％，棉籽饼 29.2％，玉米秸 9.1％，玉青贮(带穗)34.5%,白酒糟4.0%,石粉1.5%,食盐0.6%。

配方三:黄玉米38.6%,玉米黄贮22.0%,胡麻饼9.0%,干草粉4.0%,白酒糟26.0%,食盐0.4%。

配方四:黄玉米18.6%,玉米黄贮22.0%,玉米秸5.0%,胡麻饼7.0%,白酒糟47.0%,食盐0.4%。

配方五:黄玉米16.0%,玉米黄贮32.0%,胡麻饼6.6%,白酒糟45.0%,食盐0.4%。

配方六:黄玉米25.0%,棉籽饼13.0%,玉米秸3.0%,玉米青贮(带穗)37.0%,白酒糟21.1%,石粉0.5%,食盐0.4%。

配方七:黄玉米25.8%,棉籽饼13.0%,玉米秸3.0%,玉米青贮(带穗)37.0%,白酒糟20.3%,石粉0.5%,食盐0.4%。

• 肥育肉牛体重500千克以上

配方一:黄玉米42.6%,大麦粉5.0%,杂草7.0%,玉米青贮(带穗)28.5%,苜蓿草粉11.5%,食盐0.4%,白酒糟5%。

配方二:黄玉米41.0%,大麦粉5.0%,杂草7.0%,玉米青贮(带穗)39.0%,苜蓿草粉6.6%,食盐0.4%,石粉1.0%。

配方三:黄玉米27.0%,大麦粉5.0%,胡麻饼8.6%,玉米黄贮19.0%,玉米秸6.0%,白酒糟34.0%,食盐0.4%。

配方四:黄玉米30.0%,大麦粉5.0%,胡麻饼9.6%,玉米黄贮20.0%,玉米秸6.0%,白酒糟29.0%,食盐0.4%。

配方五:黄玉米42.8%,大麦粉5.0%,胡麻饼10.5%,玉米黄贮17.0%,玉米秸5.8%,白酒糟18.5%,食盐0.4%。

配方六:黄玉米29.6%,大麦粉5.0%,棉籽饼11.0%,玉米青贮(带穗)37.0%,白酒糟17.0%,食盐0.4%。

配方七:黄玉米23.5%,大麦粉5.0%,棉籽饼6.0%,玉米青贮(带穗)35.1%,玉米秸9.0%,食盐0.4%,白酒糟21.0%。

②以酒糟为主育肥的日粮配方

• 肥育肉牛体重350千克(育肥前期)

配方:酒糟15千克,精料2千克(玉米1.5千克,豆粕0.2千克,麸子0.3千克),预混料(4%)0.08千克。

• 肥育肉牛体重400千克(育肥中期)

配方:酒糟20千克,精料3千克(玉米2.25千克,豆粕0.3千克,麸子0.45千克),预混料(4%)0.14千克。

• 肥育肉牛体重450千克(育肥后期)

配方:酒糟25千克,精料4.5千克(玉米3.4千克,豆粕0.5千克,麸子0.6千克),预混料(4%)0.18千克。

③以青贮为主育肥的日粮配方

• 肥育肉牛体重350千克(育肥前期)

配方:青贮料15千克,精料2千克(玉米1.1千克,豆粕0.6千克,麸子0.3千克),干草或秸秆5千克,预混料(4%)0.08千克。

• 肥育肉牛体重400千克(育肥中期)

配方:青贮料20千克,精料2.9千克(玉米1.6千克,豆粕1.0千克,麸子0.3千克),干草或秸秆5千克,预混料(4%)0.12千克。

• 肥育肉牛体重450千克(育肥后期)

配方:青贮料20千克,精料4.55千克(玉米2.5千克,豆粕1.6千克,麸子0.45千克),干草或秸秆5千克,预混料(4%)0.18千克。

④以青贮为主育肥的日粮配方

• 肥育肉牛体重350千克(育肥前期)

配方:精料2.5千克(玉米1.5千克,豆粕0.68千克,麸子0.32千克),预混料(4%)0.10千克,干草或秸秆吃饱为止。

• 肥育肉牛体重400千克(育肥中期)

配方:精料3.5千克(玉米2.1千克,豆粕0.88千克,麸子0.52千克),预混料(4%)0.14千克,干草或秸秆吃饱为止。

・肥育肉牛体重 450 千克（育肥后期）

配方：精料 4.5 千克（玉米 3.15 千克，豆粕 0.9 千克，麸子 0.45千克），预混料（4%）0.18 千克，干草或秸秆吃饱为止。

(12) 饲喂

①饲料搭配与混合：在育肥牛的饲喂中可以把精料、粗料、糟渣料、青贮饲料、干草饲料分开饲喂；也可以混合拌匀后饲喂，将育肥牛日粮组成的各种饲料，按比例（称量准确）全部混合，掺匀后投喂。所谓混合均匀，在有机械混合时，至少开动机器 3 分钟；在手工操作时，至少应搅拌 3 次（把所有饲料搅拌 3 次），以看不到饲料堆里有各种饲料层次为准。这样的饲料，牛不会挑食，而且先上槽牛和后上槽牛采食到的饲料比例基本都一样，提高了育肥牛生长发育的整齐度。

②干拌料和湿拌料：在饲喂育肥牛时，可以采用干拌料，也可以采用湿拌料。理想的育肥牛饲料应常年饲喂全株青贮玉米或糟渣饲料。因此，在喂牛前将蛋白饲料（棉籽饼、胡麻饼、葵花籽饼）、能量饲料（玉米粉、大麦粉）、青贮饲料、糟渣饲料、矿物质添加剂及其他饲料按比例称量放在一起来回翻倒 3 次，此时各种饲料的混合物（含水量在 40%～50%，属半干半湿状），喂牛最好。育肥牛不宜采食干粉状饲料，因为它一边采食，一边呼吸，极容易把粉状料吹起，也影响牛的呼吸。育肥牛在采食半干半湿混合料时要特别注意，防止混合料发酵产热，发酵产热后饲料的适口性大大下降，影响牛的采食量。因此，应采取多次拌料，每一次拌料量少一些，以能满足牛 4～6 小时的采食量为限，用完再拌；将拌匀的混合料摊放在阴凉处，10 厘米厚为好。

③饲喂方式：一般架子牛快速育肥需 120 天左右，分为 3 个阶段，即过渡驱虫期，约 15 天；育肥前期，约 45 天；育肥后期，约 60 天。

过渡驱虫期（第 1～15 天）：这一时期主要是让牛熟悉新的环

境,适应新的草料条件,消除运输过程中造成的应激反应,恢复牛的体力和体重,观察牛只健康,健胃、驱虫等。日粮开始以品质较好的粗料为主,不喂或少喂精料。随着牛只体力的恢复,逐渐增加精料,精粗料的比例为 3:7,日粮蛋白质水平 12%。如果购买的架子牛膘情较差,此时可以出现补偿生长,日增重可达到 800～1000 克,尽快完成过渡期。

育肥前期(第 16～60 天):日粮中精料比例由 30%增加到 60%。具体操作时,可按牛只的实际体重每 100 千克喂给含蛋白质水平 11%的配合精料 1 千克,每头牛每天 20 克盐;粗饲料自由采食,在日粮中的比例由 70%降到 40%。这一时期的任务主要是让牛逐步适应精料型日粮,防止发生臌胀病、腹泻和酸中毒等疾病,防止精粗料比例相近的情况出现,以避免淀粉和纤维素之间的相互作用而降低消化率。这一时期日增重可以达 1000 克以上。

育肥后期(第 61～120 天):日粮中精料比例可进一步增加到 70%～85%,生产中可按牛只的实际体重每 100 千克体重喂给含蛋白质 9.5%～10%的配合精料 1.1～1.2 千克。粗饲料自由采食,日粮中比例由 40%降到 15%～30%,日增重可达到 1200～1500 克。这一时期的育肥常称为强度育肥。为了让牛能够把大量精料吃掉,这一时期可以增加饲喂次数,原来喂 2 次的可以增加到 3 次,并且要保证充足饮水。

④投料方式:将按比例配好的饲粮堆放在牛食槽边,采用少添勤喂,使牛总有饲粮不足感,争食而不厌食或挑剔。但少添勤喂时要注意牛的采食习惯,一般的规律是早上采食量大,因此早上第一次添料要多一些,太少了容易引起牛争料而顶撞斗架;晚上饲养人员休息前,最后一次添料量要多一些,因为牛在夜间也采食。

⑤饲料更换:很少牛场能有均匀性的饲料,从育肥牛进栏到出栏都用相同的饲料;另一方面,随着牛体重的增加,各种饲料的比例也会有调整,因此在育肥牛的饲养过程中,饲料的变更是常常会

发生的。但饲料的更换应采取逐渐更换的办法,决不可骤然变更,打乱牛的原有采食习惯,应该有3~5天的过渡期,逐渐让牛适应新更换的饲料。在饲料更换期间,要求饲养管理人员勤观察,发现异常,应及时采取措施,尽量减少因更换饲料给养牛者带来损失。

⑥使用增重剂和瘤胃调控添加剂:每天在日粮中添加200毫克瘤胃素饲喂,日增重可提高16.3%;在日粮中添加0.8%~1%复合缓冲剂(每100克含碳酸氢钠66.7克,磷酸二氢钾33.3克)饲喂,日增重提高11%~15%,饲料消耗减少11%~13%;按肉牛每100千克体重喂给0.5克溴化钠,日增重可提高17.5%。

(13)定期称重:为了及时了解育肥效果和饲料消耗情况,定期称重很必要。首先牛进场时应先称重,按体重大小分群,便于饲养管理。在育肥期也要定期称重。由于牛采食很大,为了避免称重误差,应在早晨空腹称重,最好连续称重。

(14)及时出栏或屠宰:经过3~4个月短期育肥,肉牛体重超过500千克后,虽然采食量增加,但增重速度明显减慢,继续饲养不会增加收益,要及时出栏。

2. 放牧育肥饲喂管理

在牧区因地制宜,依靠廉价的草原资源,采用一面放牧,同时补料的办法育肥,也能收到良好的效果。

(1)时间选择:放牧育肥的时间应选择在每年的7~10月,此时牧区牧草茂盛,尤其要抓好牧草结籽期的育肥。

(2)放牧方式:早出牧,午间在牧场休息,晚上到有食槽处补料,每天的放牧距离不要超过4~5千米。

(3)采用放牧场补料:在放牧场临时建牛食槽,将混合精料就地补饲,节省牛来回奔走而消耗体能,补料时,1头1个槽,避免抢料格斗;补料量根据体重大小而异,按干物质计,每100千克体重补料量为体重的1%~1.5%;补料时要充分饮水。

二、乳用品种小公牛育肥

我国目前奶牛存栏数量多,每年将有50%的公犊出生,可以利用这些奶牛公犊来生产小牛肉。

(一)奶公犊的选择

奶公犊具有生长快、育肥成本低的优势,在我国目前条件下,黑白花牛对饲料的转化率高、生长快、瘦肉多。黑白花奶牛公牛犊除种用外,绝大多数进行育肥。

选作育肥用的公犊,要求初生重大于40千克,健康无病。从体形上看,头方嘴大、前管围粗壮、蹄大坚实。体形小,体重低于35千克的犊牛不宜用作育肥用。

(二)犊牛的运输

(1)在装犊牛的车厢内铺一层农作物秸秆,或者在箱板上洒一层干燥的沙土,防止在运输过程中滑倒而相互挤压致死。

(2)雪天雨天应配带苫布。

(3)装犊牛时,不能过密过挤。

(4)运输车辆应缓慢启动,禁止突然刹车,在颠簸路面和坡路要缓慢行驶,防止犊牛挤压死亡。

(5)押车人员经常检查车上的犊牛,发现问题及时处理。

(6)运送到目的地后,卸犊牛时要防止车厢板与车厢之间缝隙别断犊牛腿。最好将车靠近高台处卸犊牛,防止犊牛跳车造成伤残事故的发生。

(三)犊牛饲养管理

1. 哺乳期饲养管理

(1)哺乳

①人工乳:奶牛养殖户一般都在奶牛公犊7～10日龄出售,如果养殖者没有其他牛乳,则必须采用人工奶代替(鸡蛋2～3个,新鲜鱼肝油15毫升,鲜牛奶500毫升,食盐9～10克。充分拌匀混合,隔水加热至38℃后喂犊牛)。

犊牛的哺乳期一般为3～4个月,总的喂奶量大约为300～350升,日喂2～3次,1天的喂奶量可按小牛体重的10%左右计算。吃完母牛初乳的犊牛,也可逐步改吃发酵初乳。发酵初乳的制法是:用健康母牛所产初乳,放在塑料桶或缸中,加上盖,然后置于清洁的室内,让其自然发酵。为防止乳脂与乳清分离,每日搅拌1～2次,夏天发酵2～3天便可用来喂犊牛,冷天则稍长些。发酵好的初乳呈淡黄白色,有酸香味发酵后的初乳,若出现酸败,有臭味,色变红,即已变坏不能使用。利用发酵初乳喂犊牛,应按2:1加热水稀释,即发酵初奶2份,加1份热水稀释后,便可喂小牛。

②喂乳方法:给犊牛喂奶,可用带有橡皮奶头的奶壶饲喂,也可用小桶饲喂。但用小桶饲喂,开始时需要人工训练。用两个手指(要先将手洗净)放入犊牛口内,然后将犊牛嘴巴引入装有奶的小桶内,使犊牛随着吸吮手指而同时吸入牛奶,这样经过几次训练,犊牛便会习惯吃小桶内的奶。喂奶必须定时(即每天在一定的时间饲喂)、定量(根据犊牛的日龄、体重,按规定数量饲喂,不要时多时少)、定温(即奶温应保持35～38℃,热天奶温可低些,冷天宜高些)。

(2)补料:在3～4周龄时,可以逐渐给犊牛喂料(玉米40%,小米20%,豆饼20%,麸皮18%,骨粉1%,食盐1%,另添加适量维生素和微量元素),从 5 日龄开始训练犊牛吃料,将代乳料煮熟成粥状掺入奶中一起喂,每天每头犊牛只能喂 100 克料,每次都要给犊牛换新料。经过 5~7 天人工饲喂后,就可以让犊牛自己吃料。一旦犊牛学会吃料,饲槽内就要始终保持有料,供犊牛采食。在第一个月内,采食量约为每天每头 0.45 千克。

(3) 饮水:人工乳中的含水量不能满足正常代谢的需要。因此,必须训练犊牛尽早饮水。开始可在饮水中加入适量牛奶,借以诱导。最初须饮 36~37℃ 的温开水,10~15 天后可改饮常温水,1 月龄后可在水池(槽)贮满清水,任其自由饮用。但水温不宜低于 15℃。

(4) 补饲抗生素:为了预防犊牛拉稀,可补饲抗生素。如每天补饲 1 万国际单位的金霉素,30 天后停喂,犊牛的增重可提高 7%~16%,高的可达 10%~30%,下痢大大减少。特别在饲养管理较差的条件下,补饲的效果更为显著。

(5) 疾病观察:要经常观察犊牛的精神状态及粪便情况。健康的犊牛,体形舒展,行动活泼,被毛顺而有光泽;若被毛乱而蓬松,垂头弓腰,行走不稳,咳嗽,流涎,叫声凄厉,则是有病的表现;若粪便变白、变稀,这是最常见的消化不良的表现,此时只需减少 30% 左右的喂奶量,并在牛奶中加入 30% 的温开水加以稀释,即可使犊牛痊愈。

(6) 去角:后场后有角的犊牛去角,一般在到场后的 5~7 天以内,这样牛的痛苦较小。去角后要经常注意观察,如感染化脓,可用 3% 过氧化氢冲洗,再涂以碘酒。

① 固体氢氧化钠去角法:用氢氧化钠去角时首先要去角基部的毛,如果存在有硬结,要用剪刀剪去。然后用氢氧化钠在剪毛处画圆,面积 1.6 平方厘米。当画圆的局部出现烧伤时,即可停止。母牛哺乳以前犊牛伤口要变干,以防氢氧化钠腐蚀母牛乳房及皮肤。在雨天,不要将犊牛放出以防氢氧化钠流到脸上,危及眼睛。

②电烙器去角法:将电烙器加热到一定温度后,牢牢地按压在角基部直到其下部组织烧灼。但不宜太深太久以防烧及下层组织。

2. 断奶后的饲养管理

(1)断奶:为促进犊牛的生长发育,增加瘤胃的消化机能,可适当提早训练犊牛吃植物性饲料,如青草、青干草及混合精料。犊牛的断奶时间,要根据犊牛的生长发育情况来确定,通常以每天能吃1千克左右的犊牛料(35天左右)便可断奶。

(2)饲喂

①断奶犊牛补饲配方

配方一:玉米50%,麸皮12%,豆饼30%,鱼粉5%,骨粉1%,碳酸钙1%,食盐1%。

配方二:玉米48%,豆饼19%,麸皮29%,牡蛎粉2.5%,食盐1.5%。

配方三:豆饼40%,玉米22%,高粱20%,麸皮15%,牡蛎粉2%,食盐1%。

配方四:玉米25%,麸皮25%,麦粉5%,豆麸40%,贝壳粉3%,食盐2%。

配方五:玉米35%,麸皮22%,高粱5%,豆饼35%,骨粉1%,碳酸钙1%,食盐1%。

配方六:玉米22%,高粱20%,麸皮20%,豆饼35%,骨粉1%,食盐1%,多维生长素1%。

②饲喂方法:断奶后35~60日龄内继续喂粥状熟代乳料,60日后换成粥状生代乳料,90日龄改粥状代乳料为精料拌草。为吸引犊牛饮水,可在水中拌入少量炒豆粉或麸皮等,100日龄后改饮清水。每天拌草配合精料1.5~2千克,分2次喂给。精饲料以青干草、青贮料和鲜青草为主,充分供应,自由采食。

(3)驱虫:在犊牛断奶后30天开始,要用药物进行驱虫,方法是按每千克体重空腹喂左旋咪唑6～10克,也可按每千克体重喂"克虫星"粉剂0.1克,10天后重复1次。

(4)预防接种:所有犊牛都要进行魏氏梭菌病的接种(如气肿疽和恶性水肿)。接种气肿疽的最佳时期是2～3月龄。在断奶前的3周还要进行传染性牛鼻气管炎疫苗的接种。在断奶后的2～3周,所有后备犊牛都应进行牛病毒性腹泻的疫苗接种。此外,还要进行布氏杆菌及结核病的预防接种。

(5)去势:如果准备饲养1年就出栏,奶公牛犊可不去势。饲养实践证明,虽然去势后对增重有好处,但在手术后的一段时间里会影响增重。如果准备养到1.5～2岁出栏,去势可在3月龄以前或6～12月龄时进行,最好季节是春季。

3月龄以前去势犊牛很少掉膘,同时在仲夏以前手术,伤口很少感染。缺点是小牛容易发生尿结石和影响生长发育。如果春季没有机会进行去势,就要等到晚秋(6～12月龄)或冬季来临以前,蝇虫减少的时候进行手术。这时去势出血较多,但对动物的生长影响较小。去势的方法可以采用手术法,去势钳,锤砸法,亦可采用王宪伦等发明的一种专利药物,注入牛的睾丸组织,使其在一定条件下变性、坏死、萎缩,最后被机体吸收。

①橡皮筋结扎法:取橡皮筋1条或3条,先由一人将公犊抱住,手术者握住阴囊颈,将其内两颗睾丸同时挤到阴囊中,然后套进橡皮筋多圈勒紧阴囊颈基部,使其血液循环发生障碍,导致阴囊颈部下的组织坏死变性而最后脱落。手术中注意防止橡皮筋分散,应将其集中在一起,以达到阻碍血流的作用。手术后,因阴囊肿痛,常可见公犊抬起后腿、卧地等现象,以后会逐渐消失。一般经过1个月左右的时间,阴囊消肿萎缩而坏死脱落,没有其他不良反应。

②睾丸注射药去势法:此法是利用某种药液注射到公犊睾丸或精索内,利用药物的相互作用,使公犊睾丸变性、死亡、逐渐干

枯，失去性功能，从而达到去势的目的，尤其是在公犊睾丸还没有能充分发育成熟时，即早期去势效果更好。采用睾丸注射药液去势法比用刀割去势法操作简单，而且感染破伤风机会少，护理容易。

③注射碘酒去势法：将15克碘化钾溶于20毫升蒸馏水中，加入30克碘粉（用碘片研末即可），溶解后，加入95％的医用酒精至100毫升摇匀即成（药液宜现用现配）。用二柱栏保定或侧卧保定公牛，再用3％～5％碘酒消毒手术部位，术者左手固定公牛睾丸（或助手固定两个睾丸），右手持注射器在每个睾丸上部，用8或9号穿刺针头（也可用9号肌注针头），沿睾丸纵轴方向，向附睾尾刺入，待接近附睾尾白膜时，边推药边退针，缓慢均匀地注入药液（切记不要把药液漏入白膜外，万一有此现象，迅速用3％硫代硫酸钠进行脱碘，否则易造成阴囊内发炎）。每个睾丸用药量可按睾丸中轴长度计算，去势每厘米用2毫升。注射后2～5天，公牛睾丸肿胀，食欲稍有减退，局部轻度发炎发热，个别阉牛行走时轻度跛脚。此时应让水牛多休息，3～4天后，体温、食欲恢复正常，肿胀消失。再过15～30天，睾丸明显缩小。

④兽用去势注射液去势法：该去势液具有安全简便、效果可靠、无损伤、不感染、无残毒、无后遗症、应用范围广、成本低等诸多优点，实践证明，对家畜进行药物去势增重快。去势日龄范围在20～90天以内。一般情况下，20～90天小公牛保定比较容易。常用的方法有：站立保定法（对幼小的小公牛，令其站立，助手抱住牛颈部，使之不动，手术者可安全地进行注射操作。对于日龄稍大的小公牛，取站立保定时，助手用牛鼻钳子夹住牛的鼻中隔，需另一助手保定住牛体后部不动，术者便可进行注射操作）和倒卧保定法（将牛侧倒卧后，用绳子将两前肢和后上侧腿捆扎在一起，即可进行注射操作）两种。术者用左手握住阴囊底部固定不动，右手持注射器，用7～9号针头从附睾尾部进针，刺至睾丸上部近附睾头处，

并将兽用去势注射液注入。然后边退针边将余下的药液注入在睾丸纵隔中。在注射过程中,手感睾丸逐渐变大变硬为正常现象。去势用药量可根据睾丸大小,在每睾5～20毫升范围内酌情选用。注意用药量不宜过大。防止固用鞘膜破裂,药液进入鞘膜腔后易渗入腹腔,造成腹膜肠道坏死。

(6)分群饲养:肉用犊牛应按其月龄、体格大小和性别等进行分群,每群30～50头。分群后固定专人进行育肥饲养和管理。

(7)加强犊牛卫生管理:刚断奶的小牛对外界的适应能力较弱,体温调节的机能也差,容易受各种疾病的侵袭。因此,必须对其加强护理,勤换垫草垫料,保持牛舍地面干燥清洁,及时清除牛舍粪便,减少有害气体的产生,保持空气状况良好。对牛舍、牛栏、用具定期消毒,保持饮水和饲料清洁卫生。要防止犊牛互相舔食形成"舔癖"。冬季栏内要多铺垫草。采取有效防风保温措施,防止因栏内潮湿和天气骤变或冷风吹入引起幼牛感冒和引发肺炎。每天至少刷拭牛体1次,促进皮肤血液循环和犊牛的生长发育。8月龄和12月龄分别驱虫1次。

3. 育肥期饲养管理

12月龄以前是牛的快速生长期,体重可达350～400千克,以后生长速度变慢,要及时转入育肥期,以增加体重,提高产肉量,改善肉质。

进入育肥期后,酒糟日喂量逐渐加大到30～35千克,喂少量的青草、块根、块茎和精料(精料在牛快吃饱时拌草喂)。每天喂3次,饮3次,水中每牛每天加食盐50克左右。水槽中经常供应清水,自由饮用。为提高适口性,可在饲料中拌入1%的炒豆粉。在冬季,酒糟要在室内预温达10℃以上时再喂,切忌冻冰喂食。如牛出现食欲不振、腹胀、皮肤有疹块,应少喂或停喂酒糟,适当调整饲料,以恢复胃肠消化功能。为限制运动量,牛缰绳拴系要短。

4. 上市

育肥期一般为 60~90 天,体重达 450 千克左右时,可以上市。

三、老龄牛育肥

老年龄牛通常是指役用牛、奶牛等淘汰的牛,此类牛一般年龄较大,体况不佳,不经肥育直接屠宰产肉率低,肉质差,效益低。经短期集中肥育,不仅可提高屠宰率、产肉量及经济效益,而且可以改善肉的品质和风味。

1. 育肥前的准备

(1)健康检查:将牙齿不好,或患有慢性消化道疾病的个体剔除,以免浪费饲料。

(2)驱虫:就是驱除架子牛体内外寄生虫,这是加速架子牛短期育肥过程的关键措施之一。牛的体内往往寄生有各种线虫、蛔虫、血吸虫、囊尾蚴等寄生虫,严重影响牛的生长发育。采用广谱、高效、低毒的丙硫咪唑等直接灌服或进行开胃投药驱虫,效果最佳。对牛的体外寄生虫可用1%~3%的敌百虫溶液涂擦牛体。

(3)开胃

①老瘦牛:取 4 千克生姜捣碎,1.5 千克糯米煮熟,与 200 克米酒混合,放凉后喂灌。每隔 2 天喂 1 次,喂上三四次后,牛就可开胃。

②嫩瘦牛:取三副狗骨和 100 克大米,放半锅水,加火煮到刚熟后,再放一把盐,凉后饲喂。每隔 2 天饲喂 1 次,饲喂二三次后,牛就可正确饮食。

③腹泻瘦牛:对于长期腹泻不上膘的牛,取黑豆 150~200 克,泡透蒸熟,发酵,再炒,拌生姜(捣碎)2~2.5 千克抓成团状,塞入牛的舌后,每隔 2 天喂 1 次,喂上三五次后,牛就止拉吃草,并可逐

渐上膘。

(4)称重:育肥期的开始和结束,对每头牛称重登记,以便计算饲料消耗,了解育肥效果等。

(5)拴养:将牛用1米长的牛绳拴养,限制牛的运动,减少牛的体能消耗,加快脂肪的沉积。

2. 育肥方法

对成年淘汰牛多采取舍饲补料育肥,时间一般为3~4个月。根据不同季节及各地草料资源等情况,可采取以下几种育肥方法。

(1)补充混合精料及尿素和添加剂育肥:平均每头牛每天精料用量为500~750克,尿素50~150克。每次先喂饲料,喂完后隔1小时再让牛饮水。

(2)氨化秸秆育肥:目前各地已广泛应用氨化稻草秸、玉米秸、麦秸等喂肉牛。一般每天每头牛供饲秸秆10千克以上,混合精料2~3千克,食盐60~80克,并适当搭喂青草、菜叶等青饲料。每天喂3次,喂后1小时才能饮水。个别牛开始不习惯采食,最初少量供给,并在其中多加一些精料,经过一段时间适应后增至常量饲喂。

(3)酒糟育肥:第一阶段,日粮以干草为主,少量酒糟,以逐渐适应采食,时间约15天。第二阶段,逐渐增加酒糟喂量,减少干草喂量,时间约15天。第三阶段,大量投喂酒糟,少量干草,每天每头酒糟最大给量为35~40千克,同时,各阶段每天每头配喂混合精料2~3千克,食盐50克,适量的青饲料。酒糟须优质、新鲜,若牛体出现红疹、关节红肿等,应暂停饲喂酒糟,改喂干草、青料等,调整消化。

(4)青贮料育肥:带穗玉米、种植牧草等青贮料,是理想的育肥肉牛料。育肥期的饲喂原则,大致与酒糟相同。青贮料的最大给量为每天每头25~30千克,食盐为80~100克。

(5)甜菜渣育肥:用制糖副产物甜菜渣育肥肉牛鲜渣或干渣均可利用,但干渣喂前须充分浸泡,消除杂质。每天每头最大给量35~40千克,食盐50克,补饲混合精料2~3千克,适量的青饲料和干草。

3. 出售

经过短期饲养,便能膘肥肉厚,每头平均增重60~80千克,此时应及时将育肥牛出售,紧接着饲喂下一批牛。

四、小白牛肉生产

小白牛肉是肉用公犊和淘汰母犊出生后饲养至1周岁之内屠宰所生产的牛肉。小牛肉富含水分,鲜嫩多汁,蛋白质量高而脂肪含量低,营养丰富,是一种自然的理想高档牛肉。近年来,一些畜牧业发达的国家已经重视小白牛肉和小牛肉生产,利用其前期生长快、肥育成本低的优势,满足星级宾馆饭店对高档牛肉的需求,是一项具有广阔发展前景的产业。

(一)小牛的选择

1. 牛种选择

生产小牛肉应尽量选择早期生长发育速度快的杂交牛品种,因此,肉用牛的公犊和淘汰母犊是生产小牛肉的最好选材。

2. 牛年龄的选择

小牛肉生产实际是育肥与犊牛的生长同期。犊牛出生后3日内可以随母哺乳,也可采用人工哺乳,但出生3日后必须改由人工哺乳。

(二)饲养管理

1. 饲养方式

小牛肉生产应控制犊牛不要接触泥土。所以育肥牛栏多采用漏粪地板。育肥期内,夏季可饮凉水。犊牛发生软便时,不必减食,饮温开水,但给水量不能太多,以免造成"水腹"。若出现消化不良,可酌情减喂精料,并用药物治疗。

2. 饲喂

1月龄内按体重的 8%～9%喂给牛奶。在国外,为了节省牛奶,广泛采用代乳料,表 4-1 列出 3 例犊牛 1 月龄的代乳品配方。

表 4-1 犊牛初生至 1 月龄的代乳品配方

序号	类别	代乳品配方
1	代乳品	脱脂奶粉 60%～70%,玉米粉 1%～10%,猪油 15%～20%,乳清 15%～20%,矿物质+维生素 2%
2	代乳品	脱脂奶粉 10%,优质鱼粉 5%,大豆粉 12%,动物性脂肪 71%,维生素+矿物质 2%
	前期人工乳	玉米 55%,优质鱼粉 5%,大豆饼 38%,维生素+矿物质 2%
	后期人工乳	玉米 42%,高粱 10%,优质鱼粉 4%,大豆饼 20%,麦麸 12%,苜蓿粉 5%,糖蜜 4%,维生素+矿物质 3%
3	人工乳	玉米+高粱 40%～50%,鱼粉 5%～10%,麦麸+米糠 5%～10%,亚麻饼 20%～30%,油脂 5%～10%

1月龄后,犊牛随着月龄的增长,日增重潜力逐渐提高,营养的需求也逐渐由以奶为主向以草料为主过渡,因此,为了提高增重

效果,减少疾病发生,育肥精料应具有高热能、易消化的特点,并加入少量抑菌药物。表 4-2 推荐 2 例犊牛育肥的混合精料配方。

表 4-2 犊牛育肥的混合精料配方(%)

序号	玉米	豆饼	大麦	鱼粉	油脂	骨粉	食盐	麸皮	干甜菜渣	磷酸钙
1	60	12	13	3	10	1.5	0.5			
2	42	15		2.5			0.2	25	15	0.3

以上配方可每千克加土霉素 22 毫克作抗菌剂,冬春季节因青绿饲料缺乏,可每千克精料加 10～20 国际单位的维生素 A,以补充不足。

3. 小牛肉生产指标

小牛肉分大胴体和小胴体。犊牛育肥至 6～8 月龄,体重达到 250～300 千克,胴体重 130～150 千克称小胴体。如果育肥至 8～12 月龄,屠宰体重达到 350 千克以上,胴体重 200 千克以上,则称为大胴体。西方国家目前的市场是大胴体比小胴体的销路好。

牛肉品质要求多汁,肉质呈淡红色,胴体表面均匀覆盖一层白色脂肪。为了使小牛肉肉色发红,许多育肥场在全乳或代用乳中补加铁和铜,还可以提高肉质和减少犊牛疾病的发生,如同时再添加些鱼粉或豆饼,则肉色更加发红。但在生产小白牛肉时,乳液中绝不能添加铁、铜元素。

五、高档牛肉的生产

高档牛肉是指制作国际高档食品的优质牛肉,要求肌纤维细嫩,肌肉间含有一定量脂肪,所做食品既不油腻,又不干燥,鲜嫩可口。牛肉品质档次的划分主要依据牛肉本身的品质和消费者的主观需求,因此国外有多种标准,如美国标准、日本标准、欧盟标准等。我国肉牛业起步较晚,尚未形成独立产业,所以未制订全国统一的牛肉档次标准,但一般涉外宾馆、高档饭店进货高档牛肉主要指牛柳、西冷、眼肉三块分割肉,并要求达到一定的重量标准和质量标准,有时也包括嫩肩肉、胸肉两块分割肉。优质牛肉一般指优二级以上的牛肉,这是目前我国推荐标准要求的质量等级。

高档牛肉占胴体的比例最高可达 12%,高档和优质牛肉合计占牛胴体的比例可达到 45%~50%。高档牛肉价格要比普通牛肉高几十倍,如秦川牛每头育肥生产的高档牛肉不足其产肉量的 5%,但价值却占牛总价值的 47%,因此,饲养和生产高档牛肉是提高养牛业效益的重要措施。

(一)牛的选择

选用 1.5~2 岁的利木赞牛、夏洛莱牛、皮埃蒙特牛、西门塔尔牛等肉用或肉乳兼用品种与我国的本地黄牛进行杂交的杂交牛,体重在 400 千克以上的阉牛。健康无病,发育正常,体躯长,背腰宽平,后躯发育好,肉用性能明显,采食能力强。

(二)饲养管理

1. 育肥前的准备

(1)隔离观察:对选用的牛进行 10~15 天隔离和观察。观察健康状况,进行布氏杆菌病、结核病等病的检疫;病牛予以淘汰。

(2)健胃与驱虫:对育肥牛用敌百虫 1 克/100 千克体重,一次性灌服进行驱虫。驱虫后 3 天,灌服健胃散,每次 500 克,每天 1 次,连服 2~3 天。

(3)编号与分群:编号可用耳标或其他方式标记,以便记录和管理。根据体重、年龄进行合理分群,使每群牛的差异达到最小。

2. 育肥

(1)育肥期：一般为 8～12 个月。可分为增重期和肉质改善期。增重期 4～6 个月，尽量加大优质肉块的增长。肉质改善期 2～6 个月，以沉积脂肪为主。

(2)饲料及喂量。

①增重期参考配方：玉米面 72%，豆饼 8%，棉籽饼 16%，骨粉 1.3%，食盐 1.2%，添加剂 1.5%，每 70～80 千克体重喂 1 千克混合精料，约占日粮 60%～70%；粗料用青贮玉米秸或氨化麦秸、玉米秸，约占日粮 30%～40%。

②肉质改善期参考配方：玉米面 83%，豆饼 12%，油脂 1%，骨粉 1.2%，食盐 0.8%，添加剂 1.5%，小苏打 0.5%，每 60%～70%千克体重喂给 1 千克混合精料，约占日粮 70%～80%，粗饲料与增重期相同，约占日粮 20%～30%。

(3)饲养管理：育肥开始后，精饲料量由少到多，7～10 天达到规定喂量，粗饲料不能轻易更换。喂至八九成饱。采取先料后草的饲喂方法。日喂 3 次，喂后饮水。做到室内、牛体、环境卫生清洁。

(4)肥度评定：高度肥育的牛，背腰宽平，骨结节不明显，阴囊充盈，充满脂肪，胁下手抓脂肪厚度大、后裆向两大腿伸展，体重达 600～700 千克以上。

第四节　提高育肥效益的技术措施

影响肉牛育肥经济效益的因素很多，了解和掌握这些因素，并采取有效的技术措施，对提高肉牛育肥的效益有显著作用。

1. 牛的品种

实践证明，牛的品种不同，其育肥效果和经济效益，即使在相同的饲养管理条件下也表现出显著的差异。利用国外肉牛品种的公牛与我国地方黄牛母牛杂交，杂种后代的生长速度、饲料利用效率均超过其双亲。我国肉牛改良已多年，分布较广的杂种牛，其父本多是西门塔尔牛、利木赞牛、夏洛莱牛、短角牛等。正确、充分地掌握和运用杂种优势，对提高肉牛育肥的效益具有重要的作用。

2. 牛的年龄

牛的年龄与增重速度、饲料利用率、生产效益等方面都有密切的关系。

（1）年龄对增重速度的影响可分为两种情况：一是持续育肥法；二是后期集中育肥法（架子牛育肥法）。持续育肥法饲养的肉牛，在第一年即性成熟前生长最快，以后生长速度随年龄的增加而减慢，第二年的增重量只有第一年的70％左右，第三年增重又是第二年增重的50％左右。后期集中育肥法，前期以青粗饲料为主进行"吊架子"，故增重速度较慢，进入育肥阶段，在高营养水平的影响下，生长速度较快。体况较瘦的不同年龄的架子牛，在舍饲条件下进行充分育肥时，年龄较大的牛，因其瘤胃容量较大而比青年牛采食量大，因此，增重亦快于青年牛。

青年牛的增重主要是增长肌肉、器官和骨骼，而老年牛的增重主要增加脂肪。在国外一般肉牛多在1.5岁左右屠宰，最迟不超过2岁。我国地方品种牛成熟较晚，1.5～2岁间增重较快，故在2岁左右屠宰为宜。

（2）年龄对饲料利用效率的影响：犊牛的饲料利用效率最高，1岁牛居中，2岁牛最低。

（3）年龄对饲料消耗量的影响：不同年龄肉牛完成育肥消耗的总饲料量基本相同。犊牛每天吃的饲料少，但饲养时间长，成年牛每天吃的饲料多,但饲养时间短。

(4)年龄对出栏时间的影响:犊牛一直到出栏都能保持较高的生长速度,因此当市场价格低时,可以再喂一段时间,等待有利的价格。1 岁或 2 岁牛则不行,因为它们只在特定育肥阶段生长速度较快,超过这个阶段再继续饲养,生长速度就明显减慢,效益则大幅度下降。

3. 性别

在肥育条件下,公牛比阉牛的增重速度高 10%,阉牛比母牛的增重速度高 10%,目前,我国出口活牛一般选择不去势的公牛。

4. 降低饲养成本

在购买育肥牛的价格和出售价格基本稳定的情况下,育肥肉牛经济效益的好坏决定于饲养成本的高低。饲养成本低,经济效益就好。

(1)日粮中的粗料应多样化,提高适口性,有利于营养互补。有甜菜加工的地方,可利用甜菜渣作为饲料,提高肉牛对干物质的采食量。冬春季育肥时,应加喂少量胡萝卜等多汁饲料,以增加牛对干草、枯草的采食量,并有利于肉牛的增重和健康。在大多数情况下,在整个育肥期间应给予牛只充分采食;如果给予限制饲喂,则可能降低增重,影响饲料转化率,并提高增重成本。

(2)延长饲喂时间,全天控系、自由采食、自由较少,少喂勤添,减少维持营养消耗,可节省饲料。

(3)保持安静环境,避免牛群受惊扰,尽量减少牛的运动量,降低能量消耗。

5. 科学利用添加剂,提高育肥效果

(1)饲草料调味剂:按 100 千克秸秆喷入 2~3 千克含糖精1~2 克、食盐 100~200 克的水溶液,饲喂前喷洒,产生鲜草香味,可提高肉牛的采食量,从而提高日增重。

(2)矿物质添加剂:根据当地矿物质元素含量情况,针对性地选用矿物质添加剂,舍饲可均匀地拌入精料中。其育肥效果取决于矿物质元素缺乏的种类及缺乏程度。

第五章 架子牛常见病及其预防

牛病的发生,常常会造成肉牛的死亡,给养牛业带来巨大的损失。因此,要坚持"预防为主,防重于治"的原则,建立科学的防疫体系,以便及时发现牛群中已经出现的疾病,并有效地控制、消灭疾病。

第一节 综合预防

疫病的发生和流行往往是由多种因素造成的,生态环境、卫生条件、饮水水源、人车进出、野生动物、粪便杂物等控制不当、都有可能传播疫病。特别是规模化肉牛场,流行病一旦发生,非常容易蔓延。因此,牛场的防疫应当采用综合防治措施,及时有效地控制疫病的传播和蔓延,同时,要注意提高牛群的机体抗病能力,最大限度的防范传染病的侵害。

一、隔离制度

建立必要的隔离设施,把牛群控制在既有利于防疫又有利于生产管理的范围内饲养,是基本的防疫措施之一。

要根据各地的具体环境条件,在牛场外围建立起隔离带,防止野生动物、家禽和各种人员随便出入。隔离带主要包括隔离网、隔离墙、防疫沟等。牛场的生产区只设立一个供生产人员及车辆出入的大门,一个专供装卸牛的装牛台。

兽医室、隔离牛舍、装卸牛台等要设在牛场的下风口,选择较为偏僻的地方,减少对空气和水的污染。

除了必要的隔离设施,隔离制度为防疫的正确有效地实行提供了切实的保障。

牛场要设立明确的隔离制度。隔离制度主要包括本场工作人员、车辆出入管理要求;外来车辆、工作人员入场的隔离规定;场内牛群流动、牛出入生产区的要求;场内禁养其他动物及携带动物、动物产品进场的要求;牛场或养牛户应避免从外地引入牛时带进疫病,对购入的牛进行全身消毒和驱虫后,方可引入场内;进场后,仍应隔离于200~300米以外的地方,继续观察至少1个月,进一步确认健康后,再并群饲养。

二、严格执行消毒制度

环境净化是一项经常性工作,也是肉牛疫病防治体系的基础环节,为减少病原微生物孳生和传播的机会,必须经常打扫卫生,保持饲养场地的清洁、干燥,定期对圈舍、运动场及饲养用具等进行消毒,粪便做无害化处理以及保障饮水卫生,防鼠防兽害,消灭蚊蝇等。

1. 消毒分类

(1)预防性消毒(日常消毒):是根据生产的需要采用各种消毒方法在生产区和牛群中进行消毒。主要包括定期对栏舍、道路、牛群的消毒,定期向消毒池内投放消毒药等;人员、车辆出入栏舍、生产区的消毒等;饲料、饮水乃至空气的消毒;医疗器械如体温计、注射器等的消毒。

(2)随时消毒(及时消毒)：牛群中个别牛发生一般性疫病或突然死亡时,立即对其在栏舍进行局部强化消毒,包括对发病或死亡牛的消毒及无害化处理。

(3)终末消毒(大消毒)：采用多种消毒方法对全场进行全方位的彻底清理与消毒,主要在全进全出系统中空栏后或烈性传染病流行初期以及疫病平息后准备解除封锁前均应进行大消毒。

2. 常用消毒方法

常用的消毒方法有物理消毒法、化学消毒法和生物消毒法。

(1)物理消毒法：主要包括清扫地面、高压水冲洗、通风换气、高温高热(灼烧、煮沸、烘烤、焚烧等)和干燥、光照(日光、紫外线照射等),物理消毒是牛场管理中的一项日常工作,应当常抓不懈。

(2)化学消毒法：化学消毒法是采用化学消毒剂杀灭病源的有效方法。使用化学消毒法时,应考虑病原体对消毒剂的抵抗力,以及所用消毒剂的杀菌谱、有效浓度、作用时间、消毒对象、环境温度等。

(3)生物学消毒法：利用生物发酵热能对生产中产生的大量粪便、污水、垃圾及杂草等进行处理杀灭病原体,有条件的可将固液体分开,固体为高效有机肥,液体用于水产养殖,同时在牛场内适度种植花草树木,美化环境。

3. 消毒程序

根据消毒种类、对象、气温、疫病流行的规律,将多种消毒方法科学合理地加以组合而进行的消毒过程称为消毒程序。例如全进全出系统中的空栏大消毒的消毒程序可分为以下一些步骤：清扫→高压水冲洗→喷洒消毒剂→清洗→薰蒸→干燥(或火焰消毒)→喷洒消毒剂→转入牛群。消毒程序还应根据自身生产方式、主要存在的疫病、消毒剂和消毒设备设施种类等因素因地制宜,有条件的牛场应对生产环节中的关键部位(牛舍)的消毒效果进行检测。

4. 消毒剂的选用

消毒是养殖场重要且必需的环节,消毒方法的正确与否是预防养殖场疫病感染和控制疫病暴发的重要措施之一,是养殖场高效发展的重要保证。目前农村养殖场户消毒意识很强,此项工作也在天天进行。但是,真正能够进行科学消毒的并不是很多,很大一部分养殖场户对消毒的基本常识不是很清楚,往往是跟从和模仿,消毒的效果并不是很理想。

消毒是指清除和杀灭环境和物体中的致病微生物或使微生物灭活的过程,分物理消毒和化学消毒两种。物理消毒主要指阳光和紫外线照射等。化学消毒指用化学药品清除、杀灭和灭活致病微生物的过程。

(1)常用化学消毒剂的种类

①碱类:主要包括氢氧化钠、生石灰等,一般具有较高消毒效果,适用于潮湿和阳光照不到的环境消毒,也用于排水沟和粪尿的消毒,但有一定的刺激性及腐蚀性,价格较低。

②氧化剂类:主要有高锰酸钾、过氧化氢等。

③卤素类:氟化钠对真菌及芽孢有强大的杀菌力,1%~2%的酒精常用作皮肤消毒,碘甘油常用于黏膜的消毒。细菌芽孢比繁殖体对碘还要敏感2~8倍。还有漂白粉、氯胺等。

④醇类:75%酒精常用于皮肤、工具、设备、容器的消毒。

⑤酚类:有苯酚、鱼石脂、甲酚等,消毒能力较高,但具有一定的毒性、腐蚀性,污染环境,价格也较高。

⑥醛类:甲醛、戊二醛、环氧乙烷等,可消毒排泄物、金属器械,也可用于栏舍的熏蒸,可杀菌并使毒素下降。具有刺激性、毒性。

⑦表面活性剂:常用的有新洁尔灭、消毒净、杜灭芬,一般适于皮肤、黏膜、手术器械、污染的工作服的消毒。

⑧季铵盐:新洁尔灭、度米芬、洗必泰等,既为表面活性剂,又为卤素类消毒剂。主要用于皮肤、黏膜、手术器械、污染的工作服的消毒。

(2)注意事项:将需要消毒的环境或物品清理干净,去掉灰尘和覆盖物,有利于消毒剂发挥作用;养殖场应多备几种消毒剂,定期交替使用,以免产生耐药性;密切注意消毒剂市场的发展动态,及时选用和更换最佳的消毒新产品,以达最佳消毒效果。

5. 消毒方法

(1)喷雾消毒:用一定浓度的次氯酸盐、过氧乙酸、有机碘混合物、新洁尔灭等。用喷雾装置进行喷雾消毒,主要用于牛舍清洗完毕后的喷洒消毒、带牛环境消毒、牛场道路和周围及进入场区的车辆。

(2)浸润消毒:用一定浓度的新洁尔灭、有机碘的混合物的水溶液,进行洗手、洗工作服或胶靴。

(3)紫外线消毒:对人员入口处常设紫外线灯照射,以起到杀菌效果。

(4)喷撒消毒:在牛舍周围、入口、产床和牛床下面撒生石灰或氢氧化钠杀死细菌和病毒。

6. 消毒制度

(1)入场区的消毒

①大门消毒池:生产区的大门是消毒的第一道关口,要建立消毒池和消毒室。外来车辆进入生产区需要经过消毒池,防止将病毒带入生产区。消毒池的长度为进出车辆车轮的2个周长以上,消毒池内是氢氧化钠水,浓度为2%~3%。具体做法是将氢氧化钠撒入水池中,均匀搅拌。消毒液要定期更换(7天更换1次),以保持足够的浓度,保证消毒的效果。

②人员消毒:主要指出入生产区人员的体表消毒。进入生产

区的人员必须走专用消毒通道。通道出入口应设置紫外线灯或汽化喷雾消毒装置。人员进入通道前先开启消毒装置,人员进入后,应在通道内稍停(一般不超过 3 分钟),能有效地阻断外来人员携带的各种病原微生物。汽化喷雾可用碘酸 1∶500 稀释或绿力消 1∶800 稀释。

③鞋底消毒:人员通道内地面应做成浅池。池中垫入有弹性的室外型塑料地毯,并加入消毒威 1∶500 稀释或氢氧化钠 1% 消毒液消毒。每天适量补充水,每周更换 1 次。

④车辆:所有进出牛场的车辆必须严格消毒。经消毒池和用 2%～3% 氢氧化钠喷雾消毒。

(2)生产区环境消毒:员工和访客必须经消毒通道更衣、消毒、沐浴或更换一次性工作服,通过脚踏消毒池,才能进入生产区。

①生产区入口:消毒池可用消毒威 1∶800 稀释或来苏儿 2%～3% 稀释。每天适量添加,每周更换 1 次,20～30 天互换 1 次。

②生产区道路、空地、运动场等消毒:应做好场区环境卫生工作,坚持经常清扫,保持干净,无杂物和污物堆放。对道路必要时采用高压水枪清洗。对空地运动场要定期喷雾消毒。可用 2%～3% 的氢氧化钠或来苏儿 1∶300 稀释、百毒净 1∶800 稀释,对场区环境进行消毒。

③排污沟消毒:定期将排污沟中污物、杂物等清除干净,并用高压水枪冲洗。每周至少用百毒净 1∶800 稀释液,消毒 1 次,对蝇蛆繁殖可起到抑制作用。

(3)牛舍及各功能区消毒

①牛舍消毒:一般先彻底清扫,再用消毒液对牛舍消毒,常用的消毒药有 10%～20% 漂白粉,2%～3% 的氢氧化钠溶液,3%～5% 来苏儿,10%～20% 石灰乳等。消毒液的用量为每平方米 1 升为宜,消毒方法是将消毒液盛于喷雾器内,先喷洒地面,然后喷墙

壁,再喷天花板,最后再开门窗通风。用清水刷洗饲槽、用具,将消毒药味除去。一般春秋两季各进行一次消毒,对病牛舍和隔离舍可用2%～3%的氢氧化钠溶液或10%克辽林溶液作彻底消毒。

②病牛隔离室消毒:每个生产小区应有单独的病牛隔离室。一旦发现某一只或几只牛出现异常,应该隔离观察治疗,以免传染给其他健康牛只。对隔离室应在病牛恢复后及时进行严格消毒,可用2%氢氧化钠稀释液喷雾消毒。

(4)地面消毒:地面消毒可用含2.5%有效氯的漂白粉溶液、4%福尔马林或10%氢氧化钠溶液。停放过芽孢杆菌所致传染病(如炭疽)病牛尸体的场所,应严格加以消毒。首先用上述漂白粉溶液喷洒地面;然后将表层土壤掘起30厘米左右,撒上干漂白粉,并与土混合,将此表土妥善运出掩埋,其他传染病所污染的地面土壤,则可先将地面翻一下,深度约30厘米,在翻地的同时撒上干漂白粉(用量为1平方米0.5千克);然后以水浸湿,压平。如果污染的面积不大,则应使用化学消毒药消毒。

(5)饮水及用具消毒

①饮用水消毒:牛饮用水应清洁无毒、无病原菌,符合人的饮水标准,生产用水要用干净的自来水或深井水。对饮用水可坚持用漂白粉消毒,对水槽或其他饮水器具,要经常清洁定期消毒。

②药物、饲料等物料外表面消毒:对与不能喷雾消毒的药物、饲料等料表面,可采用全安1:800密闭熏蒸消毒。

③饲喂工具、运输工具及其他器具的消毒:对频繁出入牛舍的各种器具,如车、锨、耙、叉、扫帚、笤帚等必须定期用来苏儿1:300稀释喷雾或浸泡严格消毒。

(6)诊疗器械及手术消毒

①医疗器械消毒:手术使用过的各种医疗器械,可先用碘酸1:150稀释液浸泡洗后,再放入来苏儿1:500稀释液中浸泡半天以上,取出用洁净水冲洗、晾干备用。手术前要对金属器械进行

高压灭菌处理。对常用器械做到每天常规消毒。

②手术(伤口)消毒:手术前,手术创面可用碘酸1∶200直接涂抹2次以上进行消毒。

(7)粪便无害化处理:最常见的粪便无害化处理方法是生物热消毒法,不但可达到消毒目的,而且可制作有机肥料。具体方法是:在远离牛场100～200米的地方设一处理场,将清理出的粪便、垃圾、污物堆积起来,上盖10厘米左右的泥土,做成馒头的形状。堆放发酵50～60天即可作肥料使用。

(8)污水消毒:最常用的方法是将污水引入污水处理池,加入化学药品(如漂白粉或生石灰)进行消毒。消毒药的用量视污水量而定,一般1升污水用2～5克漂白粉。

(9)皮毛消毒:患炭疽、口蹄疫、布氏杆菌病、牛痘、坏死杆菌病等的牛皮毛均应消毒,应当注意,发生炭疽时,严禁从尸体上剥皮。皮毛消毒。目前广泛利用环氧乙烷气体消毒法。消毒时必须在密闭的专用消毒室或密闭良好的容器(常用聚乙烯薄膜制成的篷布)内进行。此法对细菌、病毒、霉菌均有良好的消毒效果,对皮毛等产品中的炭疽芽孢也有较好的消毒作用。

(10)病死牛、活疫苗空瓶等处理:活疫苗空瓶应集中放入有盖塑料桶中灭菌处理,以防止病毒扩散,再集中深埋;病死牛因带有许多病原菌,死因不明牛只更不能施解刨术,避免传染病病原菌的扩散,要进行深埋处理。

(11)灭鼠:牛场的有害昆虫和老鼠,是导致牛产生疾病的重要因素。搞好环境卫生,定期喷洒消毒药物,是切断传播途径,消灭传染源的重要措施。规模化肉牛饲养场占地面积大,建筑设施复杂,水源和食物源十分丰富,为老鼠的生存繁衍创造了有利条件,因此,要定期进行捕鼠工作。在牛舍内杀鼠,可使用慢效杀鼠剂或机械捕鼠器,及时收集处理老鼠尸体,防止被牛误食。在牛舍外,可以使用快速杀鼠剂,一次投足用量。

(12)灭蝇:苍蝇卵在相对湿度35%以上才能孵化成幼虫,最佳孵化相对湿度为70%,保持栏舍通风干燥是控制苍蝇繁殖最好的办法。为控制舍内湿度,清洁饮水器要小心,以免溢水。饮水器漏水,要立即更换,并把漏水处理干净。饮水槽出水口应用胶管套上,把流出的水引入水沟流到舍外。使用饮水槽时,水槽的水位不要太高,保持有0.5厘米深的长流水水位即可,以免溢出。舍内冲洗时,要把水扫清,打开门窗,加强通风,使舍内地面迅速干燥。

在饲料中添加灭蝇蛆的药物或者添加剂,可以达到驱除、杀灭各阶段动物体内外寄生虫的目的,动物排出的粪便同样能发挥药效杀灭粪沟里的蝇蛆和蛹,从而达到控制苍蝇的良好效果。

(13)废弃物处理:场区内应于生产区的下风处设贮粪池,粪便及其他污物应有序管理,每天应及时除去牛舍内及运动场褥草、污物和粪便,并将粪便及污物运送到贮粪池。场内应设牛粪尿、褥草和污物等处理设施,废弃物遵循减量化、无害化和资源化原则。

三、按程序免疫接种

根据本地区传染病发生的种类、季节、流行规律,结合牛群的生产、饲养、管理和流动情况,按需要制订相应的免疫程序,做到适时预防接种。目前,可用于牛免疫的疫苗有无毒炭疽芽孢苗、气肿疽明矾菌苗、破伤风类毒素、口蹄疫弱毒苗、牛瘟疫苗、牛巴氏杆菌病疫苗、布氏杆菌病疫苗、牛传染性胸膜肺炎疫苗等。接种前要对使用的器具进行消毒。将注射器、针头等放入高压灭菌器,高压30分钟,可以杀灭一般的病原体。

(一)疫苗种类

1. 炭疽免疫

经常发生炭疽或受威胁地区的牛,每年春季应做炭疽菌苗预防接种1次。炭疽菌苗有3种,使用时可任选1种。

(1)无毒炭疽芽孢苗:1岁以上的牛皮下注射1毫升,1岁以下的牛0.5毫升。

(2)第二号炭疽芽孢苗:大小牛一律皮下注射1毫升。

(3)炭疽芽孢氢氧化铝佐剂苗或称浓缩芽孢苗:为上2种芽孢苗的10倍浓缩制品,使用时以1份浓缩苗加9份20％氢氧化铝胶稀释后,按无毒炭疽芽孢苗或第二号炭疽芽孢苗的用法、用量使用。

以上各苗均在14天产生免疫力,免疫期1年。

2. 气肿疽免疫

对近3年内曾发生过气肿疽的地区,每年春季接种气肿疽明矾菌苗1次,大小牛一律皮下接种5毫升,小牛长到6个月时,加强免疫1次。接种后14天产生免疫力,免疫期6个月。

3. 破伤风免疫

常发生破伤风的地区,应每年定期接种精制破伤风抗毒素1次,大牛1毫升,小牛0.5毫升,皮下注射,接种后1个月产生免疫力,免疫期1年。当发生创伤或手术时,可临时再接种1次。

4. 口蹄疫免疫

在可能流行口蹄疫的地区,每年春、秋两季各用同型的口蹄疫弱毒苗接种1次,肌肉或皮下注射,1～2岁牛1毫升,2岁以上牛2毫升。注射后14天产生免疫力,免疫期4～6个月。本疫苗残余毒力较强,能引起一些牛发病,因此1岁以下的小牛不要接种。

5. 牛瘟免疫

用于受牛瘟威胁地区的牛。牛瘟疫苗有多种,我国普遍使用的是牛瘟绵羊化免化弱毒苗,适用于朝鲜牛和牦牛以外所有品种的牛。本苗按制造和检验规程应就地制造使用。以制苗兔血液或淋巴、脾脏组织制备的湿苗(1/100),无论大小牛一律肌肉注射2毫升;冻干苗按瓶签规定的方法使用。接种后14天产生免疫力,免疫期1年以上。

6. 牛巴氏杆菌病免疫

历年发生牛巴氏杆菌病的地区,在春季或秋季定期预防接种1次;在长途运输前随时加强免疫1次。我国当前使用的是牛出血性败血病氢氧化铝菌苗,体重在100千克以下的牛4毫升,100千克以上的牛6毫升,均皮下或肌内注射,注射后21天产生免疫力。免疫期9个月。怀孕后期的牛不宜使用。

7. 布氏杆菌病免疫

在布氏杆菌病常发生的地区,每年定期对检疫为阴性的牛进行预防接种。我国现有3种菌苗:一种是流产布氏杆菌19号弱毒苗,只用于处女犊牛,即6～8月龄时免疫1次,必要时在怀孕前加强免疫1次,每次颈部皮下注射5毫升(含600亿～800亿活菌),免疫期可达7年。另一种是布氏杆菌羊型5号冻干弱毒苗,用于3～8月龄的犊牛,可皮下注射(用菌500亿/头),也可气雾吸入(室内气雾时用菌250亿/头,室外用菌400亿/头),免疫期1年。以上两种菌苗,公牛、成年母牛和孕牛均不宜使用。第三种是布氏杆菌猪型2号冻干弱毒苗,公母牛均可使用,孕牛不宜注射,以免引起流产。可供皮下注射、气雾吸入和口服接种,皮下注射和口服时用菌为500亿/头,室内气雾吸入为250亿/头。免疫期2年以上。因此每隔1年免疫1次,达到国家规定的"消灭区"指标时停止免疫接种。

8. 牛传染性胸膜肺炎免疫

疫区和受威胁地区的牛应每年定期接种牛肺疫弱毒苗。接种时按瓶签标明的原胸水量,用20%氢氧化铝胶生理盐水稀释50

倍,臀部肌肉注射,成年牛2毫升,6～12月龄小牛1毫升。注射后出现反应者可用"914"(新砷凡纳明)治疗。接种后21～28天产生免疫力,免疫期1年。

(二)注意事项

1. 不可盲目接种

养牛场(户)给牛免疫接种前,首先应配合兽医部门对本地牛病流行的规律和情况进行调查研究,制定合理的免疫程序,否则无的放矢,劳民伤财。

2. 不可用碘酊消毒

有些疫苗是活菌,可被消毒药杀死,碘酊是强力杀菌药,所以用75%的酒精做皮肤消毒最佳,因为酒精涂抹皮肤后,随体温立即挥发,所剩少许酒精,不会影响疫苗的免疫效果。

3. 不可一针多用

有的兽医人员(饲养者),在注射疫苗时,不换针头,一个针头用于多头牛,这样做是错误的,因为牛病毒的潜伏期较长,一旦遇到带毒病牛,就会传染其他牛,所以必须每注射一头牛更换一个针头,并严格消毒。

4. 不可过多或过少注射疫苗

疫苗注射过多往往引起疫苗反应,过少则抗原不足,达不到预防效果。疫苗使用前应充分振荡,使沉淀物混合均匀。应细看瓶签及使用说明,一定按要求注射,不可过量或减少。

5. 不可短期内重复注射疫苗

疫苗注射后能刺激牛体免疫系统,15天左右产生抗体而抗病,如果间隔不足10天重复注射,就会使前次疫苗产生的抗体与这次疫苗相互作用,降低了牛的抵抗力,更容易致病。

6. 不可过早给幼犊注射疫苗

刚生下的犊牛可以从母体内得到母源抗体,能有效地抗病。如果犊牛过早的注射疫苗,既容易产生疫苗反应,又干扰了母源抗体,犊牛注射疫苗应选择在2个月龄以后,母源抗体逐渐消失时最适宜。

7. 不可注射无效疫苗

疫苗的储存保管都有严格规定,一旦保存不好,就会失去效果,饲养者在购买疫苗时,一定要从正规渠道购买,购买时注意出厂日期,不要买失效疫苗。

8. 不可给发病牛注射疫苗

牛生病时抵抗力减弱,这时如果再注射疫苗,可能会加重病情或降低防疫质量,所以在注射疫苗前,要检查牛是否发热、腹泻等。总之,无论牛生什么病,都不可注射疫苗,待牛彻底康复后再进行免疫。

9. 不可把疫苗注射在血管中

一般疫苗注射都在颈部,而颈部血管丰富,肌肉较少,用长针很容易把疫苗注射在血管内,导致牛死亡。所以可选用1.5~2厘米长的针头注射,注射时提起皮肤,用酒精把皮肤消毒后,把针头插入肌肉或皮下,然后回抽一下,看看是否有血液回流,如抽出血液,可拔出针头,重新注射。缺乏注射技术的养牛户,最好请兽医人员给牛注射。

四、药物预防

防治疫病除了加强对肉牛饲养管理,搞好检疫、诊断、环境卫生和消毒工作外,应用药物预防也是一项重要措施。一般是把安全、价廉的药物,拌入饲料和饮水中进行预防。常用的药物有磺胺类药物、抗生素和硝基呋喃类药物,此类药物中除青霉素、链霉素等抗生素供注射外,大多均可混入饮水或拌入饲中口服。值得注意的是,长期使用化学药物预防,容易产生耐药性菌株,影响药物防治效果,故要经常进行药敏试验,以选择高度敏感性的药物,提高预防和治疗效果。

1. 磺胺类药

一般占饲料或饮水的比例预防量为 0.1%～0.2%,连用 5～7 天。

2. 四环素族抗生素

一般占饲料或饮水的比例预防量为 0.01%～0.03%,连用 5～7 天。

3. 硝基呋喃类药

一般占饲料或饮水的比例预防量为 0.01%～0.02%,连用 5～7 天。必要时,可酌情延长,但不能长期使用,以免引起中毒反应或造成瘤胃微生物区系紊乱。

五、隔离和封锁

1. 隔离

发生传染病时,将病肉牛和可疑感染肉牛与健康肉牛隔开,可以消除和控制传染源,从而中断流行过程,有利于把疫情限制在最小范围内扑灭。根据诊断检查结果,可将受检肉牛分为病肉牛、可疑感染肉牛和假定健康肉牛 3 类,并进行隔离。

2. 封锁

当发生某些重要传染病(如口蹄疫、炭疽等),或当地发现新的传染病时,除严格隔离病畜之外,应严格划定疫区范围,进行封锁,以防疫病向安全区散播和健康肉牛误入疫区而被传染,把疫病控制在封锁区之内,发动群众集中力量就地扑灭,并进行无害化处理。

六、加强饲养管理

1. 合理饲喂

按牛的品种、性别、年龄、体重、强弱等情况分群饲养,根据各种牛的各个生长阶段的营养需要制订不同的饲养标准和饲养方法,以保证牛的正常发育。

(1)按饲养标准合理配合日粮,日粮中草料搭配要合理,饲料要多样化,不要长期饲喂单一的、过硬过长或过细过软的饲料,防止营养缺乏病和消化道疾病发生。

(2)牛的饲草要保持清洁、干燥,避免喂有毒的植物、霉烂的饲草、变质的糟渣和带毒的饼粕,不能饲喂被工业"三废"和农药污染的饲草、饲料,防止各类中毒病的发生。不从疫区购入饲料、饲草,防止疫病发生。

(3)饲草加工过程中防止金属异物混入,饲喂前最好将饲草通过磁铁除去铁器异物。并经常清除周围环境中的金属异物,防止创伤性网胃炎和创伤性心包炎的发生。

(4)饲喂要定时定量,防止饱一顿饥一顿。

(5)避免随意改动和突然变换饲料或饲喂方式与顺序,防止胃肠疾病的发生。

2. 充足的饮水

各种牛每天都需要大量的饮水。因此,牛场应设置饮水装置,以满足饮水量,但饮用水应清洁无污染、无冰冻。

3. 适当的运动

每天上午、下午让牛在舍外运动场自由活动 1～2 小时,呼吸新鲜空气,沐浴阳光,以增强体质。在夏季应避免阳光直射牛体。

4. 良好的饲养环境

牛舍要阳光充足,通风良好,冬天能保暖,夏天能防暑,排水畅通,舍内温度以 9～16℃、湿度以 50%～75% 为宜;运动场干燥无积水。及时清除粪便及污物,保持圈舍、运动场卫生,粪便应堆积发酵。

5. 实行"全进全出"制

大批或小批饲养的商品肉牛,都应采取"分群定舍、全进全出"的办法,整批进牛,整批出售。出售后对牛舍和周围场地进行一次全面彻底清扫和消毒。

七、其他卫生制度

(1)一场内职工不得饲养任何牲畜或鸡、鸭、鹅、猫、狗等动物。患有结核病或布鲁氏菌病的人不得饲养牛。不允许在生产区内宰杀或解剖牛。不准把生肉带入生产区或牛舍。

(2)饲养员每天要认真观察牛群情况,及早发现疾病,及时采取相应措施。

八、预防毒物中毒

严把饲草、饲料和饮水关,防止牛误食毒草,禁止饲喂霉败草料。严防牛误食被农药、化肥污染过的饲草而中毒,禁止牛饮用工厂排出的废水或被农药、化肥等污染的水源。

九、定期驱虫

根据当地寄生虫病的流行特点,选用适宜的抗寄生虫类药物和恰当的给药途径,以预防牛体内外寄生虫病的发生。

第二节　牛病的诊断

牛对疾病的抵抗能力比较强,病初表现不明显,一旦发病,往往病情已经比较严重。因此,养牛及时发现病牛、及时预防和治疗是非常重要的。对内科病、外科病,应按照不同疾病采取相应的治疗方法。对传染病,立即全群进行检疫,病牛隔离治疗或淘汰处理,可疑病牛隔离、药物预防、及时分析,假定健康牛进行紧急预防接种或进行药物预防,病死牛和急宰牛应根据规定分别做无害化处理后利用或焚烧、深埋,并对病牛和可疑病牛污染的场地、用具、工作服及其他污染物等进行彻底消毒,吃剩的草料及粪便、垫草应烧毁或进行其他无害化处理。

一、牛病的临床检查

就是通过视诊、触诊、叩诊、听诊等方法对病牛进行详细的检查,以发现症状表现和异常变化,为疾病初步诊断或进一步检查提供依据。

1. 看食欲

食欲是牛身体情况的晴雨表,一般情况下,只要生病,首先会影响牛的食欲。早晨给料时看看饲槽是否有剩料,有利于尽早发现疾病。

2. 看耳朵

牛健康时两耳房扇动灵活,时时摇动,用手触摸会感到温暖,而牛患病时则是低头垂耳,双耳不摇动,且耳根发冷。

3. 看眼睛

健康牛眼睛明亮有神,两耳灵活,望得远看得清,听觉灵敏,行动自然。病牛则精神萎靡,不愿抬头,眼神无光,听力减弱,反应迟钝,行走缓慢。若神昏似醉,多为病情严重。

健康牛眼结膜呈鲜艳的淡红色。若结膜苍白,可能是患贫血、营养不良或感染了寄生虫;结膜发黄,常见于急性肝炎、及肠炎,而结膜潮红是热性病和患某些急性传染病的病状;结膜呈暗紫色,主要见于呼吸困难或血液循环障碍,如肺炎、肺气肿、心脏瓣膜病。

4. 看鼻镜

健康牛的鼻镜湿润、光滑,有四季不干的水珠,且分布均匀,鼻翼扇动灵活。若鼻镜干燥、不光滑,表面粗糙,是牛患病的征兆,若鼻镜龟裂,磨牙呻吟,常属病情危重。

5. 看牛舌

牛体健康时舌头光滑红润,舌苔正常。但在患病时不仅舌头不灵活,而且舌苔粗糙无光,多为黄、白、褐色。

6. 看口腔

健康的牛,口腔黏膜淡红,温度正常,无臭味。而病牛口腔时冷时热,黏膜淡白色,且流涎,或潮红干涩,并有恶臭味。

7. 看被毛

健康牛膘满肉肥,体格强壮,被毛发亮,皮肤有弹性。病牛则形体瘦弱,被毛粗硬、蓬乱易折、暗淡无光泽。病后迅速消瘦,多见于急性热性病,胃肠炎等;逐渐消瘦,多为消耗性慢性疾病,如寄生虫病、贫血等。

8. 看皮肤

用手提起皮肤,使成皱折,然后放开,健康牛皱折很快就会复原;患营养不良、皮肤病或皮下水肿的就迟迟不能复原。

9. 看角根

一般健康牛的两角尖凉,角根温暖。而患病时牛的角根不是发冷,就是发热。

10. 看反刍

一般牛在采食后 30～60 分钟,经过休息便可进行第一次反刍。反刍是健康牛的重要标志。反刍的每个食团要咀嚼 50～60 次,每次反刍要持续 30～90 分钟,24 小时内要反刍 4～8 次。

在反刍后要将胃内气体排出体外,即嗳气。健康牛嗳气每小时 17～20 次,病牛反刍与嗳气次数减少,无力,甚至停止。病牛经治疗开始恢复反刍和嗳气是痊愈的重要标志。

11. 看行走

牛体健康时有精神,走路昂首阔步,步伐稳健。而患病时行走头不摇,尾不动,精神不振,严重的甚至卧地不起。

12. 看牛便

健康的牛,大便软而不稀,硬而不坚,无异臭。小便清流,并且大小便有规律。而病牛大小便无度,大便稀薄恶臭,或坚硬,甚至停止排便,小便黄而短,少或血尿,甚至不排尿。

13. 看体温

体温是牛健康与否的晴雨表,但健康牛的体温因年龄不同、品种不同,体温也不尽相同。健康牛的体温一般在 37.5～39.5℃间,而清晨时最低,午后则最高,往往相差在 1℃左右。最简单的方法是兽医通过触摸牛的背部或耳根、角根,凭人的经验初步判断牛体温的变化是否正常;更准确的方法是用兽用体温表插入肛门,测直肠内温度。其步骤是测体温前先把体温计上的水银柱甩到最低刻度下,经消毒后,再在体温计上涂上润滑剂,慢慢将体温计插入肛门直达直肠内,接着用体温计夹子把体温计夹在尾巴根部的毛上,3～5 分钟后取出体温计读出水银柱数字即可。检测完毕后,要把体温计擦洗干净,甩下水银柱,下次备用。

14. 看呼吸

呼吸时腹部起伏明显,称为腹式呼吸,多见于胸部疾病,如肺炎、胸水;若胸部起伏明显,则称为胸式呼吸,多为腹部疼痛,如腹膜炎。将耳朵贴在牛胸部肺区,可清晰地听到肺脏的呼吸音。健康牛每分钟呼吸 10～30 次,能听到间隔均匀、带"夫"的呼吸音。病牛则出现"呼噜、呼噜"或"呸呸"节奏不齐的拉风箱似的肺泡音。

(1)站在病牛胸部的前侧方或者是腹部的后侧方,用眼睛观察牛在安静的情况下,胸腹部的起伏运动。胸腹壁的一起一伏,即是一次呼吸。

(2)把手的背部放在病牛鼻孔前方,来感觉呼出的气流,也能计算出呼吸次数。

(3)在冬季,可用眼睛观察病牛鼻孔呼出的气流。计算病牛的呼吸次数一般以每分钟的呼吸次数为标准。健康牛的呼吸数为犊牛 20～50 次,成年牛 15～35 次。呼吸数增多,多为患有热性病、呼吸器官病、心脏病、腹压增高性疾病和贫血等。呼吸数减少,就是患有脑病及将要衰竭死亡。

15. 看心跳

一般用听诊器听取牛的心跳。听诊前应该让牛安静或喘息平定,否则不准确。听诊的最佳部位在左胸壁肘头后方,以分钟计数。健康牛的心跳一般是50~80次/分钟。健康牛的心跳,心音清晰,心跳均匀,搏动有力。病牛心音强弱不均,或搏动无力,若心跳加快,心音增强多见于热性病;心音低沉,微弱无力常见于严重贫血、全身衰弱等。

二、病理剖检

就是解剖病、死牛的尸体,观察其器官、组织病理变化的方法。每种疾病或多或少都有其特殊的病理变化,所以病理剖检对于诊断有一定的意义。外部检查重点是体表、黏膜和尸体变化;内部检查重点是胸腔、腹腔的心、肝、肺、肾、胃肠、膀胱等主要脏器和口腔、鼻腔、咽喉等,并详细记录。剖检得不出结论时,可按规定采集病料送有关实验室检查。

三、实验室检查

在牛病诊断过程中,有些疾病尤其是传染病应配合实验室检查才能确诊。有条件做实验室检查的可自己进行检查,无条件可送到当地的动物检疫部门进行检疫(如畜牧部门、防疫部门等)。

(一)实验室需要检查的项目

(1)血液检查:血液循环于牛体各组织和器官之间,不论整体或局部发生疾患,必然影响血液量及其成分,所以查血液对牛体健康的监测意义重大。血液检查项目有血沉、红白细胞计数、白细胞分类、钙和磷、血红蛋白含量等。

(2)尿液测定:检查项目有尿蛋白、尿潜血、尿糖测定、尿胆红素、尿沉渣。

(3)粪便检查:该项检查对诊断消化系统疾病意义重大。检查项目有粪潜血、虫卵。

(二)病理剖解

病理剖解是死后诊查疾病的重要手段。因为有些疾病仅靠临床症状和流行病学是难以确诊的,还需进行剖检用肉眼观察组织、器官的异常变化(如出血、水肿、溃疡、破裂、移位等)。同时采取病料进行病原检查、病理组织学检查。

1. 剖解地点的选择及善后处理

剖解应在远离牛舍的指定地方进行,不可就地剖解。否则易造成场地污染,引发疫病大流行。同时,剖解完毕应进行严格消毒(撒生石灰或用5%~10%氢氧化钠洒场地)。将尸体烧灰或深埋,不可曝尸。

2. 剖解前的检查

炭疽病是人畜共患烈性传染病,禁止剖解。为此,若牛突然死亡。疑为炭疽时,先取末梢血管(耳静脉)血液一滴,制作涂片、染色、镜检,排除炭疽后(未发现炭疽杆菌)才可剖解。

3. 剖解和采料的时间

死后立刻剖解,最迟不过6小时。尤其在夏季,时间过长肠内细菌很快增殖,使尸体腐败,不仅影响病原微生物的检出,而且也干扰组织器官的观察,得不到客观的资料。

4. 病例的选择

若大批死亡,应选临床症状和剖检变化明显的病例为取材对象。

5. 取材目标

不同传染病,其病原体在机体内分布的密度不同;不同的疾病,其组织器官的病变程度不同。因此取材要有目标,不可"全面开花"。若难以估计是哪种病时,可根据临床表现和病变程度,决定取材对象。如生前有明显的神经症状。则可取脑和脊髓病料;若有胃肠病变明显,则取胃肠病料。一般情况下,不管是何种疾病,都要取心血、肝、脾、肾、肺、淋巴结,作为被检材料。

6. 器械和容器的消毒

不管是传染病,还是非传染病,取料的器械和容器都需消毒。刀、剪、镊子、注射器、针头、试管、平皿、玻璃容器、棉拭等用笼蒸20分钟左右。玻片先用1%~2%的碳酸钠水煮沸15分钟,再用清水充分清洗,之后用清洁纱布擦干,在酒精和乙醚的等份溶液中保存备用。

取料时,最好是一套器械取一种病料,一种病料放一种容器,不可混装。若器械不够,可将用过的器械用酒精棉擦过后,在火焰上消毒,接着再采另一病料。

7. 尽量减少污染机会

用作检查病原微生物的病料先取,然后再取其他病料。用作查病原菌的病料不可用酒精和福尔马林固定,也不准接触消毒液。若取材部位已被污染,则可用生理盐水冲洗,再用无菌纱布擦干,干后方可采料。

(三)常用病料的采取

1. 血液

血液病料有全血和血清两种。

(1)全血:从静脉(耳静脉、颈静脉)采血10毫升左右,立即沿管壁注入盛有5%柠檬酸钠溶液1毫升的无菌试管中,防止凝血。抗凝剂最好用肝素,用量是每毫升血液加肝素1毫克。若死后采血,应从右心室采取。采血前,先用烧红的废刀片烙心肌,加以消毒灭菌之后在灭菌后的心肌处刺入针头,抽取血液。

(2)血清:采10~20毫升血液,沿试管壁缓缓注入灭菌试管内,倾斜放置,以流不出血液为度。自然凝固后便有血清析出,用无菌吸管将血清吸出置于另一无菌试管内。用作检查病毒抗体的血清,应取病初和病后2~4周的血清各1份,以便比较。为了防腐,可在每毫升血清中加入5%石炭酸生理盐水1滴。为防止用作查抗体的血清变质,可于每毫升血清中加青霉素500单位和链霉素500毫克。送检血清应采3份以上,每份2~3毫升,血清样品应加编号,以免混乱。

2. 脏器和淋巴结。

(1)脏器:选病变严重的组织或器官,连同部分正常组织,在灭菌条件下切取1~2块,每块不小于1~2立方厘米。供检查微生物的放入灭菌瓶内;供作病理组织学检查的放入盛有福尔马林固定液的瓶内。

(2)淋巴结:淋巴结的采取应取完整的。存放方法同上。

3. 肠管

把病变肠段的两端结扎,剪取。连同肠内容物一同放入灭菌瓶内。供作病理检查的肠段,放入装有10%福尔马林的瓶内。

4. 肠内容物

用烧红的废刀片烙肠表面,加以灭菌。剪一小口,将灭菌棉球插入肠腔沾取内容物或肠黏膜,放入灭菌瓶内。亦可用灭菌吸管吸取肠内容物。

5. 皮肤

取病变明显的皮肤10平方厘米,放入无菌瓶内。若怀疑为疥癣病则取皮痂,或于病变与健康组织交界处刮皮肤组织,直至出血,收取刮取物,放入平器内供检。

6. 脑和脊髓

取出的脑和脊髓,各将其一半浸入50%甘油缓冲盐水中,供作微生物的检查;另一半放入装有10%福尔马林的瓶内,供作病理组织学检查。

7. 尿液

把用无菌操作采取的尿液放入无菌瓶内。

8. 玻片标本制作

把脓汁、血液、渗出液制成涂片;把脏器制成触片;把结节、脓汁等黏稠物制成压片。每种病料制2张片子。放空气中自然干燥,包装。把2张片子涂面相对,2片之间的两端夹以火柴杆或厚纸条,用线将2片缠牢,送检。

(四)病料的保存

无条件做实验室检查又不能立即送检时,采的病料应加以保存。

在短期(夏季不过20小时,冬季不过2天)能送检时,将装病料的容器放入冰箱内,或放入有冰块的广口保温瓶内存放。

短期内不能送查的病料,需用保存液(灭菌的液体石蜡、30%甘油缓冲盐水)保存。供细菌学检查的病料放入灭菌的液体石蜡中,或放入30%甘油缓冲盐水中存放。液体病料放入小瓶内塞紧,用蜡封存。肠道病料,先用灭菌生理盐水冲洗干净,放入装有上述保存液的容器中存放。

供作病毒学检查的病料。一般保存在50%甘油缓冲盐水中,病料与保存液的比例是1:10。供作病理学检查的病料,用10%福尔马林溶液保存。脑和脊髓病料保存在中性的10%福尔马林溶液(在福尔马林中加入30%～50%碳酸镁即成)中。冬季为了防冻,可把在福尔马林溶液中固定的病料,置于含30%～50%甘油的10%福尔马林溶液中。

用作血液学检查的病料,如血清和渗出液,可按每毫升供检材料加5%的石炭酸1～2滴保存。

(五)病料的包装与运送

1. 严密包装

将装病料的容器加塞并蜡封,贴上标签,注明病料名称与编号。装入塑料袋内扎紧,装箱或放入加冰的广口保温瓶内送运。

2. 冷藏防腐

为防止病原微生物死亡,应避免高温和日晒。为此可采取以下措施:按每100克碎冰,配加33克食盐之比例,混合后放入装病料的保温瓶内,可降温至21℃。如无冰块,可在保温瓶内加入冰水,并加等量的硫酸铵(化肥),搅拌,使其溶解,可使水温降至零下。夏季运送,若途中时间较长,应更换降温材料1～3次。还可在保温瓶内放入氯化铵450克,再加水1500毫升,能保持零度达24小时之久。

3. 要附病料送检单

送检单注明送料单位及地址;病牛品种、年龄、发病时间;采料时间、死亡时间、病料名称、编号、病料中有何种保存液;主要临床症状;病理剖解的主要变化;治疗情况;流行病学情况;送检的目的要求。

第三节 疾病的治疗

牛场疾病的综合预防只是使牛发病减少,而不是杜绝一切疾疫的发生。生产中只要有一个环节出现问题,牛还是会生病的,而一旦发病,只要及时进行诊治,可使患病造成的损失与危害降到最低限度。

一、牛的保定

有些牛特别是公牛有用牛角抵人的习性,在接近牛时不能从后外方接近,可从侧方或前方接近牛。牛的鼻镜及鼻孔是敏感部位,控制牛的头部常用鼻钳钳夹。公牛十分强悍,但多数公牛都比母牛性烈,对公牛保定时更应十分小心。

(一)站立保定

站立保定不但适用于一般检查方法和治疗措施(如进行体温、呼吸、心跳的测定,直肠及各个系统的检查,静脉、肌肉注射等),而且同样适用于某些手术(如豁鼻修补术等)。

1. 钳鼻法(压鼻法)

是控制牛头部很有效的方法,牛鼻钳有数种。保定者一手握住牛角,一手用手指紧捏鼻中隔,牵引鼻端向上后方提举,或用牛鼻钳子夹住鼻中隔保定。对穿有鼻环的牛,牵拉鼻环绳即可。多在注射及一般检查时应用。

2. 捆角法

取一条长绳拴在牛角根部,然后用此绳把角根捆绑于木桩(或树)上。为防止造成断角,可再用绳从臀部绕躯体一周拴到桩上。本法适用于头部疾病的检查和治疗。

3. 后肢保定法

用一条短绳在两后肢跗关节上方捆紧,压迫腓肠肌和跟腱,防止踢动。适用于乳房、后肢及阴道疾病的检查和治疗。

4. 二桩栏保定法

把牛的头绳系在前柱上,取一条粗圆绳,一端拴个铁圈,挂在后柱拐钉上,把绳从左侧绕过前柱,经右侧至后柱并挂在拐钉上,将绳收紧;再从此反转向前绕过前柱,经左侧返回至后柱并将绳末端固定于此。最后吊挂胸、腹吊绳。在野外治疗时可利用相邻的两棵大树,架上一根横木代替。适用于投药、注射、去势及蹄病的治疗等。

5. 四柱栏和六柱栏保定法

保定时先挂好胸带(革),将牛从柱栏后方引进,并把头绳系在某一前柱上,挂上臀带(革),这样可以进行一般临床检查,在直肠检查时,须上好腹带及肩带,防止踢动,尚需固定一个或两个后肢。

(二)横卧保定

1. 提肢倒牛法

将7~8米长的圆绳折成一长一短的双叠,在折叠部做一个猪蹄扣,套在牛的倒卧侧前肢球节的上方。先将短绳端穿过胸下,从对侧经背部返回,由1人固定。再将长绳端引向后方,在髋结节之前绕腰腹部做一环套,并继续引向后方,交另1人固定。倒牛时,前方固定短绳者拉紧短绳，使倒卧侧前肢提举；后方固定长绳者将腰腹绳环经臀部移至跗关节上方，用力向后拉紧绳端，使绳紧缚两后肢，牛即先坐下而后卧倒。最后捆绑四肢固定。

2. 背腰缠绕倒牛法

用一条长10米的粗圆绳，一端拴在牛的两角根部，另一端沿非倒卧侧向后牵引，经过胸部和腹部时各缠绕躯干做一环套，2人用力向后拉绳，1人抓住牛鼻环绳（或握鼻中隔）和角，将头向倒卧侧压迫，1人握住尾巴向倒卧侧牵引，4人同时用力，牛即倒下，将头固定好，绑住四肢。

二、常用给药方法

治疗或预防牛病必须用药。投药的方法和途径很多，主要有投药法、注射法、灌肠法、穿刺法等。

(一)投药法

1. 水剂投入法

将胃管经鼻腔或口腔缓慢准确地插入食管中。若经口腔插入时，需先给牛口腔内装上一只中央有一个圆孔的开口器，然后将胃管由开口器中央的圆孔缓慢插入食管。为检验胃管是否插入食管，可将胃管的体外端浸入一盛满清水的盆中，若水中不见气泡即可证实胃管插入无误。若水中随着牛的呼吸动作而冒着大量气泡则说明胃管误插入气管，这时应将胃管拔出重新插入。此外，也可通过人的嗅觉和听觉，从胃管的体外端予以鉴别。如闻到瘤胃内容物酸臭味则说明已插入食管，如听到呼吸音或发出空嗽声则说明误插入气管，需重新插入。经检查确实无误后，将胃管的体外端接上漏斗，然后将药液倒入漏斗，高举漏斗过牛头，药液即自行流入胃内,药液灌完后,随即倒入少量清水,将胃管中药液冲下,拔出漏斗,再缓慢抽出胃管即可。若又患有咽炎的病牛则不宜使用此法,以免因胃管的刺激而加重病情。

此外,还可用橡皮灌药瓶或长颈啤酒瓶通过口腔直接将药液灌入。方法是由助手固定牛头,灌药者以左手打开口腔,右手持药瓶将药液缓慢倒入牛口中。这种方法简便易行,一般饲养员都能掌握。

2. 丸剂投入法

此法由饲养员固定牛头,投药者一手将牛舌拉出,一手持药丸,并迅速将药丸投到舌根部,同时立即放开舌头,抬高牛头,使之咽下。若用丸剂投药器投药时,则需配一助手协助。

3. 舔剂投入法

此法由饲养员固定牛头,投药者打开口腔并以一手拉出牛舌,另一手持竹片或木片将舔剂迅速涂于舌根部,随后立即放开牛舌,再抬高牛头,使之咽下。

4. 糊剂投入法

此法由饲养员牵引牛鼻环或吊嚼,使牛头稍仰。投药者一手打开口腔,一手持盛有药物的灌角(牛角制的灌药器)顺口角插入口腔,送至舌面中部,将药灌下。

(二)注射法

注射给药是临床治疗中常用的方法,注射前必须仔细检查一下注射器有无缺损,针头是否通畅、有无倒勾,活塞是否严密,并将针头、注射器用清水充分冲洗,再煮沸消毒后备用。注射部位需剪毛,局部消毒,通常用70%酒精棉球消毒,同时还得检查注射药物有无变质、失效,两种以上药物同时应用有无配伍禁忌等。然后注射者将自己的手指及药瓶表面或铝盖表面用药棉消毒,打开药瓶后,将针头插入药瓶抽取药液,排除针管内空气后即可施行注射。兽医于临床工作中可根据治疗需要和药剂性能分别采用皮下注射法、皮内注射法、肌内注射法、静脉注射法、气管内注射法、乳腺内注射法及腹腔内注射法等。

1. 肌肉注射

这是临床治疗中最常用的给药方法。肌肉内血管较丰富、感觉神经较少,药液吸收较快,疼痛较轻,常用于有刺激性的药物或较难吸收的药物注射。肌肉注射的部位有颈侧和臀部。其方法将针头垂直刺入肌肉内2～4厘米(视牛体大小和肌肉丰满程度而定),未见回血,按下活塞即可注入药液,注射后拔出针头。注射前、后局部均涂以酒精予以消毒以防感染。

2. 皮下注射

注射部位为颈侧。注射时左手食指、拇指捏起皮肤使之成皱襞,右手持注射器,使针头和皮肤呈45°角刺入3～4厘米时注入药物。拔出针头并用酒精棉球按压针孔片刻,即可。

3. 皮内注射

牛结核菌素皮内反应检疫、炭疽芽孢苗免疫注射常用此法,其部位为颈部皮肤或尾根两侧皮肤。注射时一手捏起皮肤,另一手持针管将针头与皮肤成30°角刺入表皮与真皮之间,缓慢注入药液,以局部形成丘疹样隆起为准。

4. 静脉注射

对刺激性较大的注射液,抑或必须使药液迅速见效时,多采取静脉注射法,如氯化钙、补液、输血等。静脉注射给药时,对注射器具的消毒更为严格,对药物的要求要绝对纯净,如见有沉淀或絮状物则绝对停止使用。注射部位多在颈侧的上 1/3 与中 1/3 交界处的颈静脉沟的颈静脉内。注射前先将注射器或输液管中的空气排尽，注射时，以左手按压注射部位的下部，使颈静脉怒张，右手持针与静脉管呈45°角刺入，见回血后将针头沿血管向内深插。固定好针头，接上注射器或输液管即可缓慢注入药液，注射完毕，用药棉压住针孔，迅速拔出针头，并按压针孔片刻，以防出血，最后涂以碘酊。

(三)灌肠法

灌肠法一般用于排除或软化粪便，也有用于注入营养物质，以增强抵抗力，或经肠给药用于治疗腹泻及动物麻醉等。

灌肠配有专用灌肠器和胶管，灌肠器有唧筒式和漏斗式两种。操作时，1人将胶管插入直肠(若有宿粪应先将宿粪排出)，并用手固定胶管，助手掌握灌肠器，使之抬高，让液体流入直肠，若出现努责，则捏紧肛门，尽量将液体全部灌入，使之保留15～20分钟。一般灌肠，一次可灌入药液15 000～20 000毫升。

(四)穿刺法

1. 瘤胃穿刺

常用于急性瘤胃臌气的紧急治疗措施。穿刺部位是左侧肷部，髋结节与最后肋骨连线的中点。穿刺时取站立保定，如病情危急已卧地难起时，可就地施行穿刺。术部剪毛消毒，先将皮肤切一小口，用套管针垂直刺入瘤胃约10厘米，抽出针芯，固定导管，采取缓慢或间歇放气的方法，待排气完毕，再插入针芯，一手按压腹壁使之紧贴胃壁，拔出套管针，术部酒精消毒，穿刺即告结束。为防止再次臌气，也可通过套管针注入制酵药物，再如上述方法取出套管。如现场无套管针，可用大号针头、穿刺针或竹管等代替。

2. 瓣胃穿刺

当瓣胃发生严重阻塞时,采用本法向瓣胃内注入高渗盐类或与液体石蜡、蓖麻油的等量混合剂,常取得满意的效果。穿刺部位为右侧 9~11 肋骨前缘与肩端水平线交点的上下 2 厘米范围内,通常以 9 肋间为宜。穿刺时把患牛于四柱或六柱栏内站立保定,局部剪毛消毒,用消毒好的 16~18 号长针头,于穿刺点稍向前下方刺入,入针深度 11~15 厘米。为检查针头是否插入瓣胃,可用消毒好的注射器注入少量灭菌生理盐水,稍停片刻后,再用力向外抽出,如针管能见到少量黄色混浊食糜或草屑时,即可证明针头已刺入瓣胃。这时即可注入 25%~30% 的硫酸钠溶液 250~400 毫升或温生理盐水 2000 毫升予以治疗。进针时,针头要紧靠肋骨前缘,以免刺破肋间血管而引起出血。注入药液时,将针头做适当移动,多注射几个点以加速疗效,但也不能任意移动以免损伤瓣胃,最理想的移动方法是将针头由深而浅逐渐向后退的方法布点注射,切切不能上、下、左、右移动针头,以免损伤胃壁而影响康复,导致一病未除又添一患。

3. 腹腔穿刺

用于诊断内脏器官及腹膜的某些疾病。穿刺部位为脐右侧 5~10 厘米处。穿刺时取站立保定,术部剪毛消毒。用消毒好的 16~18 号粗针头垂直刺入 2~4 厘米,如腹腔中有渗出液或漏出液时即可流出,根据流出液的量、色及性状进行疾病的判断。穿刺完毕,术部涂以碘酊。

4. 胸腔穿刺

用于检查胸腔液体的性质,或借以排出胸腔积液或注入药液以施行治疗。穿刺部位为右侧第 7 或第 8 肋间,左侧第 8 或第 9 肋间,胸外静脉上方 2~5 厘米处。穿刺时取站立保定,术部剪毛消毒。术者以左手将术部皮肤稍向前移，右手持带有胶管的静脉注射用的针头，于紧靠肋骨前缘处与胸壁垂直刺入3～5厘米，如有液体即可流出，操作完毕，拔出针头，术部酒精消毒。穿刺过程中需防止空气进入胸腔，排液时也不可过快。

5. 膀胱穿刺

主要用于公牛的膀胱积尿过多而且排尿困难时。穿刺部位为直肠内壁。穿刺时取站立保定，先用温水灌肠，以排除积粪。用16～18号5～6厘米长的针头，并连接上30～40厘米长的硬质胶管。穿刺时，术者左手抵住坐骨结节，右手把握针头，使针尖贴于中指腹面伸入直肠，在耻骨前触及充盈的膀胱后，将中指竖起使针头垂直于直肠内壁，用手掌按压针头穿过肠壁刺入膀胱，尿液即外流，膀胱缩小，这时再适当下压针头。如要加速尿液流出，可外接注射器抽吸，待尿液排尽后拔出针头，将针头握于掌中带出直肠，膀胱穿刺即告完毕。

三、常见病的治疗

(一)传染病

1. 炭疽

炭疽是一种古老的人畜共患传染病，以急性、发热、败血为特征，牛、马、驴、骡及羊等食草动物最易感，在世界范围流行。我国的炭疽病已得到控制，但还时有发生。因此，对炭疽防治必须引起足够重视。

【病因】

炭疽杆菌，呈革兰阳性，为兼性需氧菌，有荚膜，无鞭毛。病畜体内的菌体不形成芽孢，一旦暴露空气中，在12～42℃条件下，可形成芽孢。

【流行病学】

病畜是本病的主要传染源。草食动物最容易感染，人也易感。本病在夏季雨水多、洪水泛滥、吸血昆虫多时易发生传播。本病主要经采食污染的草料和水而感染，其次是通过吸血昆虫叮咬皮肤感染，也可通过呼吸道感染。

【症状】

本病潜伏期一般为1～5天。根据症状和病程可分3种类型。

(1)最急性型：症状不明显，牛只在休息时或在牛栏里、放牧场上突然倒下，出现昏迷、呼吸极度困难，可视黏膜呈蓝紫色，全身颤栗，心悸亢进。濒死期，天然孔出血，在数分钟至数小时内死亡。

(2)急性型：最为常见。潜伏期1～5天，一般症状轻微，病牛体温高达41～42℃，精神不振，食欲减少，最后废绝，反刍、泌乳停止，呼吸困难，可视黏膜发绀，初便秘，后腹泻，病程1～2天。

(3)亚急性型：常在颈、胸、腰、外阴部及直肠内发生炭疽痈，舌肿大呈暗红色，有的发生咽喉炎，呼吸困难。由于肠道发生炭疽痈，病牛下痢且带血，肛门周围浮肿，排粪困难，粪内带血，病程2～5天。

【病理变化】

最急性病例除脾脏、淋巴结有轻度肿胀外，其他见不到肉眼可见病变。急性病例呈败血症病变，特别是脾脏显著肿胀，脾髓呈黑红色，软化如泥状或糊状。淋巴结亦肿大，胃肠道呈出血性坏死性炎症。死于败血型的牛，尸僵不全，尸体极易腐败，瘤胃臌气，天然孔有出血，血液凝固不良。牛局部炭疽少见，一般在咽部，肠系膜淋巴结可见出血、肿胀、坏死。

【诊断】

炭疽病畜的病程很短，初发病例临床诊断困难，同时对疑似炭疽病例一般禁止解剖，确诊应以细菌学检验和血清学诊断为基础。疑似炭疽死亡的牛用针头取耳尖血涂片镜检（应由兽医人员操作),按炭疽杆菌特有的形态,可作出初步判定。采血或从组织做培养,分离做细菌鉴定和血清学检验应由专门实验室实施。

【治疗】

如能做到早期发现,早期治疗,则多数急性及亚急性病例可以治愈。

(1)抗炭疽血清:抗炭疽血清是治疗本病特效生物制剂。若能及时使用,可在6小时左右使发热下降,12小时后完全康复。成年牛皮下注射100～300毫升,犊牛30～60毫升,必要时于12小时后重复注射1次。血清最好用同种动物血清。

(2)抗生素:诸如青霉素、链霉素、土霉素等均敏感,但最常用为青霉素。

①青霉素:200万～300万单位,肌内注射,每日4次。

②硫酸链霉素:200万单位,肌内注射,每日2次。用到体温降至常温后再继续用药2～3天。与抗炭疽血清合并应用效果更好。

③盐酸土霉素:溶于5％葡萄糖注射液中,静脉或肌内注射,1日2次。首次量加倍,用到体温降至常温后再继续用药1～2天。与抗炭疽血清合并用药效果更好。

(2)磺胺类药物:以磺胺嘧啶效果最好,若几种抗菌药物合用或抗菌药物与抗炭疽血清共同,疗效更佳。

①氨苯磺胺:每千克体重50毫克,内服,1日2次。与抗炭疽血清合用效果更好。

②10％磺胺嘧啶钠注射液:100～120毫升,肌内或静脉注射,每12小时1次。与青霉素配合使用效果好。

【防治措施】

(1)对清洁区,遇到牛只发生不明原因突然死亡,不准擅自剥皮吃肉,需经兽医诊断做适当处理。患炭疽病死亡的病牛必须掩埋2米以下,但不能靠近水源和河流。

(2) 炭疽发生区或在 2~3 年内曾发生炭疽的地区，每年进行预防注射，新建牛场应事前做好调查，以有无埋尸兽墓而定。

(3) 对怀疑为炭疽流行发生的病畜和尸体，经细菌学检验确诊后，立即报有关部门，并封锁疫区，同群饲养的牛逐头测温，可疑病畜分入隔离舍专人饲养并治疗，最好是注射抗炭疽血清，治愈后 2 周，再接种炭疽芽孢苗。

(4) 对患畜厩舍要彻底消毒，可用 0.1% 升汞加 0.5% 盐酸喷洒，或用 0.3% 过氧乙酸喷雾，密封厩舍可用福尔马林或环氧乙烷熏蒸。消毒后用水冲洗，晾干后再放入健康牛，同时要做好防止鼠害及其他有利于防止传染的办法。

2. 口蹄疫

口蹄疫俗名"口疮"、"蹄癀"是由口蹄疫病毒引起的偶蹄动物的一种急性、发热性、高度接触性传染病，其特征是口腔黏膜、蹄部和乳房发生水疱和溃烂。

【病因】

口蹄疫病毒为 RNA 病毒。根据病毒的血清学特性，目前已知全世界有 7 个主型，各型之间的抗原性不同，彼此之间亦不能互相免疫。因此，感染了这型病毒的动物，仍可感染其他型病毒。但各型的临床表现却相同。

【流行病学】

流行无季节性。但不同地区可表现为不同的季节性，如牧区往往从秋末开始，冬季加剧，春季减轻，夏季平息。但在农区，这种季节性不明显。病牛或带毒牛是最危险的传染源，传播途径是通过直接接触或间接接触，包括消化道、呼吸道、皮肤黏膜等。

口蹄疫病毒由于传染性很强，一经发生往往呈流行性，每隔一两年或三五年就流行一次，有一定的周期性。其传播既有蔓延式，也有跳跃式。

【症状】

潜伏期平均 2~4 天,最长可达 1 周左右。牛突然发病,体温升高至 40~41℃,精神沉郁,食欲减退,流涎,开口时有吸吮声。1~2 天后,在唇内面、齿龈、舌面和颊部黏膜出现 1~3 厘米见方的白色水疱,此时大量流涎,水疱破裂形成糜烂,因口腔痛而进食少或不进食。水疱破裂后,体温降至正常,糜烂逐渐愈合。在口腔发生水疱的同时或稍后,趾间及蹄冠的皮肤亦可出现同样的水疱,并很快破裂,病牛不愿行走,严重者可致使蹄匣脱落。牛的鼻部和乳头上亦可出现水疱,出现后很快破裂,留下粗糙的、有出血的颗粒状糜烂面。如无继发感染,病变部恢复很快,全身症状也渐好转。整个病程一般为 1 周左右,但若蹄部出现病变时,则病期可拖延至 2~3 周,死亡率很低,通常不超过 1%~3%。但若出现病毒侵害心肌时,病情可突然恶化,因心脏麻痹而突然倒地死亡。

【病理变化】

主要在口腔黏膜、蹄部、乳房皮肤出现水疱及糜烂面。因病毒毒素侵害心肌而引起死亡的牛,可见心肌变性和出血以及在心肌上可看到许多大小不等,形态不整齐的灰白色或灰黄色浑浊无光泽的条纹样病灶,称为"虎斑心"。

【诊断】

根据典型流行病学特点、临床表现和剖检病变既可怀疑本病,确诊需进行病毒分离鉴定或动物试验。

【治疗】

(1)最急性型反应:建议迅速皮下注射 0.1%盐酸肾上腺素 5 毫克,视病情缓解程度,20 分钟后可以重复注射相同剂量 1 次;肌肉注射盐酸异丙嗪(非那根)500 毫克;肌肉注射地塞米松磷酸钠 30 毫克。对已休克牛,除应迅速注射上述药物外,还须迅速针刺耳尖、大脉穴(颈静脉沟前 1/3 处的颈静脉上)放血少许、尾根穴(尾背侧正中,荐尾结合部棘突间凹陷处)、蹄头穴(蹄冠缘背侧正中,有毛与无毛交界处;即三、四蹄上缘,每蹄内外各1穴,共8穴)。迅速建立静脉通道,将去甲肾上腺素10毫克,加入10%葡萄糖注射液2000毫升静滴,如体温低于36.5℃的患牛除可用上述药物外,另加乙酰辅酶A1000单位、ATP(三磷腺苷)200毫克、肌苷3000毫克、25%葡萄糖2000毫升静滴。待牛苏醒,脉律恢复后,撤去此组药,换成5%葡萄糖盐水2000毫升,加入维生素C 5克,维生素B_6 3000毫克,静滴,然后再用5%硫酸氢钠液500毫升,静滴即可。

(2)急性型反应:一般只需迅速肌肉注射盐酸异丙嗪(非那根)500毫克、地塞米松磷酸钠30毫克,皮下注射0.1%盐酸肾上腺素5毫克即可,病畜很快康复。

【防治措施】

(1)发生口蹄疫时,需用与当地流行的相同病毒型、亚型的减毒活苗和灭活苗进行免疫接种。平时也应加强免疫预防工作。

(2)对疫区和受威胁区内的健康牛要进行紧急接种疫苗,在受威胁周围的地区建立免疫带以防疫情扩展。一经发现疫情,立即实施封锁、隔离、消毒等措施,病区采取屠宰病牛,消灭疫源。迅速通报疫情,即速查源灭源,人接触病畜时要严格防护,避免散毒。

3.狂犬病

狂犬病俗称"疯狗病",又名"恐水病",是由狂犬病病毒引起的多种动物共患的急性接触性传染病。本病以神经调节障碍、反射兴奋性增高、发病动物表现狂躁不安、意识紊乱为特征,最终发生麻痹而死亡。

【病因】

病原体为弹状病毒科的狂犬病病毒,它存在于脑脊髓神经组织、唾液腺及其分泌物中,对酸性或碱性消毒药液均敏感。

【流行病学】

病牛及带毒动物是本病的主要传染源。传染的途径主要是咬伤。在自然界中,肉食目中的犬科和猫科内的很多动物都能感染。当发病后,通过咬伤人和家畜,或舐触已破损的皮肤,使病毒随着唾液进入伤口而导致感染。

【症状】

潜伏期差异很大。一般4～8星期,长者可达数月或一年以上,最短的只有2天。这取决于唾液的毒力和数量、咬伤的范围和深度、受伤部位的神经和淋巴管的数量和与中枢神经系统之间的距离、动物的易感性。患有此病的病牛临床表现为狂暴型和麻痹型两种。

(1)狂暴型:病初坐卧不安,将头高扬,卷起上唇,用脚扒地。眼光凝视、凶恶、磨牙。口腔内流出大量黏性唾液,常呈丝状牵挂在口边。食欲不振,反刍停止,瘤胃反复臌气,便秘或腹泻,泌乳突然停止。阵发性兴奋发作,突然呈恐惧状,强行挣脱绳索或系枷,用头冲向饲槽或墙壁,发出嘶哑的鸣叫,有时牛角也被扭断。以后进入安静期,病牛呆立或卧地。但每隔20～30分钟又会出现兴奋期,这样周而复始,最后衰竭、麻痹而死亡。一般病程为3～6天。

(2)麻痹型:病初无兴奋状态,精神沉郁,呆立,流涎,吞咽困难,拒食。呼吸喘息,瘤胃臌气,便秘。有时无目的地走动,后肢软弱,快步行走或抬头过高时易扑倒,并发出哀鸣声。随病程延长,病牛卧地不起。以胸部着地,将头息于肩部,膈肌和其他肌肉群发生痉挛性收缩,呻吟,体痒,往往经1星期左右因衰竭、体温突然下降而死亡。

【病理变化】

尸体剖解见到咽部黏膜充血,胃内空虚,只有少量沙土、青草或碎砖等。胃底、幽门区及十二指肠黏膜充血、出血,肝、肾、脾充血,胆囊肿大、充满胆汁,硬脑膜充血、出血,软脑膜血管树枝状充血,脑实质水肿、出血等。

【诊断】

可根据临床症状和流行特点进行诊断。也可对死亡牛的大脑进行病理组织学检查,若发现内基氏小体即可确诊。

【治疗】

至今为止,无特殊的治疗方法。若被患狂犬病的动物咬伤后,应立即进行彻底的扩大创口,使其流血。用腐蚀性的消毒剂,如5%碘酊、3%石炭酸等溶液处理,或用烧烙术进行消毒,并迅速用狂犬病疫苗进行紧急预防性接种,间隔3~5天,重复注射1次。如严重病例,于咬伤后72小时内按每千克体重0.5毫升的量注射高免血清;然后继续进行疫苗注射。对于患狂犬病的牛应采取不放血的方法捕杀、化制或销毁,不得屠宰利用。被患有狂犬病或疑似有狂犬病的犬咬伤的牛,在咬伤后不超过8天且未发现狂犬病症状者,可以屠宰,其内脏应该经高温处理后利用。超过8天后不准屠宰,应按病牛处理。同时,对家养的犬定期用疫苗做预防性接种,对野犬应立即捕杀。

【防治措施】

防治狂犬病的关键在于管理好家犬,包括普遍给家犬注射狂犬苗,扑灭无主犬。在本病流行地区,要对所有牛每年定期进行ERA株兽用狂犬病弱毒冻干疫苗,每头牛肌肉注射5毫升,免疫期1年。

4. 牛恶性卡他热

牛恶性卡他热是一种急性、发热性传染病。

【病因】

为一种泛嗜性病毒,归于疱疹病毒属。病毒主要存在于病牛的血液和脑、脾等组织中。

【流行病学】

主要侵害牛。1~4岁的牛易发,1岁以下的牛很少患病。本病的自然传播方式,目前尚未完全清楚。实践证明,本病不能由病牛直接传染给健康牛。

本病在牛群中一般呈散发性,有时也可能发生地方性流行。常年内均可发生,但在冬季和早春发生较多。康复牛仍可复发,此时病情更为严重。

【症状】

本病自然感染潜伏期平均为3～8周,人工感染为14～90天。病初高热,达40～42℃,精神沉郁,于第1天末或第2天,眼、口及鼻黏膜发生病变。临床上分头眼型、肠型、皮肤型和混合型4种。

(1)头眼型:眼结膜发炎,羞明流泪,以后角膜浑浊,眼球萎缩、溃疡及失明。鼻腔、喉头、气管、支气管及颌窦卡他性及伪膜性炎症,呼吸困难,炎症可蔓延到鼻窦、额窦、角窦,角根发热,严重者两角脱落。鼻镜及鼻黏膜先充血,后坏死、糜烂、结痂。口腔黏膜潮红肿胀,出现灰白色丘疹或糜烂。病死率较高。

(2)肠型:先便秘后下痢,粪便带血、恶臭。口腔黏膜充血,常在唇、齿龈、硬腭等部位出现伪膜,脱落后形成糜烂及溃疡。

(3)皮肤型:在颈部、肩胛部、背部、乳房、阴囊等处皮肤出现丘疹、水疱,结痂后脱落,有时形成脓肿。

(4)混合型:此型多见。病牛同时有头眼症状、胃肠炎症状及皮肤丘疹等,有的病牛呈现脑炎症状。一般经5～14天死亡,病死率达60%。

【病理变化】

本病病理组织学上的特征主要是口腔、鼻腔黏膜复层鳞状上皮的变性和坏死。在脑、肾和肝脏表现为血管周围淋巴细胞和单核细胞的增生浸润。

【诊断】

根据典型临床症状和病理变化可做出初步诊断,确诊需进一步做实验室诊断。

【治疗】

(1) 5%氯化钙注射液 400 毫升,5%葡萄糖溶液 1000 毫升,静脉注射。同时,用 0.1%盐酸肾上腺素注射液 3～8 毫升皮下注射,每日 1 次,连用 3 日。

(2) 盐酸四环素 5 克,5%葡萄糖溶液 1000～1500 毫升,静脉注射,每日 1 次,连用 3 日。必要时,可用氢化可的松配合治疗。

(3) 抗猪瘟血清 150～200 毫升,皮下注射,每日 1 次,注射 2～3 次。

(4) 可选用 1%硼酸溶液、0.1%～0.5%来苏儿或克辽林溶液、0.1%硫酸铜溶液、0.5%～2%明矾溶液、0.1%高锰酸钾溶液、0.1%雷佛奴尔溶液、2%～3%碳酸氢钠溶液中的一种溶液洗涤眼、鼻、口腔黏膜。

(5) 亚甲蓝 2 克,5%葡萄糖溶液 2000 毫升,25%葡萄糖注射液 500 毫升,静脉注射。

【防治措施】

(1) 保持牛舍干燥卫生和良好的通风,加强饲养管理,增强牛体的抵抗力。定期消毒牛舍。

(2) 要避免与绵羊、山羊密切接触,更不要同舍饲养。

5. 牛传染性鼻气管炎

牛传染性鼻气管炎是由病毒引起的呼吸道传染病,但由于这种病毒亦可引起化脓性阴道炎、结膜炎、脑膜脑炎等其他病症,因此,是一种同一病原引起多病症的传染病。本病只发生于牛。

【病因】

牛传染性鼻气管炎病毒,属于疱疹病毒的一种。

【流行病学】

病牛及带毒病牛为主要传染源,传播方式为接触传染。病毒可随着鼻、眼、阴道分泌物排出。通过空气或接触被污染的分泌物而在牛群中传播。特别在秋、冬寒冷季节,由于舍饲期,牛群过度拥挤,相互接触而迅速流行。

【症状】

临床上分为呼吸系型、生殖器型、肺炎型3种,其中呼吸系型为最主要的常见的一种。

(1)呼吸型:多数是这种类型。牛只突然精神沉郁,不食,呼吸加快,体温高达42℃;鼻镜、鼻腔黏膜发炎,呈火红色,所以称红鼻子病。咳嗽、流鼻液、流涎、流泪。多数呈现支气管炎或继发肺炎,造成呼吸困难甚至窒息死亡。

(2)生殖器型:母牛阴户水肿发红,形成脓疱,阴道底壁积聚脓性分泌物。严重时在阴道壁上也形成灰白色坏死膜。公牛则发生包皮炎,包皮肿胀、疼痛,并伴有脓疱形成肉芽样外观。

(3)肺炎型:多发生于青年牛和6月龄以内的犊牛,表现明显的神经症状。以上各型,有的单独发生,有的合并发生。

【病理变化】

尸体解剖特征:呼吸系型即呼吸道黏膜有炎症及浅溃疡,上覆盖纤维蛋白性脓性分泌物,呼吸道上皮细胞中出现核内包涵体(病程中期易发现而临床症状明显前消失),有时出现成片状化脓性肺炎。眼结膜上形成灰色坏死膜。常伴有第四胃黏膜发炎及溃疡、卡他性肠炎。生殖道感染型即阴道出现特征性的白色颗粒和脓疱。脑膜脑炎型即在脑部出现非化脓性脑炎变化。另外,流产胎儿肝、脾局部坏死,有时皮肤有水肿。

【诊断】

尸体剖检,在鼻腔和气管中有纤维性蛋白物渗出为本病的表征,进一步确诊需实验室检验。

【治疗】

本病目前无特异治疗方法。病后加强护理,给予适口性好、易消化的饲料,以增强牛的耐受性。抗生素虽对本病无治疗作用,但可防治继发感染,控制并发症。为此可注射四环素200～250单位,或土霉素2～2.5克,每天2次。对脓疱性阴道炎及包皮炎,可用消毒药液,如0.1%高锰酸钾液、1%来苏儿、0.1%新洁尔灭等进行局部冲洗,洗净后涂布四环素或土霉素软膏,每天1～2次。

【防治措施】

当暴发本病时,应立即隔离,同时对所有牛进行疫苗接种。疫苗目前有3种:鼻内注射苗、匈牙利热稳定苗和灭活疫苗(即为甲醛灭活的氢氧化铝胶浓苗),可根据疫苗说明书选用。

6. 牛传染性角膜结膜炎

牛传染性角膜结膜炎,又名红眼病,是危害牛的一种急性传染病,其特征为眼结膜和角膜发生明显的炎症变化,伴有大量流泪,其后发生角膜混浊或呈乳白色。

【病因】

牛传染性角膜结膜炎是一种多病原的疾病。

【流行病学】

主要感染于牛。2岁内的青年牛发病率最高,病情亦严重。成年牛次之,犊牛、公牛最低。但病原体有专一宿主,不同种类的宿主之间进行人工感染不能成功。比如病牛与羊同栏饲养和放牧,羊不感染;反过来,病羊与健康牛同栏饲养,牛也不感染。

本病主要通过直接接触带菌的眼渗出物和分泌物发生传播。强烈的阳光,阴暗、潮湿的牛舍,拥挤的牛群,刮风,带菌(毒)的飞沫尘土等因素均能作为本病广泛传播的诱因。据报道,认为牛嗜血杆菌必须在强烈的紫外线照射下才产生典型症状,用上述单一因素都不能引起发病,或仅产生轻微病状。本病多发生于炎热、高温的夏季。一旦发生,迅速传播,常呈地方流行性。以后,随气温的下降和光照时间的减少,发病率明显降低。有时也流行于冬季,主要是由于牛舍过于拥挤,密切接触所引起,但流行程度较轻。

【症状】

潜伏期为 3~7 天。病初患眼羞明、流泪、眼睑肿胀、疼痛。稍后角膜凸起,血管充血,结膜和黏膜红肿,或在角膜上产生白色或灰色小点。严重者角膜增厚,发生溃疡,形成角膜瘢痕及角膜翳。多数病例病初一侧眼患病,后为双眼感染。当眼球化脓时,则体温升高,食欲减退,精神沉郁,产乳量下降。病程一般为 20~30 天。多数可自愈,但常导致失明。

【病理变化】

结膜浮肿及高度充血,结膜组织学变化表现含有多量淋巴细胞及浆细胞,上皮性细胞之间有中性细胞。角膜变化多种多样,可呈出凹陷、白斑、白色浑浊、隆起、突出等,角膜组织学变化视不同类型而异,如白斑类型,固有层局限性胶原纤维增生和纤维化;白色浑浊类型,可见上皮增生,固有层弥漫性玻璃样变性。

【诊断】

根据病牛眼的临床变化及传播迅速和发病季节,可以对本病做出诊断。

【治疗】

(1)对病牛要立即隔离,早期治疗,避免强烈阳光刺激。

(2)对病牛用 2%~4%的硼酸水洗眼,拭干后在用 3%~5%弱蛋白银溶液滴入结膜囊,每日 2~3 次。也可滴入青霉素溶液(每毫升含 5000 单位),或涂四环素眼膏。或用中药治疗:兰砂粉(硼砂、朱砂各等份,研为粉末)用竹管吹入眼内;硼砂 6 克,白矾 6 克,荆芥 6 克,防风 6 克,郁金 3 克,水煎后去渣,趁温洗眼。

【防治措施】

(1)加强饲养管理,不从疫区引进牛、羊等动物及产品。引进动物要严格检疫,隔离观察,证明无病后方可利用。

(2)本病流行区,禁止牛、羊等动物出入流动。夏秋季节注意灭蝇。可用本地分离的具有菌毛和血凝性的菌株制成多价菌苗进行免疫接种,对本病有预防作用。

7. 牛流行热

牛流行热以前简称牛流行性感冒,又称三日热或暂时热,是牛的一种急性、热性、高度接触性传染病。临床以突发高热、流泪、流涎、鼻漏、呼吸促迫,四肢关节障碍及精神抑郁为特征。本病病程短,常为良性经过。

【病因】

牛流行热病毒为RNA型,属于弹状病毒属。传染源为病牛,本病主要通过吸血昆虫传播,为蚊、蠓、蝇的叮咬而传播。

【流行病学】

病牛是本病的传染源。病毒主要存在于病牛高热期血液和呼吸道分泌物中。在自然条件下,本病传播媒介可能为吸血昆虫,经叮咬皮肤而感染。因其流行季节北方为8~10月,南方可提前,是时正值吸血昆虫活动盛期,吸血昆虫消失,流行即终止,因此认为吸血昆虫可能在本病的传播上起重要作用。在多雨潮湿的季节容易造成本病的流行。

本病传播迅速,短期内可使很多牛感染发病,不同品种、性别、年龄的牛均可感染发病,呈流行性或大流行性,为3~5年流行1次。

【症状】

病初,病畜震颤,恶寒颤粟,接着体温升高到40℃以上,稽留1~3天后体温恢复正常,发热期鼻镜干燥而热,羞明流泪,走路不稳,常发生跛行和瘫痪,呼吸加快,头颈伸直,张口吐舌,有明显的鼾声。口腔大量流涎成线状。食欲废绝,反刍停止。瘤胃蠕动停止,出现臌胀或者缺乏水分,胃内容物干涸。粪便干燥,有时下痢。尿量减少,尿浑浊。病程一般1周左右。少数病牛因肺水肿和肺气肿,或继发肺炎而死亡。

【病理变化】

急性死亡病牛,可见肺膨大,显著水肿和气肿。全身淋巴结充血,肿胀或出血。病程较长而死亡的,一般呈败血症变化。

【诊断】

根据临床症状和流行病学特点即可做出诊断,但应与呼吸型牛传染性鼻气管炎、牛口蹄疫鉴别。

【治疗】

(1)西药治疗:5～10%葡萄糖生理盐水2000～3000毫升,内加四环素1～2克,静脉注射,以预防继发感染。配合应用解热镇痛药,如肌肉注射百尔定10～15毫升,或复方氨基比林20～50毫升,或内服安乃近6～12克,每天2次。

(2)应用激素:地塞米松每次50～100毫克,配合5%～10%葡萄糖500～1000毫升、生理盐水500～1000毫升,)静脉注射。或地塞米松50～150毫克,加糖盐水500～1000毫升,混合一次缓慢静脉注射,疗效良好。

(3)中药治疗:在病初可用柴胡、黄芩、葛根、荆芥、防风、秦艽、羌活各30克,知母24克,甘草24克,大葱3根为引,将药研末冲服。也可用板蓝根60克,紫苏90克,白菊花60克,煎服,疗效尚好。

(4)对瘫痪和病程长病牛的治疗:对于瘫痪病牛,可静脉注射10%水杨酸钠100～300毫升,地塞米松50～80毫克,10%葡萄糖酸钙300～500毫升。病程长的适当加维生素B、维生素C和乌洛托品,静脉注射。

【防治措施】

切断病毒传播途径,针对流行热病毒由蚊蝇传播的特点,可每周2次用5%敌百虫液喷洒牛舍和周围排粪沟,以杀灭蚊蝇。另外,针对该病毒对酸敏感,对碱不敏感的特点,可用过氧乙酸对牛舍地面及食槽等进行消毒,以减少传染。

8. 病毒性腹泻——黏膜病

牛病毒性腹泻—黏膜病，是由牛病毒性腹泻—黏膜病毒所致的一种世界广为传播的传染病。以发热、厌食、鼻漏、咳嗽、腹泻、消瘦、白细胞数减少以及消化道黏膜发炎、糜烂和淋巴组织损害为特征。

【病因】

黏膜病病毒属于披膜病毒科，瘟病毒属。

【流行病学】

传染源是患病动物及带毒动物，其鼻漏、泪水、乳汁、尿粪便及精液均含有病毒。康复牛可带毒200天，在肠淋巴结中可带毒40天。自然发病仅见于牛，各种年龄牛都有易感受性，但幼龄牛易感性较高。本病通过直接接触和间接接触而传播。发病有一定季节性，一般冬季发病率较高，舍饲及放牧牛都可发病。肉牛比乳牛更为常见。在封闭式牛群中可呈暴发性。犊牛发病率高，死亡率也高。有黏膜病存在的地区，牛群中只见散发病例，大多数呈隐性感染，血清阳性率可达50%～90%。牛群感染本病后，可产生坚强而持久的免疫力。

【症状】

急性病例潜伏期7～14天，人为感染2～4天。发病时，大多数牛群仅见少数轻型病例，多数是无症状的隐性感染。但急性病例，可突然发病，体温升高到40～42℃，白细胞减少，精神沉郁，厌食，腹泻，流涎，鼻腔流出浆性的甚至黏性的液体，产乳量锐减。咳嗽，呼吸急促。口腔黏膜充血糜烂，这种充血糜烂也可见于鼻孔、鼻镜、阴门及阴道。腹泻是特征性症状，腹泻可持续1～3周，粪呈水样、恶臭。急性病例犊牛较多见。有些病牛变为慢性，此时病牛消瘦，生长发育受阻。持续或间歇性腹泻，出现跛行，类似腐蹄病。病程较长，可持续数月。

【病理变化】

病变主要在消化道和淋巴结，尸体消瘦，鼻孔有糜烂及浅溃疡。齿龈、上腭、舌面两侧及颊部黏膜有糜烂，严重病例在咽喉黏膜有溃疡及弥漫性坏死。食道黏膜的糜烂大小形状不一，瘤胃黏膜偶见出血和糜烂，第四胃黏膜水肿和糜烂。肠壁水肿，肠集合淋巴结有出血和坏死变化。小肠有急性卡他性炎症，以空肠、回肠最严重。盲肠、结肠、直肠有卡他性、出血性、溃疡性以及坏死性炎症。有些病例在趾间有糜烂或溃疡，甚至坏死。

【诊断】

据临床症状和口腔、食道、胃肠的特殊病变，可做初步诊断。确诊需实验室分离鉴定病毒。

【治疗】

目前无特效治疗办法，但用消化道收敛剂及补液，可缩短恢复期。

【防治措施】

一是隔离病牛，即避免与病牛接触；二是人和健康牛要远离污染的饲料和水源。同时，对牛饲养区要采取严格的卫生措施。对牛进行疫苗接种也是预防的措施之一，对受威胁较大的牛群应每隔3～5年接种1次。有报道，用猪瘟兔化弱毒疫苗给发生过黏膜病的牛群接种，可获得较好的免疫效果。

9. 轮状病毒病

轮状病毒病是由轮状病毒引起的多种幼龄动物的急性胃肠道传染病，以精神萎顿、厌食、呕吐、腹泻、脱水为主要特征。

【病因】

轮状病毒是属于呼肠病毒科轮状病毒属。

【流行病学】

轮状病毒病主要发生在犊牛，发病日龄主要在15～90日。

春、秋季发病较多。病毒存在于肠道,随粪便排出体外,经消化道感染。从不同地区腹泻犊牛收集的粪样,分别做电镜、核酸电泳检查,轮状病毒阳性率在45%～80%之间。轮状病毒有交互感染的作用,可以从人或一种动物传给另一种动物,只要病毒在人或一种动物中持续存在,就有可能造成本病在自然界中长期传播。

【症状】

潜伏期18～96小时,多发生于15～90日龄的犊牛。病犊精神沉郁,吃奶减少,体温正常或略偏高。腹泻粪便呈白色或灰白色,有的呈黄褐色,粪较黏稠或呈水样,有时附有肠黏膜及含有未消化凝乳块,排粪次数不一。一般情况死亡率不超过10%,但若有继发感染,特别在恶劣气候,病犊感染肺炎,则死亡率将会大大提高。

【病理变化】

各种动物的病变基本相同,主要侵害小肠,特别是空肠和回肠部,呈现肠壁变薄,内容物液状,小肠绒毛萎缩。

【诊断】

本病的诊断除了临床症状外,主要通过实验室诊断进行确诊。

【治疗】

本病尚无特异的治疗办法。补液、应用肠道收敛剂等对症治疗,有一定的作用。抗生素可预防继发感染。

【防治措施】

注意牛舍防寒保暖;牛轮状病毒弱毒疫苗,用于免疫母牛,通过初乳抗体保护小牛,有一定效果;对犊牛腹泻还可以应用轮状病毒活毒疫苗口服,这种口服苗对人为感染犊牛有保护性,并可减少自然发病率。

10. 巴氏杆菌病

巴氏杆菌病也称出血性败血症,是一种由多杀性巴氏杆菌引起的急性、热性传染病，其特征为发热、肺炎、急性胃肠炎及内脏器官广泛出血。

【病因】

牛的一种由多杀性巴氏杆菌引起的急性热性传染病。

【流行病学】

病牛和带菌动物是本病的传染源。病原体通过病牛分泌物、排泄物排出污染外界环境，在自然条件下主要通过污染的饲料和饮水经消化道传染，其次为呼吸道传染，偶尔可经皮肤黏膜的损伤或吸血昆虫的叮咬而传播。各种年龄的牛均可感染发病。巴氏杆菌常存在于健康牛的上呼吸道，当饲养管理不当、营养不良、拥挤、长途运输、过度疲劳、潮湿以及寒冷、闷热等均可诱发本病。本病多发在春、秋两季，一般为散发性，亦可呈地方性流行。

【症状】

潜伏期1～7天，多数为2～5天。临床上一般可分为3种类型。

(1)败血型：表现体温升高到41～42℃，精神萎顿，被毛粗乱，结膜潮红，鼻镜干燥，食欲废绝，泌乳及反刍停止，继而腹痛下痢，粪便恶臭并混有黏膜片和血液，有时鼻孔和尿中有血，常在1天以内死亡。

(2)浮肿型：除体温升高，精神萎顿等全身性症状外，在头、颈、胸前出现皮下水肿，手指按压初有热、硬、痛感觉，后逐渐变凉，疼痛也减轻。舌、咽喉部及其周围组织高度肿胀，舌伸口外，眼红肿、流泪、流涎，呼吸高度困难，黏膜发绀。也可出现腹泻，往往因窒息而死，病程多为12～36个小时。

(3)肺炎型：表现为纤维素性胸膜肺炎，病牛除全身症状外，伴有咳嗽和张口呼吸，排出浆液性以至脓性鼻液。听诊有支气管呼吸音，有时有胸膜摩擦音，2岁以内幼牛，多伴有带血的严重下痢，病程较慢，约3天以上，常因极度衰竭而死亡。

【病理变化】

败血型死亡病牛呈现败血症变化,可见全身组织器官黏膜呈点状出血。脾脏无变化或有小出血点。淋巴结肿胀多汁,有弥漫性出血。肠道内容物常混有血液,胃肠黏膜发生急性卡他性炎症,有时为出血性炎症。浮肿型病死牛主要见头、颈、咽喉部水肿,水肿有时波及胸前。肿胀部位皮下及肌肉组织呈现黄色和黄红色胶冻样浸润,舌肿大呈暗红色。

淋巴结、肝、肾和心脏等实质器官发生变性。肺炎型病变主要为纤维素性胸膜肺炎。肺水肿,胸腔内积有浆液性纤维素性渗出物,肺脏切面呈大理石样病变。心包呈纤维素性心包炎,心包与胸膜粘连。胸部淋巴结肿大,切面呈暗红色,散布有出血点。

【诊断】

根据流行病学特点、临床症状及病理剖检变化,可对本病做出初步诊断,但必须进行细菌学检查才能确诊。

【治疗】

早期应用抗出血性败血病血清有较好的效果,皮下注射100～200毫升,1日1次,可连用2～3天。抗生素,如青霉素、链霉素均有效,青霉素400万单位,链霉素300万单位,联合应用,每日2次,若再配合磺胺类药物,如用5%磺胺甲基嘧啶或磺胺二甲基嘧啶,按每千克体重40～60毫克剂量静脉注射,则疗效更佳,并可缩短疗程。对急性病例,也可用抗生素(如四环素)加入葡萄糖盐水内静脉注射。为提高治疗效果,尚应配合些对症治疗,如给予祛痰剂、抗组胺药等。

【防治措施】

(1)在预防本病时,要着重于日常的饲养管理,避免受寒、受热、拥挤、增加牛体抗病能力,畜舍要定期消毒,消毒药液选用3%氢氧化钠、5%漂白粉或10%石灰乳等。

(2)发生本病时,应立即隔离病牛和疑似病牛进行治疗,健康牛要做好认真观察，测温，必要时用高免血清或菌苗进行紧急预防注射。

11. 大肠杆菌病

大肠杆菌病是由致病性大肠杆菌引起的新生犊牛的急性传染病。其特征为患畜剧烈下痢及全身败血症，并迅速陷入衰竭、脱水和酸中毒。

【病因】

由一定血清型大肠杆菌引起的一种急性传染病。

【流行病学】

本病多见于7～10日龄的犊牛，10日龄以上的犊牛少见。在冬、春舍饲期，牛舍潮湿、寒冷、通气不良、气候突变、拥挤、场地污秽等，发病较多，营养不足，饲料中缺乏足够的维生素、蛋白质，幼犊生后未食初乳或哺乳不及时或哺乳过多、过少等亦可促使本病的发生或病情加重。下痢是本病较缓和的一种形式。肠毒血症有较高的死亡率，但不多见。败血症的病情最急，病死率也最高，主要感染途径是消化道。

【症状】

潜伏期很短，多数仅数小时。常以下痢、败血症及肠毒血症形式出现。下痢病犊初体温升至40℃左右，食欲减少或废绝，数小时后即下痢，粪呈黄色或灰白色并泡沫粥样或水样粪拌有未消化的凝乳块及凝血块。病犊常死于脱水和酸中毒。病程延长则出现肺炎、关节炎等症状。若及时治疗，一般可以治愈，但生长不良。病犊多以突然发病而死亡，病程稍长者则可见典型的中毒性神经症状（沉郁、昏迷），死前常出现剧烈的腹泻症状。败血症型主要发生于未吮过初乳的7日龄以内牛犊。患犊病程短促，多数病例体温上升和精神萎顿，腹泻有否不定，有的病例未见腹泻而在症状出现后数小时至1天内死亡。病程延长者，则因关节炎、胸膜炎而死亡。

【病理变化】

死于败血症及肠毒血症的犊牛，常无特异的病变。由于下痢而死亡的病犊，尸体消瘦，黏膜苍白，呈急性胃肠炎变化。胃内有凝乳块，胃黏膜充血、水肿、皱褶部分出血，表面附有黏液。肠内容物常混有血液和气泡，肠黏膜充血、水肿和出血。肠系膜淋巴结肿大，切面多汁或充血，肝、肾苍白。有些病例被膜下有出血点，心内膜也有出血点。

【诊断】

根据症状、病理变化、流行病学材料及细菌学检查等进行综合诊断。

【治疗】

（1）抗菌疗法：新霉素，每日给犊牛肌注1克和口服200～500毫克，连用5天，可使犊牛在8周内不发病。金霉素粉口服，每日每千克体重30～50毫克，分2～3次。

（2）补液：病牛有严重肠炎时，粪便呈水样并混有血液，迅速出现脱水现象，因此每天必须补液1～2次，静脉输入复方氯化钠溶液、生理盐水或葡萄糖盐水2000～6000毫升，必要时还可加入碳酸氢钠、乳酸钠等以防酸中毒。在严重病例，可按每小时1000毫升的静注速率抢救，病情缓解后可改用口服法。

（3）调节胃肠机能：在病初，犊体质尚强壮时，应先投予盐类泻剂，使胃肠道内含有大量病原菌及毒素的内容物及早排出；此后可再投予各种收敛和健胃剂。

【防治措施】

给初生犊牛注射或口服疫苗，或给初生犊牛注射大肠杆菌高免血清等，有一定的预防效果。

12. 放线菌病

放线菌病又称大颌病，是牛、羊和其他家畜以及人的一种非接触性传染的慢性传染病,牛最易感染。其特征是在舌、颌骨、头部及颈部皮肤发生化脓的结缔组织增生性硬肿——放线菌肿。

【病因】

主要为牛放线菌(伊氏放线菌)和林氏放线杆菌感染。

【流行病学】

本菌在自然界主要存在于污染的土壤中,以及污染的禾本科植物穗的芒刺上。牛常因口黏膜和皮肤损伤而感染,尤其在换牙时最易感。本病多为散发,偶尔可呈地方性流行。本病不能由病畜直接传染给健畜。

【症状】

放线菌病在上、下颌骨都会发生,往往在骨体已增厚、影响咀嚼时才被发现。肿胀进展缓慢,一般经过6~18个月才出现一个小而坚实的硬块。病牛呼吸、吞咽、咀嚼均感困难,消瘦甚快。当增生物溃破时,有脓汁流出,形成瘘管,长久不愈。颌间软组织及下颌淋巴结发生肿大、变硬并溃破。当头、颈、颌间软组织被侵害时,发生无热无痛的硬肿块。

舌和咽部组织被侵害时,舌变硬称为"木舌病"。病牛流涎,咀嚼困难,周围淋巴结肿大。乳房被侵害时,呈弥漫性肿大或有局灶性硬结,乳汁黏稠、混有脓液,乳房淋巴结肿大。

【病理变化】

当细菌侵入骨骼,使骨质异常增生,体积增大,密度降低,形如蜂窝状,也可发现形成瘘管通过皮肤到口腔,引起口腔黏膜溃烂。当某些器官受害时,可形成扁豆至豌豆大的结节,小结节可聚集成大结节,最后形成脓肿,脓肿中含有乳黄色脓液。

【诊断】

本病的临床症状和病变比较特殊,不容易与其他传染病相混淆,故很容易诊断。

【治疗】

(1)硬结可用外科手术切除或烧烙肿胀骨组织的病变中心部,若有瘘管,连瘘管一起彻底切除,填塞碘酊纱布,每日换1次,伤口周围注射10%碘仿乙醚或2%鲁戈氏液。

(2)内服碘化钾,成年牛每天5~10克,犊牛2~4克,连用2~4周。重症者可静脉注射10%碘化钾,每天50~100毫升,隔日1次,共3~5次。在用药过程若发现碘中毒现象(皮肤发疹、脱毛等),应暂停药数日。

(3)抗生素治疗,可用青霉素、链霉素在患部周围注射,每天1次,5天1个疗程。

(4)链霉素与碘化钾同时应用,对软组织放线菌肿和木舌效果颇好。

【防治措施】

为了预防本病的发生,舍饲时最好将干草、谷糠等饲草浸透后再饲喂,避免刺伤口腔黏膜,尤其是要防止皮肤、黏膜发生损伤,有伤口要及时处置治疗。

(二)寄生虫病

1. 牛球虫病

球虫病是畜牧生产中重要和常见的一种寄生虫病,分布极广,危害很大。牛球虫病以出血性肠炎为特征,主要发生于犊牛,可导致死亡。

【病因】

寄生于牛的球虫有十余种,其中以邱氏艾美球虫、牛艾美球虫和奥博艾美球虫的致病性最强,亦最常见。

【流行病学】

流行于温暖而潮湿季节(如4~9月间),尤其是在潮湿环境的牛最易发病。当患某些传染病或肠道线虫感染时,也有诱发本病的可能。各种品种牛都有易感性,2岁以内的牛易发。犊牛发病率高,死亡率高,老龄牛多为带虫者。

【症状】

犊牛发病多为急性,潜伏期为2～3周,病程10～15天。病初,病牛突然减食,精神沉郁,体温一般正常。但以出血性肠炎为主要特征,即排出的粪便表面附有数量不等的鲜红色血液和血凝块。随病程延长,精神更为沉郁,呆立,毛竖立,食欲废绝,反刍停止,瘤胃蠕动差。排出带血稀粪,有恶臭味。末期,体温有时可达40～41℃,粪便呈黑色,并不断沿肛门流出。后因极度贫血和衰竭而死亡。慢性者多在发病后3～5天逐渐好转,但持续存在下痢和贫血症状。病程可延绵数月,也可因高度贫血和消瘦衰竭而死亡。

【病理变化】

大肠(尤直肠)黏膜肥厚,有出血性炎症,淋巴滤泡肿大突出,有白色或灰白色小病灶,同时常见有直径为4～15毫米的溃疡,其表面覆盖有凝乳样薄膜。直肠内容物呈褐色,恶臭,有纤维素性薄膜和黏膜碎片。

【诊断】

临床上犊牛出现血痢和粪便恶臭时,可采用饱和盐水漂浮法检查患犊粪便,查出球虫卵囊即可确诊。

【治疗】

(1)磺胺药(磺胺二甲基嘧啶、磺胺六甲氧嘧啶、磺胺喹恶啉等),可抑制球虫病的发展,减轻症状。磺胺二甲基嘧啶,犊牛每日内服100毫克/千克体重剂量,连用2日,配合使用酞磺胺噻唑效果更佳。磺胺喹恶啉,按0.1%饲料比例连喂3～5日。

(2)氨丙啉,每天以每千克体重20～25毫克剂量口服,连喂4～5天。

(3)痢特灵(呋喃唑酮)以每千克体重0.007～0.01克剂量每

日分2次拌水灌服,连服7天。

(4)鱼石脂20克,乳酸2毫升,水80毫升,混合后,每日灌服2次,每次1茶匙,连服3天(犊牛)。

病状严重的病牛,除服用上述药物以外,还必须采取对症疗法如输液、补糖、强心等。

【防治措施】

(1)犊牛与成年牛分群饲养,以免球虫卵囊污染犊牛的饲料。

(2)舍饲牛的粪便和垫草需集中消毒或生物热堆肥发酵,在发病时可用1%克辽林对牛舍、饲槽消毒,每周1次。

(3)被粪便污染的母牛乳房在哺乳前要清洗干净。

(4)添加药物预防,如氨丙啉,按 $0.004\% \sim 0.008\%$ 的浓度添加于饲料或饮水中;或莫能霉素按每千克饲料添加0.3克,既能预防球虫又能提高饲料报酬。

2. 弓形虫病

弓形虫病在人、畜及野生动物中广泛传播,多为隐性感染,但也有出现症状,甚至死亡。

【病因】

牛弓形虫病是由弓形虫原虫所引起的人、畜共患疾病。

【流行病学】

终宿主猫是人畜弓形虫病的主要传染源。其1克粪便中可多达1000万个卵囊,而2个卵囊可杀死1只老鼠,100个卵囊可致猪发病。弓形虫对中间宿主的选择不甚严格。动物感染极为普遍,200多种动物均可感染。除家畜、家禽外,还包括龟、壁虎、蛇及野生动物与昆虫类(如蟑螂)。传播途径的复杂使本病流行无严格季节性,但夏、秋季发病率较高。

【症状】

以卵囊感染的牛,潜伏期2~6天。体温升高,稽留热,达40~

42℃。呼吸困难,咳嗽,鼻腔溢液。皮肤有紫斑,耳尖坏死,厌食,初便秘,后期腹泻。体表淋巴结肿胀,身体下垂部分水肿。少数牛发生神经症状,共济失调。牛弓形虫病临床报告较少,表现有很大差异。犊牛呼吸困难,咳嗽,发热,震颤,摇头,精神沉郁和虚弱,常于2~6天内死亡。母牛发生厌食,腹泻,精神沉郁,或发生神经症状而死亡。公牛出现厌食,萎顿,运动失调,卧地,咀嚼,磨牙和踏车样运动,1周后死亡。

【病理变化】

剖检病变可见急性病例呈全身性病变。淋巴结、肝、肺和心脏等肿大,有许多出血点和坏死灶。肠道严重充血,黏膜上可见扁豆大坏死灶。肠腔和腹腔内有多量渗出液。慢性病例可见各脏器水肿,有散在性坏死灶。

【诊断】

根据症状、流行情况可怀疑本病,通过病料涂片镜检、免疫荧光进行诊断。

【治疗】

(1)磺胺5-甲氧嘧啶:按每日每千克体重30~50毫克,静脉注射,连续注射3~5天。

(2)磺胺嘧啶、磺胺间甲氧嘧啶:按每千克体重30~50毫克一次静脉注射,如配合使用甲氧苄氨嘧啶,或磺胺增效剂按每千克体重10~15毫克体重一次静脉注射效果更佳。

(3)氯苯胍:剂量为每千克体重10~15毫克,一次内服,每日服2次,连服4~6天。

(4)二磺酰胺基-4-4′二氨基联苯砜:按每千克体重10毫克一次肌肉注射,连续7天。

(5)呋喃唑酮:按每千克体重10毫克,一次内服,连服7天。

【防治措施】

(1)已发生过弓形虫病的牛场,应定期的进行血清学检查,及时检出隐性感染牛,并进行严格控制,隔离饲养,用磺胺类药物连续治疗,直到完全康复为止。

(2)坚持兽医防疫制度,保持牛舍、运动场的卫生,粪便经常清除,堆积发酵后才能在地里施用;开展灭鼠,禁止养猫。

(3)已发生流行弓形虫病时,全群牛可考虑用药物预防。饲料内添喂磺胺六甲氧嘧啶每千克体重100毫克和磺胺嘧啶每千克体重5毫克,连续7天,可防止卵囊感染。

3. 肝片形吸虫病

肝片形吸虫病是牛、羊主要的寄生虫病,临床上常以消瘦、黄疸、伴发全身中毒和营养障碍等为主要特征。一般呈地方性流行。

【病因】

由于肝片形吸虫或大片吸虫寄生于牛、羊的肝脏和胆管内而引起的,是一种慢性的寄生虫侵袭病。

【流行病学】

由于肝片形吸虫的宿主分布范围较广,病畜和带虫者不断地向外界排出大量虫卵,从而污染环境,成为本病的感染源。同时,外界环境温度、水和淡水螺也是本病流行的重要因素。试验证明,虫卵在12℃时停止发育,16℃开始生长,但需50~70天才能孵化,在25~30℃时,仅需10~15天就可孵化。干燥和高温(40~50℃)易死亡。尾蚴在7℃不能逸出螺体。因此,在春末夏初时节,适宜的雨水、温度和阳光,加上淡水螺繁殖极快,有利于虫卵、毛蚴、尾蚴的孵化和逸出。再加上囊蚴在湿润的自然环境下,能保持相当久的感染能力,更加促进本病的流行。秋季次之,冬季感染机会较少。

据报道,肝片形吸虫的中间宿主约有20余种椎实螺。在我国已证实的有4种,但以小椎实螺为主要的中间宿主。

虫体对牛的主要致病作用是由于幼虫和成虫在移行和寄生中

对组织和器官的机械刺激,如穿过肠黏膜时,引起肠毛细血管的扩张和出血;移行至肝脏,形成很大的虫道,虫体多时,可破坏微血管,引起出血;有时幼虫进入肾脏、脾脏、淋巴结等器官,引起损伤和出血。成虫在胆管内寄生后,由于虫体长期的机械性刺激和代谢产物的毒性作用,引起慢性胆管炎、慢性肝炎和贫血现象。虫体多时,引起胆管扩张、增厚、变粗,甚至堵塞,胆汁滞留而引起黄疸。另外,机体因胆汁缺乏而引起其他系统的病变。虫体还分泌毒素,主要为虫体新陈代谢产物及分解物,使机体出现体温升高,白细胞增多,贫血,消瘦,神经症状等。侵害血管时,使血管壁通透性增高,从而发生稀血症和水肿。当幼虫移行时如携带病原菌,则可引起肝脏和其他器官发生脓肿。又因肝片形吸虫以食血和胆管上皮细胞为主,可引起慢性营养不良。

【症状】

其临床表现主要取决于感染虫体的数量、年龄和饲养管理条件等。如轻度感染(1~10条虫体),饲养管理好,即不表现出任何临床症状。如高度感染(牛100条)时,即表现出明显的症状。根据病期一般分为急性、慢性两种。

(1)急性:比较少见。主要吞食大量囊蚴后(2000个以上)发病。体温升高,食欲减退,精神沉郁,黄疸,迅速贫血和出现神经症状等,一般3~5天死亡。

(2)慢性:较为常见。患牛食欲不振,逐渐消瘦,被毛粗乱,精神沉郁,瘤胃蠕动弱,贫血,便秘与下痢交替发生,下颚、胸下、腹下部出现水肿。后因消瘦,衰竭而死亡。

【病理变化】

剖检特征为急性表现肝肿大、充血,浆膜上有出血点,肺实质出血。严重感染时,腹膜炎及腹腔内充满大量腹水,甚至血液。慢性则肝实质硬变,呈灰白色。胆管扩大,内充满黄褐色胆汁和虫体。管壁粗糙,常有大量钙质和其他盐类沉积,呈灰褐色或黑褐色的颗粒状。肺部有钙化的硬结节,内含暗褐色半液状物质和虫体。

【诊断】

确诊可采用显微镜检查粪便有没有虫卵的方法。

【治疗】

(1)硝氯酚:以每千克体重3~4毫克剂量一次口服;针剂以每千克体重0.5~1.0毫克剂量深部肌肉注射。适用于慢性病例,对童虫无效。

(2)丙硫咪唑:以每千克体重20~30毫克剂量一次口服。不仅对成虫有效,而且对童虫也有一定疗效。

(3)三氯苯唑(又称肝蛭净):以每千克体重10~15毫克剂量一次口服,对成虫和童虫均有效。

另外,四氯化碳、硫双二氯酚对本病治疗也有一定疗效。

【防治措施】

本病传播主要是由粪便中的虫卵扩散所造成,因此牛粪便应经堆肥发酵杀死虫卵后才作肥料。有条件加强对草地管理的,应每年于秋末冬初和冬末春初,用1:5000氨水或茶籽饼液对草地进行淋施,既可作肥料又可杀灭牛肝片形吸虫的中间宿主螺蛳。

4. 螨虫病

螨虫病又称疥癣,俗称癫病,临床上以湿疹性皮炎、脱毛、剧痒,并有高度传染性为主要特征。

【病因】

由疥螨科或痒螨科的螨寄生在畜禽体皮面引起慢性寄生性皮肤病。

【流行病学】

病牛是本病流行的主要传染源,螨病主要发生于冬季和秋末春初。因为此季节,日光照射差,家畜被毛长而密,特别当饲养管理条件差、牛舍潮湿、牛体卫生状况不良、皮肤表面潮湿时,最适合螨的发育繁殖。

另外,因螨虫种类的不同,寄生部位也不同。疥癣虫最初发生在头颈部,逐渐蔓延到肩部、背部及全身。靠近乳房或阴囊的大腿内侧、会阴部、头部的耳根部多发,四肢也可发生;痒螨,多发生在毛长处、内股阴部,随后可蔓延至躯干及四肢,严重时可遍及全身;足螨主要侵害肛门、尾根周围的皮肤或两侧的小窝内,有时也可发生于四肢。

【症状】

感染后,一般经 2～4 周呈现症状。

(1)剧痒:由于螨体表长有许多刺、毛和鳞片,同时口器内分泌毒素,通过损伤的创口刺激神经末梢而引起。当进入温暖牛舍内或运动后皮温增高时,则痒感更加强烈。由于剧痒,病牛不停地啃咬患部或在各种物体上摩擦,使之皮肤出现局部脱毛、光滑,甚至出血,加重了患部的炎症和损伤,同时还向周围环境散布大量病原。

(2)结痂、脱毛和皮肤肥厚:由于在虫体的机械性刺激和毒素的作用下,局部皮肤发生炎性浸润。随后,形成结节和水疱,后破溃,流出渗出液,干燥后形成痂皮。痂皮很薄,很硬,表面平整。时间久后,一端稍微翘起。痂皮去除后,流出带血的渗出液,也可见到黄白色的虫体爬动,以后又重新结痂。随着角质层角化过度,患部脱毛,皮肤增厚,失去弹性,上有许多皱纹,甚至龟裂。严重时流出恶臭的分泌物。

(3)消瘦:由于剧痒,病牛长期烦躁不安,影响正常的采食和休息,消化吸收机能及营养状况日渐下降而急骤消瘦。如发生继发感染,则出现体温升高,精神沉郁,食欲减退等全身症状,严重时,易引起死亡。

【诊断】

根据临床症状,流行病学调查等即可诊断。如症状不明显时,可采取健康与病患交界的体皮部位的痂皮,检查有无虫体,给予确诊。

【治疗】

(1)2%敌百虫水溶液,涂擦患部,每次不宜超过10克,每次治疗后应间隔2~3天再处理。

(2)来苏儿油剂(废机油或煤油19份加来苏儿溶液1份)适量,涂擦患部。

(3)伊维菌素:每千克体重200微克皮下注射。严重病例,间隔7~10天重复用药1次。

(4)狼毒500克,煅硫磺90克,炒白胡椒45克,共研细末。取药末30克加入烧开的植物油750毫升中,混匀,涂擦患部。

【防治措施】

(1)平时搞好环境和牛体卫生,牛舍要宽敞、干燥、透光,通风要好,要定期消毒。

(2)平时留心牛群中有无瘙痒和掉毛的现象发生,一旦发现,迅速隔离。

(3)治愈的病牛不要立即入群,要观察3周左右.即使没有螨虫病现象,也要再使用杀虫药喷洒在牛体上后,才合群。

(4)夏季对牛进行药浴。

(5)饲养管理人员要注意消毒,防止通过人的手、衣服及用具等传染散布病菌。

(三)中毒病

1.有机磷中毒

有机磷农药是农业上常用的杀虫剂,也是畜牧业上常用的杀虫和驱虫药。引起牛中毒的有机磷农药,主要有甲拌磷(3911)、对硫磷(1605)、内吸磷(1059)、乐果、敌百虫等。

【病因】

主要是牛误食喷洒有机磷农药的青草或庄稼,误食被有机磷农药污染的饮水,误食拌过农药的种子;滥用剧毒有机磷农药,治疗牛的皮肤病和体内外寄生虫用药浓度过高、涂布面积过大,尤其是油类配剂易被皮肤、黏膜吸收。如皮肤有破损或发炎,则更易被吸收,而致中毒。

【症状】

病牛表现出精神沉郁或狂躁不安,全身肌肉呈痉挛性收缩,呼吸困难,呼出的气体带有药物的特殊气味,往往在采食后不久即发病。若同群牛均采食含毒饲料,则几乎全群同时发病,表现为眼结膜充血,流泪,口吐白沫,齿龈、舌、硬腭均肿胀,严重腹泻,粪便带血,步态不稳,口腔黏膜及鼻镜干燥甚至出现溃疡,最后四肢麻痹、倒地不起,如不及时抢救,数小时内可能抽搐昏迷而死。

严重病例,心跳疾速,脉搏细弱、不感于手,常常伴发肺水肿,有的窒息而死。

【病理变化】

解剖变化,口腔及鼻孔内均有大量粉红色的泡沫。瘤胃、网胃及瓣胃黏膜易脱落。皱胃、十二指肠、小肠呈弥漫性充血、出血,肠道内集满泡沫液体。肺淤血、水肿,左右心耳、心外膜、心内膜点状出血,脑组织出血明显。

【诊断】

有机磷农药中毒的诊断,应根据病史、临床症状和实验室检查等做综合分析。病史主要是考虑有否与有机磷农药的接触,如果病牛的胃肠内容物、呼气、呼吸道分泌物或皮肤上能闻到有机磷药的特异大蒜味,对诊断有很大帮助。实验室检查主要是检测病牛的组织、可疑饲料内有机磷的含量;二是对乙酰胆碱酯酶活力的测定。最后做综合诊断。

【治疗】

牛有机磷中毒的抢救越早,效果越好。抢救时,先用盐酸阿托品60~200毫克肌注,每隔1~2小时反复注射1次,以巩固效果。接着用解磷定或氯磷定按每千克体重15~30毫克,用生理盐水配成2.5%~5%溶液,缓慢静脉注射,每隔1~2小时,与阿托品交替使用。一般以瞳孔散大,呈现视觉反应,呼吸症状减轻和痉挛消失时,才可停药。另外,用5%碳酸氢钠溶液100~200毫升口服,用清水或肥皂水清洗胃肠道,或冲洗皮肤可减轻毒效,但敌百虫中毒不能用碱性溶液包括肥皂水冲洗。如心力衰竭,用15%苯甲酸钠咖啡因注射液20~30毫升肌注。如脱水用5%葡萄糖溶液2000~3000毫升静注。如肺水肿,用20%甘露醇溶液300~600毫升静注。

【防治措施】

主要是健全农药的保管使用制度,使用农药处理过的种子和配好的溶液,要妥善保管;配制及喷洒农药的器具不要随便乱放;喷洒过农药的地方要有标记,在1个月内禁止割草;不得滥用农药来杀灭家畜体表寄生虫;敌百虫驱虫用量要适当。

2. 亚硝酸盐中毒

许多菜叶中含有硝酸盐,如发生腐烂或堆放发热时,硝酸盐变为亚硝酸盐,牛食后引起中毒;采食含硝酸盐的化肥也易引起中毒;过食含硝酸盐丰富的饲草,经瘤胃微生物作用也可生成亚硝酸盐引起中毒。亚硝酸盐被吸收后,可使血红蛋白变成高铁血红蛋白,临床上呈缺氧综合征。

【病因】

硝酸盐除了有较大的腐蚀作用,能引起急性胃肠炎外,一般不引起中毒。但在瘤胃内通过细菌的还原作用,可变成毒性很高的亚硝酸盐,它在血液中能与血红蛋白相结合,生成高铁血红蛋白,使血红蛋白不能与氧结合,而丧失了携氧的能力,导致组织缺氧。

血液呈褐色。高铁血红蛋白除了本身不能携氧到组织以外,还能使正常的血红蛋白在组织中不易与氧分离,在肺部不易与氧结合,因而更加重了缺氧状态的发展,最后导致呼吸中枢麻痹,窒息而死亡。此外,亚硝酸盐在体内还可透过胎盘组织引起流产及死胎。

【症状】

通常在大量采食后0.5～4小时内突然发病。尿频是本病的早期症状。初期呼吸增快,以后变为呼吸困难,眼结膜发绀。脉速而弱,血液呈咖啡色或酱油色。精神沉郁,肌肉震颤,站立不稳,步态蹒跚,严重时角弓反张,全身无力,卧地不起。过度流涎,有腹痛。耳、鼻、四肢以及全身发凉,体温不高。常于12～24小时内死亡。

慢性中毒时,出现发育不良,下痢,跛行,走路拘强,虚弱,受胎率低,流产等。

【病理变化】

剖检血液凝固不全,呈酱油色,遇空气后不久变为鲜红色,胃肠道出血,气管黏膜出血,肺充血,水肿,心肌出血,肝肿大,肾充血、出血。

【诊断】

本病的诊断,应建立在大量的临床检查和实验室检查的基础上。典型症状是饲喂半小时后突然发病,心跳快而弱,呼吸增数,尿频,眼结膜发绀,口流白沫,死前卧地痉挛等。实验室检查瘤胃内容物、血浆、血清、尿液、饲草和饮水中的硝酸盐和亚硝酸盐的含量增高与高铁血红蛋白血症是诊断本病的依据。

【治疗】

治疗亚硝酸盐中毒,应用特效解毒剂亚甲蓝或甲苯胺蓝,同时应用维生素C和高渗葡萄糖。1%的亚甲蓝液(亚甲蓝1克,纯酒精 10 毫升,生理盐水 90 毫升),每千克体重 0.1~0.2 毫升,静脉注射;5%甲苯胺蓝液,每千克体重 0.1~0.2 毫升,静脉或肌肉注射;5%维生素 C 液 60~100 毫升,静脉注射;50%的葡萄糖液 300~500 毫升,静脉注射。此外,向瘤胃内投入抗生素和大量饮水,阻止细菌对硝酸盐的还原作用。其他对症疗法可应用泻盐清理胃肠内容物,并补氧、强心及解除呼吸困难。

【防治措施】

本病的预防,首先对青菜类饲料要尽量摊开放置,严禁堆放。受雨淋、变质时要停喂。据介绍:青菜在新鲜时含亚硝酸盐 0~0.1 毫克/千克,自然放置到第 4 天为 2.4 毫克/千克,第 6~8 天发生腐烂时,含量可达 340~384 毫克/千克。对青贮料,饲喂前要敞开在空气中暴露一夜为妥。合理搭配饲料,要有丰富的碳水化合物饲料。应密切注意防范硝酸盐或亚硝酸盐污染饮水。

3. 棉籽饼中毒

棉籽饼中含有棉籽毒和棉籽酚,长期饲喂未脱毒的棉籽饼可引起中毒。

【病因】

棉籽及棉籽饼中的主要有毒成分是棉酚,它是一种萘的衍生物,可分为结合棉酚和游离棉酚两种。结合棉酚是棉酚与蛋白质、氨基酸的结合物的总称,它不溶于油脂中,不能被肠道消化,因此被认为是无毒的。而游离棉酚则具有毒性,且容易被肠道吸收,它能和机体内硫和蛋白质结合,有损害血红蛋白中铁的作用,导致溶血。棉酚还能使神经系统发生紊乱,引起不同程度的兴奋和抑制。同时,棉籽是一种缺乏维生素 A 和钙的饲料,若长期单一饲喂,又可引起牛的消化、泌尿等器官黏膜变性,严重者出现夜盲症。有些地区牛的尿道结石发病率很高,一般认为这与泌尿器官的上皮变性有关。

【症状】

牛发生急性中毒的情况很少,若一次大量暴食,可能会呈现瘤胃急性消化不良的症状。病牛食欲减退或废绝,反刍减少或停止,前胃弛缓,发生腹泻,粪便中混有黏液和血液;精神不振,排尿频繁,往往带痛,排血尿或血红蛋白尿,尿沉渣检查有肾上皮细胞和各种管型;体温不高,脉搏增快,呼吸加快。血液检查,血红蛋白和红细胞水平下降,嗜中性白细胞显著增多。下颌间隙、颈部、胸腹下及四肢常会出现浮肿,有的病牛口、鼻出血。

病情若进一步发展,病牛视觉障碍,甚至失明;心跳加快,脉搏细弱、不感于手;呼吸极度困难,两侧鼻孔流出黄白色或淡红色细小泡沫样鼻液;胸部听诊有广泛性湿啰音;肌肉无力,站立不稳,行走摇晃,或倒地痉挛,最终心力衰竭而死。

【病理变化】

死后剖检,可见心内膜、心外膜出血,心扩张,心肌变性,肾脏出血和变性,肝实质变性。

【诊断】

根据长期喂饲料状况以及根据临床症状、血常规变化、剖检变化可以做出诊断。

【治疗】

立即停喂棉籽饼,禁喂2～3天,可采取饥饿疗法。中毒初期可用0.05%～0.1%高锰酸钾溶液或2%碳酸氢钠溶液洗胃。清理胃肠后,可用磺胺脒60克,鞣酸蛋白25克,活性炭100克,加水500～1000毫升,一次内服,以利消炎。

保肝解毒、强心利尿和制止渗出,可用50%葡萄糖300～500毫升,20%安钠咖10～20毫升、10%氯化钙100～200毫升,静脉注射,每日1～2次。

【防治措施】

本病首先将棉籽饼进行消毒处理,其次要控制棉籽饼的喂量,架子牛不超过 1.5 千克、乳牛 2～3 千克,犊牛尽量少喂或不喂。在饲料的配合上不要长期单纯饲喂棉籽饼,必须搭配青干草或其他优质青绿多汁饲料。在冬季,适当补充维生素 A 和钙剂较为有益。

4. 尿素中毒

尿素是农业上广泛使用的化肥,是一种非蛋白质含氮物,1 千克谷物含氮量为 42%～46%,其含氮量相当于 7～8 千克豆饼,或相当于 26～28 千克谷物饲料中的蛋白质。因此,利用尿素或胺盐加入日粮以替代蛋白质来喂牛已广泛采用。但在日粮中尿素配合过多或搅拌不均匀,或在尿素施肥的地区放牧误食,均可造成中毒。

【病因】

尿素和许多非蛋白氮化合物是较好的蛋白质替代品,常用做饲料添加剂,如尿素、双缩脲和双铵磷酸盐等。当饲喂过多或方法不当时,能产生大量的氨,而瘤胃微生物来不及加以利用,大量的氨经瘤胃壁进入血液、肝等组织器官,致使血氨增高。氨对于机体,是一种侵害神经系统的物质。

乳牛中,幼龄犊牛、低蛋白日粮和饥饿等情况对尿素的耐受性降低。

【症状】

牛过食尿素后 0.5～1 小时即可发病。病初表现不安,呻吟,流涎,肌肉震颤,体躯摇晃,步态不稳;继而反复痉挛,呼吸困难,脉搏每分钟可增至 100 次以上,从鼻腔和口腔流出泡沫样液体。末期全身痉挛出汗,眼球震颤,肛门松弛,几小时内死亡。

【病理变化】

因中毒而死亡的常极度膨胀,尸体迅速分解。死亡不久,瘤胃内容物有氨气,pH 值高达 7.5 以上。剖检可见胃黏膜发黑,皱胃及肠道有出血点,有的病例见有肺出血。

【诊断】

可采集饲料、全血或血清、瘤胃液和尿液做氨含量的分析,做进一步确诊。

【治疗】

尿素中毒时最好的方法是大量灌服冷水,并灌服食醋或稀醋酸等弱酸溶液,如1%醋酸500毫升,糖250~500克,水500毫升或食醋500毫升,加水500毫升,一次内服。当中毒病牛发生急性瘤胃臌气时,必须立即进行瘤胃穿刺放气,速度不能过快。停喂可疑饲料,静脉注射10%葡萄糖酸钙溶液300~400毫升,或10%的硫代硫酸钠溶液100~200毫升,同时应用强心剂、利尿剂、高渗葡萄糖等疗法。

【防治措施】

严格尿素的保管使用制度,防止牛误食尿素。受雨淋或潮解的停止使用。尿素不宜与大豆、豆饼混合饲喂,以免尿素被破坏。用尿素作饲料添加剂时,严格掌握用量,体重500千克的成年牛,用量每天100~150克。尿素以拌在饲料中喂给为宜,不得化水饮服或单喂,喂后2小时内不能饮水。如日粮蛋白质已足够,不宜加喂尿素。犊牛不宜使用。

5. 霉变饲料中毒

饲料由于保管、贮藏不善,或在谷物收获期间长时间下雨,谷物变质,污染霉菌导致霉变,产生毒素后,若仍用于饲喂牛,则极易发生中毒。

【病因】

在作物成熟收获季节,如果阴雨连绵,或收获的谷物及饲料贮藏不当,常致使一些有毒的霉菌寄生。在这类霉菌中有曲霉菌、青霉菌、白霉菌三属都是饲料发霉腐败的常生菌,采食这类饲料较多即可引起中毒。其中黄曲霉和镰刀霉毒性较强,牛采食了这类发霉的饲料后更易中毒。土霉素渣及加工后的谷物受潮发霉,寄生有青霉菌,牛采食后,也可引起中毒。霉菌中毒没有传染性,不会成为一种传染源去感染其他的牛。其发病和毒素进入机体数量、毒素毒力的强弱有很大的关系。病的发生还与机体的抵抗力和饲养管理的好坏有关。

【症状】

一般呈慢性经过。病牛精神萎顿,反应淡漠。有时垂头呆立,似昏睡状,触摸皮肤任何部分时,感觉很敏感。不愿行动,强迫行走时,步态蹒跚,有时也兴奋不安。眼由羞明、流泪,逐渐变为视力障碍,可发生在一眼或两眼。厌食,反刍和胃蠕动减退,表现有前胃弛缓症状。呈现出间歇性腹泻,粪中可夹有血液、黏液,或腹泻与便秘交替出现。有时有腹水,严重脱水,被毛粗而逆立,牛只迅速消瘦。有的病牛在颔下、前胸及四肢有水肿。乳牛泌乳逐渐减少,病严重时泌乳停止。亦可发生牛的流产或犊牛生活力不强。

【病理变化】

消化道可出现严重的炎症。胃内容物充盈,有的病例有酸臭味,胃黏膜充血、出血或有褐色黏液。有的还可有溃疡或黏膜脱落与食糜相粘连。肠腔黏膜也有充血和出血,并常有肥厚和肿胀。有时会涉及浆膜下肌层,多数病例在腹腔内积有红色透明渗出液。肝脏充血和肿大,有的肥厚变脆、苍白。切片检查,小叶间隙明显,中心静脉扩张,呈淡黄白色。胆管变粗,胆囊扩张。心内、外膜有出血斑,心肌脆弱、褪色。慢性中毒时可见全身极度消瘦,并有慢性胃肠炎和肾炎的变化。

【诊断】

根据流行特点、饲料霉变情况、临床症状及剖检中肝脏的特征性变化,可做出诊断。确诊需进行化学分析,测定饲料中黄曲霉毒素含量或分离出黄曲霉菌。

【治疗】

中毒的牛只治疗,主要是排毒、解毒,可用硫酸镁、硫酸钠等类泻剂;并可用50%葡萄糖注射液500～1000毫升,复方氯化钠溶液1000～2000毫升,添加维生素C 0.5～1.0克做静脉注射;强心剂可用25%尼可刹米注射液20～30毫升肌注,或用10%樟脑磺酸钠注射液30毫升肌注。镇静剂可用盐酸氯丙嗪注射液250～500毫克肌注或用10%溴化钠或溴化钙200～300毫升静注。

【防治措施】

防止霉变饲料中毒发生的根本措施是不让饲料发生霉变。所以在饲料收获、运输、加工和储存过程中应注意各个环节的保管和防潮。并经常检查,如有发霉迹象时,尽量提早翻晒处理,霉变程度严重的饲料应予销毁。饲料按计划采购,并做到现购现喂,防止长期堆放。

6. 氟乙酰胺中毒

氟乙酰胺为有机氟内吸性杀虫剂,亦称敌蚜胺。白色针状结晶,无味,无臭,易溶于水,有吸湿性,不易挥发,其水溶液无色透明。

【病因】

由于氟乙酰胺的广泛应用,也被作为鼠药应用。有些地区因误食喷过农药的鲜草和其他植物茎叶、瓜果,而引起中毒;或在作物长期施用过氟乙酰胺的饲草、饲料,使残毒蓄积,喂后发生中毒;或因误食氟乙酰胺农药,误饮被污染的水而引起中毒。

氟乙酰胺属神经性毒物,其特点是不易挥发,也不溶于脂类物质中,所以不易经呼吸道和皮肤进入体内,只能经消化道引起中毒。

【症状】

病牛因采食量不同,所表现的临床症状的严重程度也不同。常分为急性中毒和慢性中毒。牛对氟乙酰胺比较敏感,给牛按每千克体重1毫克内服,就能引起急性中毒死亡。

(1)急性:无明显的前兆,精神沉郁,饮水少,食欲减退或废绝,反刍停止,肘肌群震颤,结膜潮红,肠音初期高朗,后期减弱,最后消失。心音增速,驱赶不愿行走,后躯摇摆,病程持续2~3天,最急性的约为9~18小时,突然倒地,抽搐,惊厥或角弓反张,有的数分钟内呼吸抑制,心跳停止而死亡。有的虽然很快恢复,但可重复发作,恢复后静卧不动,全身颤抖,食欲废绝,牛反刍停止,体温正常或降低,突然抽搐,口吐白沫死亡。

(2)慢性:中毒后5~7天,活动减少,精神沉郁,食欲减退,不合群,反刍停止,流涎,不愿行走,喜静,独有靠墙站立,强迫运动几步后卧地。瞳孔散大或缩小,肘肌震颤,有时轻微腹痛。个别患畜排恶臭稀粪,牛粪含有黏液或呈串珠样。体温正常或低于常温,脉搏增速,心音节律不齐,收缩期杂音,心房纤颤等。病情可反复发作,往往在抽搐过程中,因呼吸抑制,循环衰竭而致死。

【病理变化】

心脏质地较软,心冠脂肪有散在出血点,在纵沟和心尖有弥漫性出血点,心内膜有散在性出血点,瓣膜增厚;肝脏肿大,切面湿润多汁;胃黏膜脱落,真胃黏膜有出血点,肠黏膜脱落并有出血点,血液凝固性降低,因为大量氟被吸收后与血液中游离钙相结合所致。脑软膜充血、出血,延脑和脑桥有密集的出血点;肺淤血性水肿、出血;肾淤血、肿胀。

【诊断】

根据采食含氟农药污染的草料、饮水或误食喷洒含氟农药的植物茎叶、瓜类及鲜草等病史;呕吐,流涎,瞳孔散大,腹痛,腹泻和兴奋,抑制,痉挛,抽搐等神经症状进行诊断。确诊可取病死牛的瘤胃内容物,经实验室检查。

【治疗】

(1)立即进行洗胃处理:早期用0.05%高锰酸钾或淡肥皂水洗胃;如食入毒饲料时间较长,应采取排泄和利尿的措施,因为此时毒物已大部分吸入血液。口服硫酸镁或硫酸钠350～500克,同时内服活性炭60～100克,加水5000毫升,以吸附毒物,促使快速排出;也可给病牛投服牛奶、鸡蛋清、绿豆水等,尤其是鸡蛋清,对保护胃肠黏膜,吸附毒素、阻止毒素的吸收,效果较好。

(2)药物解毒:解氟灵(50%乙酰胺水溶液)。轻度中毒,每天按每千克体重0.1克肌肉注射,首次注药量为全日药量的1/2,另一半每隔2小时注射1/4;第二天开始将全日量分为4份,每4小时肌肉注射1次。用药2～3天后,每天减药1/3,连用5～6天。必要时也可连续用药。

(3)强心疗法:25%～50%葡萄糖溶液100～200毫升,加10%安钠咖20～40毫升,5%维生素C 40～80毫升,静脉注射。出现痉挛抽搐的病牛,可用氯丙嗪,肌注;腹痛时肌注30%安乃近等以缓解症状。

(4)辅助疗法:解毒保肝可用5%～10%葡萄糖溶液、10%浓盐水,也可用复方氯化钠静注。纠正酸中毒,可静注5%碳酸氢钠。

【防治措施】

禁喂用氟乙酰胺洒过的植物茎叶、瓜果以及污染的饲草、饲料;凡施用过氟乙酰胺的农作物,从施药到收割期必须经过2个月以上的残毒排出时间,方能作为饲料用,否则易发生中毒;对氟乙酰胺农药要建立严格的保管制度,被污染的用具应妥善保管,防止家畜误舐而中毒;已发生中毒或有中毒可疑的牛,加强饲养管理,同时普遍内服绿豆汤解毒。

7. 磷化锌中毒

磷化锌是比较有效的一种毒鼠剂。在毒鼠时，常将磷化锌细粉与食物混合在一起加少量黏着剂于谷粒上。牛误食含有磷化锌的饲料后，常能引起中毒或死亡。

【病因】

因管理不善，牛误食含磷化锌的中毒饵。如误食放在饲槽下、墙角等处毒鼠的含磷化锌的饵料，以及人为等因素而引起。磷化锌经口进入胃，在胃液中的盐酸作用下分解成氯化锌和磷化氢。磷化氢对胃肠有刺激和腐蚀作用，经胃肠吸收入血，随血液循环至全身，刺激神经末梢感受器，使中枢神经系统先兴奋，后转入抑制。呼吸困难，肾、肝、心脏受到损害。磷化氢吸收后，早期主要分布于肝、肾、心及横纹肌等处，经肝脏解毒，主要由肾脏排泄，少量从呼吸道及汗腺排泄，对造血器官也有一定的影响。

【症状】

一般吃食一定量的磷化锌 6～18 小时即可发病。少数病例，在不显现任何症状的情况下，即突然倒地死亡。多数病例中毒后，体温略升高，结膜潮红，口腔黏膜和咽喉糜烂，呼吸困难而急促。严重病例，有时可闻到呼出气有类似大蒜的气味。食欲废绝，兴奋，痉挛，卧地不起，有的吐沫，最后窒息而死亡。

【病理变化】

尸体僵直，气管内充满白色胶样分泌物和泡沫，肺显著淤血、水肿。胃内容物异常，有刺鼻的酸臭大蒜味，胃底黏膜呈黑红色。小肠黏膜全部呈弥漫性出血、黏膜脱落。肝脏淤血、肿胀、脂肪变性。腹腔内有暗红色积液。

【诊断】

除查明发病情况、有无误食或投毒的可能以及症状外，需做实验室诊断。

【治疗】

对拌有磷化锌的谷物类要严加管理,防止误食。确定磷化锌中毒后,须立即抢救。

(1)洗胃后或吃下毒物时间较久的病例,可立即投服盐类缓泻剂:硫酸钠 250~400 克,人工盐 50~100 克,温水 5000~10000 毫升,混匀后灌服。磷化物中毒不可使用蓖麻油作为泻剂,也禁忌投给脂肪类、牛奶和鸡蛋。

(2)病势较重或已出现神经症状时,要及时放血 1000~1500 毫升,再用 5%葡萄糖溶液 300~500 毫升,一次静脉注射,每天 1~2 次。注射葡萄糖溶液后可选用下列处方补液:复方氯化钠溶液 1500~3000 毫升,加温后,用滴入的方法缓缓注入静脉;生理盐水 1500~3000 毫升,方法同上;氯化钾 0.36 克,氯化钠 13 克,安钠咖 2 克,葡萄糖 100 克,蒸馏水 2000 毫升,溶解、滤过、煮沸灭菌后,待温加入 5%碳酸氢钠溶液 100 毫升,用法同上。

(3)病情严重,心脏衰弱的病畜,须按时注射强心剂。如安钠咖溶液每 3~4 小时 1 次;心力衰竭时,可皮下注射 0.1%肾上腺素 4~6 毫升;严重麻痹时可皮下注射 0.1%硝酸士的年 4~8 毫升,腹痛剧烈的,可皮下注射盐酸吗啡 10~15 毫升。

【防治措施】

预防本病,须严加保管磷化锌及其他磷化物,以防牛误食,防止人为破坏因素;毒饵必须妥善放置在一定地方,专人保管,不能随意抛置;在灭鼠工作中,放置在田间和饲养室内外的毒饵,应有专人检查,严格管理,做到晚放毒饵,早晨收管好,以防误食。

(四)内科病

1. 瘤胃积食

瘤胃积食也叫急性瘤胃扩张。

【病因】

(1)主要是由于采食了大量难以消化的粗饲料,如山芋藤、豆秸、玉米秸、粗干草等,加之饮水不足而引起本病。或因一次采食大量易于膨胀的干料,如大豆、玉米、饼类、稻谷饲料等,又大量饮水,饲料膨胀而发病。

(2)运动不足、饥饿、饲料突然更换等,各种不良因素的刺激,机体衰弱,神经反应性降低,特别是当瘤胃消化和运动功能减弱时,过食更易发生本病。瘤胃积食也可继发于前胃弛缓、瓣胃阻塞、创伤性网胃炎及真胃变位等疾病。

【症状】

病牛食欲减退或废绝,反刍、嗳气减少或停止,表现轻度腹痛、行动缓慢、摇尾或后肢踢腹,有时呻吟,磨牙、烦躁、站立不安、口中无物而空呷。左侧腹下部轻度膨大,肷窝膨满或略凸出,触诊瘤胃表现疼痛,并有面团样感。叩诊呈浊音,若产生气体时上方呈鼓音。听诊时初期瘤胃蠕动音增强,后减弱或消失。呼吸促迫增数,黏膜常呈紫色,脉搏细数,无并发症时,一般体温正常。

采食大量的谷物精料所引起的积食,通常呈急性,主要表现为中枢神经兴奋性增高、视觉障碍、脱水及酸中毒,故又称中毒性积食。

【诊断】

根据病史和临床表现的症状,不难做出诊断,但也须与前胃弛缓、瘤胃臌气、创伤性网胃炎等相区别。

(1)前胃弛缓:腹围无明显的变化,叩诊瘤胃不坚硬,其内容物常呈粥状。

(2)急性瘤胃臌气:腹围显著膨大,左肷部尤为明显,叩诊瘤胃不坚硬,其内容物常呈粥状。

(3)创伤性网胃炎:行动小心,姿态异常(有时也不明显),触诊网胃有疼痛,用药物治疗也不易改善。

【治疗】

治疗期间应给温盐水饮之。

(1)西药治疗。

①轻症:可按摩瘤胃,每次 10～20 分钟,1～2 小时按摩 1 次。结合按摩灌服大量温水,则效果更好。也可内服酵母粉 250～500 克,每天 2 次。

②重症:可内服泻剂,如硫酸镁或硫酸钠 500～800 克,加松节油 30～40 毫升,常水 5～8 升,一次内服;或液体石蜡 1～2 升,一次内服;或盐类剂与油类剂并用。

对病牛还可用粗胃管反复洗胃,尽量多导出一些食物。当瘤胃内容物泻下后,可应用兴奋瘤胃蠕动的药物,如皮下注射新斯的明、氨甲酰胆碱(孕牛及心脏衰弱者忌用)、毒扁豆碱、毛果芸香碱等。当瘤胃内容物已泻下,食欲仍不见好转,可酌情应用健胃剂,如番木鳖酊 15～20 毫升,龙胆酊 50～80 毫升,加水 500 毫升,一次内服。

病牛饮食废绝、脱水明显时,应静脉补液,同时补碱,如 25% 葡萄糖液 500～1000 毫升,复方氯化钠液或 5% 糖盐水 3000～4000 毫升,5% 碳酸氢钠溶液 500～1000 毫升,一次静注,或者静脉注射 10% 氯化钠 300～500 毫升,有良好的作用。

(2)中药疗法。

①三仙散加减:山楂、麦芽、六曲、莱菔子、木香、槟榔、枳壳、陈皮各 30 克,大黄、朴硝各 60 克,煎汤去渣,加生萝卜汁 500 毫升,麻油 250 毫升,混合灌服。

②单方:老南瓜 3～5 千克,切碎煮烂灌服;苏打粉 250 克,加温水灌服,20 分钟后,再用芒硝 500 克,加水 5 升灌服。

【防治措施】

主要是预防牛贪食与暴食,合理利用与加工含粗纤维饲料。对病牛加强护理,停喂草料,待积去胀消、反刍恢复后,给少量易于消化的干青草,逐步增量;反刍正常后,方可恢复正常饲喂。

2. 瘤胃臌气

本病是由于气体在瘤胃内大量积聚,致使瘤胃容积极度增大,压力增高,胃壁扩张,严重影响心、肺功能而危及生命的一种急性病。临床上以左肷部隆起、膨胀为主的腹围明显增大,呼吸困难,反刍和嗳气障碍为特征。

按其发生原因可分原发性瘤胃臌气和继发性瘤胃臌气;按其性质有泡沫性臌气和非泡沫性臌气;按其经过则有急性和慢性之分。本病多发生于春末、夏初。

【病因】

原发性瘤胃臌气是由于吃了大量易发酵产气的青饲料,如带露水的幼嫩多汁青草或豆科牧草、酒糟和冰冻的多汁饲料或腐败变质的饲料等。

继发性瘤胃臌气,多见于前胃弛缓等前胃疾病和食道阻塞等疾病过程中。

【症状】

原发性瘤胃臌气多于采食中或采食后不久突然发病。病初表现不安、回顾腹部,背腰拱起,腹部迅速臌大,肷窝突出可高至髋结节或背中线,反刍和嗳气停止,病畜发出"吭吭"的呻吟声,严重时病牛呼吸困难,舌伸出,流涎和头颈伸展。眼结膜初期充血以后发绀,心搏动增强,脉搏增数。触诊瘤胃紧张有弹性,并有面团样感,叩诊呈鼓音,听诊瘤胃蠕动减弱。病牛体温无变化,精神沉郁,不断排尿,后期病牛运动失调,行动不稳或卧地不起,严重时因窒息而死亡。

继发性臌气时,发病缓慢,症状时好时坏。对症治疗后,症状有时缓解。但如果原发病不愈,臌气呈周期性反复发作,病程可达几周,消瘦,衰弱,便秘和下痢交替发生。

【诊断】

急性病例,根据发病史采食过量的多汁青草、露水草或大量易发酵饲料的病史及特征性的臌气症状,不难诊断。

【治疗】

(1)西药疗法:首先应排气减压。对一般轻型病例,可把病牛牵到斜坡上,使病牛取前高后低姿势站立,同时将涂有松馏油或大酱的小木棒横放在牛口中,用绳拴在角上固定,使其张口,不断咀嚼促使嗳气。

对重症病例,要立即插入胃导管排气,或用套管针(或16号针头)排气,方法是在左肷部突出部位剪毛,用5%碘酒消毒,用套管针或针头垂直刺入瘤胃内,入针深度以穿透胃,能放气体为限。放气时应使气徐徐排出,不能放气过急,放气后,可由导管向内注入来苏儿15~20毫升,或福尔马林10~15毫升,加水适量,以制止继续发酵产气。最后用一手紧压腹壁,另一手拔出针头,局部皮肤用5%碘酒消毒。

对原发性瘤胃臌胀,应用5%水合氯醛酒精液300~500毫升,一次静注。

对于泡沫性瘤胃臌胀,可用豆油、花生油或液状石蜡250~500毫升,一次内服;或用碳酸钠(面碱)60~90克(用水化开),植物油250毫升,一次内服。

为促进瘤胃内容物的排出或制止瘤胃内容物的发酵,应酌情选用缓泻制酵剂,如硫酸镁500~800克;或人工盐400~500克,福尔马林20~30毫升,加水5~6升,一次内服。

(2)中药疗法。

①急性臌气用枳实消痞丸加减:枳实、厚朴、莱菔子、青皮、木香、乌药、白术各30~60克,槟榔35克,山楂120克,大黄40克。煎汤去渣,候温,加入六曲(研末)100克,芒硝150克,麻油250毫升,调和灌服。

②慢性臌气用香砂六君子加减：党参、白术、茯苓、青皮、陈皮、木香、砂仁、莱菔子、甘草各30～45克,水煎灌服。

③泡沫性臌气用平胃散合枳实消痞丸加减：木香、苍术、厚朴、枳实、槟榔、陈皮、莱菔子各30克,大黄、二丑、山楂各60克,甘草20克,水煎去渣,加植物油250毫升,调和灌服。

【防治措施】

(1)加强饲养管理,不饲喂块根类饲料和豆饼、花生饼,青嫩苜蓿刈割后经日晒后方可喂牛,萝卜叶、马铃薯叶、白菜等其他易于发酵的饲料也要限制喂量。饲料要适当,定量多餐。

(2)不饲喂雨后的青草或经霜、露、冰冻过的牧草,腐烂的或含有霉菌的干草等。

(3)及早治疗,发病初期治疗效果更佳。

3. 前胃弛缓

前胃弛缓是由于前胃神经的兴奋性降低,收缩力减弱,致使饲料在前胃中消化、运转发生障碍,并腐败发酵,产生有毒物质,破坏瘤胃内的微生物引起的消化机能障碍为主,并伴有全身机能紊乱的一种疾病。

【病因】

(1)不良的饲养管理是原发性前胃弛缓的主要原因,长期的大量饲喂粗硬秸秆(如豆秸、山芋藤等),饮水少,草料骤变,饲养方法改变,采食精料过多等,导致消化系统机能下降,致使本病的发生。

(2)牛舍阴冷、潮湿、拥挤、污秽,缺乏运动和日照等管理不善；以及其他各种不良因素的刺激等均能引起前胃神经兴奋性的降低,前胃消化、运动机能的紊乱而发生本病。

(3)继发性前胃弛缓病因较复杂,可继发于某些传染病、寄生虫病、口腔疾病、其他肠道疾病、代谢疾病等。

【症状】

本病的临床特点是精神沉郁,鼻镜干燥,初期食欲和反刍减少,有时出现异嗜,常舔泥土和污染的垫草,嗳出的气体有臭味,瘤胃蠕动减弱或停止。病初排粪迟滞,粪便干硬色暗,呈黑色泥炭状,继而发生腹泻,排棕褐色粥样或水样稀便,粪便恶臭难闻。瘤胃触诊,胃内容物稀软或呈黏硬感,有时出现轻度瘤胃臌气。网胃及瓣胃蠕动减弱或消失。病畜的体温、脉搏、呼吸初期无明显变化,后期脉搏细弱。病程较久的病牛逐渐消瘦,被毛粗乱,眼球凹陷,卧地不起。

【诊断】

根据病史,食欲下降,反刍与嗳气缺乏以及前胃蠕动减弱,轻度臌气等临床特征,可做出初步诊断。但临床上应与酮血症、创伤性网胃炎、瓣胃阻塞等病相鉴别。并注意是原发性还是继发性前胃弛缓。

【治疗】

治疗原则是消除病因,促进瘤胃蠕动,制止瘤胃内容物腐败发酵,改善和调整瘤胃内环境。配合消导、健胃,防止脱水和酸中毒。

(1)病初停食1~2天,然后喂给少量优质多汁饲料。

(2)可用氨甲酰胆碱1~2毫克,或新斯的明10~20毫克皮下注射。也可用"促反刍液"(每500毫升溶液内含氯化钠25克,氯化钙5克,安那咖1克)500~1000毫升,一次静脉注射,每天2~3次,可促进瘤胃蠕动;或10%氯化钠溶液300~400毫升,一次静注,以兴奋副交感神经,促进前胃蠕动。

(3)病牛发生便秘且有臌胀现象时,为制止发酵排出异物,可内服硫酸镁300~500克,石蜡油500~1000毫升,番木鳖酊10~30毫升,鱼石脂10~20克,温水5升,一次内服。

(4)若因酸中毒出现心脏衰弱时,可用糖盐水2000~4000毫升、5%碳酸氢钠500~1000毫升、10%安钠咖30毫升一次静注。

【防治措施】

本病预防,注意改善饲养管理,合理调配饲料,不喂霉败、冰冻等质量不良的饲料,防止突然变换饲料。

4. 瓣胃阻塞

瓣胃阻塞是瓣胃收缩力减弱,其内容物不能排入皱胃,水分被吸收变干而发生阻塞的疾病。

【病因】

牛吃了坚硬的粗纤维饲料,特别是半干山芋藤、花生藤、豆秸等,以及长期饲喂麸糠和多量柔软而细碎的细料(酒糟、粉渣等)或带有泥土的饲草而积聚瓣胃时,使瓣胃收缩力降低,首先引起瓣胃停滞,随后由于水分丧失,内容物干固,导致瓣胃小叶压迫性坏死和胃肌麻痹,促使本病发生。

【症状】

病初呈现前胃弛缓症状。食欲减退,反刍缓慢,嗳气减少,鼻镜干燥,瘤胃蠕动音减弱,瘤胃内容物柔软。以后反刍、嗳气停止,鼻镜干裂,瘤胃蠕动停止,有时继发瘤胃臌气。瓣胃蠕动音减弱或消失,瓣胃触诊,病牛疼痛不安,抗拒触压。排粪迟滞,色暗成球,算盘珠样,重者排粪停止。

瓣胃穿刺,可感到瓣胃内容物硬固,瓣胃内液体一般不会从穿刺针孔流出。

【诊断】

根据瓣胃听诊蠕动音消失,深部触诊有疼痛或叩诊发现浊音区增大。同时对饲养管理的了解,两者结合起来可给予诊断。另外,可采取胃穿刺(右侧第9肋间肩关节水平线下,稍向前下方刺入9~12厘米)方法,此时可感内容物硬,无瓣胃液从穿刺针孔流出,用注射器也很难抽出,向瓣胃内注射生理盐水阻力很大,注射一定量后才能抽出少量饲料草渣,针头在瓣胃内很少能摆动或不动,极有诊断价值。

【治疗】

治疗原则,增强瓣胃蠕动,促进瓣胃内容物软化和排出,恢复前胃机能。

(1)轻症:可内服泻剂和促进前胃蠕动的药物。如硫酸镁 500~800 克,加水 6000~8000 毫升;或液体石蜡 1000~2000 毫升内服。也可用硫酸钠 300~500 克,番木鳖酊 10~20 毫升,大蒜酊 60 毫升,槟榔末 30 克,大黄末 40 克,水 6~10 升,一次内服。为促进前胃蠕动,可用 10%氯化钠 300~500 毫升,10%氯化钙 100~200 毫升,20%安钠咖液 10~20 毫升,一次静注。也可应用毛果芸香碱或新斯的明等药物。

(2)重症:可行瓣胃注射。瓣胃注射法:站立保定,术部剪毛消毒,用 15~20 厘米长的穿刺针,注射部位在右侧肩关节线第 8~10 肋间隙之间,以第 9 肋为好,与皮肤垂直并稍向前下方刺入 9~12 厘米。为确诊可先注入适量的生理盐水,用注射器反复抽吸,如抽出黄色混浊液或草屑时则证明注射部位正确。药物一般可用硫酸钠 300 克,甘油 500 毫升,水 1.5~2 升,一次注入;也可用硫酸镁 400 克,普鲁卡因 2 克,呋喃唑酮 3 克,甘油 200 毫升,水 3 升,一次注入。

【防治措施】

加强饲养,减少粗硬饲料,增加多汁和青饲料,防止长期单纯喂麸皮、谷糠类饲料,保证饮水,适当运动。

5. 胃肠炎

胃肠炎是胃与肠道黏膜及黏膜下深层组织的重剧炎症过程。胃和肠道的器质性损伤与功能紊乱,极易互相影响,因此,胃与肠道的炎症往往同时发生或相继发生。

【病因】

(1)原发性多为饲喂品质不良的饲料,如霉烂的饲料、霜冻的块根饲料、有毒饲料,以及长途运输,风吹雨淋等。

(2)继发的原因多为胃肠性疝痛、前胃弛缓、创伤性网胃炎等,以及发生于某些传染病和寄生虫病过程中,如巴氏杆菌、沙门菌病、钩端螺旋体病、牛副结核等传染病及某些寄生虫病。

【症状】

轻度胃肠炎仅表现为消化不良及粪便带黏液。重度的胃肠炎由于黏膜下组织损害,粪便中可发生特殊的变化。发生初期,精神沉郁,拒食但喜饮水,黏膜潮红,口干有臭味,不安,轻微腹痛,脉搏增数,呼吸加快,心音亢进,体温升高。剧烈腹泻是肠炎的主要症状,重症则表现为里急后重现象,排出的粪便有腥臭味,其中并混有黏液、血液或坏死的组织碎片。肛门松弛,有时排粪失禁。严重的腹泻可引起脱水及酸中毒。表现为眼球下陷,面部呆板,皮肤弹性丧失,腹部紧缩,尿少色黄,血液浓稠,四肢末端发凉,极度衰竭,卧地不起,呈昏睡状态。

【诊断】

诊断并不困难。舌苔增厚,消化扰乱,腹泻,腹痛,里急后重,粪便中含有各种病理产物,就可确诊。

【治疗】

首先消除病因,加强护理,绝食1~2日,以后喂给少量柔软且易消化的饲料。

在病初或排恶臭稀便时,排粪并不通畅,应清理胃肠。一般用硫酸钠、硫酸镁或人工盐300~400克,加鱼石脂15~20克,酒精80~100毫升,水4~5升,一次内服;或用液状石蜡500~1000毫升,松节油20~30毫升,一次内服。

当肠内容物已基本排空,粪的臭味不大但仍腹泻不止时,可以进行止泻。一般用木炭末100~200克,水1~2升,一次内服;或用鞣酸蛋白 20 克,次硝酸铋 10 克,碳酸氢钠 40 克,淀粉 1 千克,一次内服;或用 0.1% 高锰酸钾溶液 3~5 升,一次内服,每日 1~2 次。

消炎措施应贯穿于整个疗程。一般可用磺胺脒 15~25 克,每日 3 次,首次量加倍;或用小檗碱 4~8 克,每日 3 次灌服;或用呋喃唑酮 2~3 克,一次内服,每日 2~3 次。

如有脱水和酸中毒,可用 5% 葡萄糖生理盐水 3000~5000 毫升或复方氯化钠 2000 毫升,维生素 C 2 克,混合静注,接着再注射 3%~5% 碳酸氢钠 500~1500 毫升。

【防治措施】

加强饲养管理,喂给优质饲料,合理调制饲料,不要突然更换饲料。

6. 创伤性网胃炎

创伤性网胃炎是因采食了饲料中的金属异物进入网胃,造成网胃穿孔后,刺伤腹膜、肝、脾和胃肠所引起的慢性炎症。

【病因】

随饲料采食吞入尖锐异物,如铁丝头、铁钉(针)等,刺伤网胃引起网胃炎。

【症状】

异物未刺伤胃壁前,临床上不呈现任何症状,刺伤瓣壁后突然出现病状,食欲、反刍次数减少,瘤胃蠕动弱或消失。精神高度沉郁,病牛多站立不动,肘肌颤栗,万不得已卧下时十分小心并呻吟与磨牙。触诊网胃部位有明显疼痛感,病牛躲闪。在斜坡上行走时上坡快而下坡则小心翼翼。当异物穿破网胃 2~3 天后,体温上升可达 40℃,粪干,量少而黑,表面有黏液,有时发现潜血。

【诊断】

主要根据病史和临床病症,一般如果按消化不良治疗而没有明显疗效时,可初步诊断为本病。但由于典型示病症状明显的病例并不多见,故临床诊断困难。根据站立姿势、起卧姿势、运动异常等可做出辅助诊断,也可用金属探测器做出诊断。

【治疗】

以预防为主,药物上没有有效治疗办法。可将患牛站立保定,开口器打开口腔并固定好,用导管将吸铁器(已有专用定型产品)投入胃内,然后牵牛自由活动约15分钟,再缓缓取出吸铁器,经过3～4次的反复打捞,即可将游离在网胃内或与网胃壁结合不紧密的金属物全部取出。

【防治措施】

加强饲养管理,不要在牛舍周围放置金属异物,尤其是在改建牛舍和运动场时更需注意。

(五)外科病

1. 腐蹄病

腐蹄病是指蹄真皮和角质层组织发生化脓性病理过程的一种疾病。临床特征为蹄角质层发生溶解,真皮组织发生坏死,使蹄底部化脓、疼痛,使之跛行。

【病因】

本病全年均可发生,但易发季节为7、8、9月,即炎热、潮湿的夏季。造成腐蹄的原因很多,主要有以下几种。

(1)牛只体弱,日粮中钙、磷比例不当,或钙、磷供应缺乏或不足,造成蹄角质层疏松。因此,一般认为本病是一种钙、磷代谢障碍病。

(2)管理不善,如运动场泥泞潮湿,有小石子、铁屑、煤渣、粗而硬的草根、坚硬的冻土、冰等造成蹄部的损伤,引起发炎;牛舍潮湿,牛床太短,不及时清除粪、尿,造成牛蹄经常被粪、尿等浸泡,使蹄底软化,一旦有尖锐的物体,可引起蹄底损伤。

(3)不定期修蹄,使部分牛造成蹄变形,负重不均,使之易挫伤。一旦细菌侵入易发炎。

(4)由于冠关节、球关节或全身其他部位的炎症继发形成。感染的病原菌有坏死杆菌、化脓性棒状杆菌、金黄色葡萄球菌等,偶尔分离到结核杆菌、产黑色素类杆菌等。

【症状】

病牛喜卧,站立时患肢负重不实或四肢交替负重,跛行。蹄间和蹄冠皮肤充血、红肿,蹄间有恶臭分泌物,甚至有不良肉芽增生。蹄底角质呈黑色,用叩诊锤敲击或按压蹄部时有痛感。由于角质溶解,蹄部真皮过度增生,肉芽突出于蹄底。严重时,患畜体温升高,食欲减少,跛行,甚至卧地不起,消瘦。用刀切削扩大创口后,蹄底孔洞即有污黑的臭水流出,趾间也能看到溃疡面,上面覆盖着恶臭的坏死组织。重者蹄冠红肿,痛感明显。

【诊断】

用修蹄架固定法或人工徒手固定法仔细检查蹄部,则可确诊。在检查中必须要与蹄底穿刺创、趾间损伤、蹄叶炎、趾间增生性皮炎等相鉴别。实际上,通过病史调查,临床症状及蹄部的仔细检查容易加以区别。

【治疗】

(1)用20%的硫酸锌溶液,洗涤蹄部。

(2)用10%的硫酸铜溶液浴蹄2～5分钟,间隔1周再进行1次,疗效极佳。

(3)修整蹄形,挖去蹄底腐烂组织,用5%碘酊棉球填塞患部。

(4)先取青霉素20万单位,溶解于5毫升蒸馏水中,再加入50毫升鱼肝油,混合搅拌,制成乳剂,涂于腐烂创口,深部腐烂可用纱布蘸取药液填充,而后包扎,每天换药1次。

(5)五倍子、轻粉、松香、明矾各50克、花椒100克、白芷50

克,共研细末,调成粥状敷患部,用棕衣包扎。

(6)蛇蜕、笋壳烧灰,用烧开的桐油调敷。

(7)鸡蛋内膜焙干研细加五倍子调桐油涂敷,棕衣包扎。

(8)生姜80克、大蒜30克,石菖蒲、旱莲草各45克,艾叶、一点红各25克,鱼腥草100克,混合捣烂,外敷患部,并用纱布包牢,每日1~2次。

(9)病初,可用适量生姜、樟树叶、大蒜、石菖蒲、艾叶、鱼腥草混合捣烂外敷。

(10)患部已溃烂的,用福尔马林1份,兑水2份涂患部,然后撒上磺胺粉,再涂上1层鱼石脂膏,每天1次,连续3~5天。

(11)病牛卧地不起除按上述方法处理外,还可用四环素250万~300万单位、维生素C 20毫升,加入1000毫升10%葡萄糖盐水,进行一次静脉注射。

(12)先用高锰酸钾溶液洗涤伤口,清除坏死组织和脓汁,取出异物,然后用金樱子叶3份、犁头草1份,喷水捣烂敷于伤口上。如敷料干燥,再喷水使之湿润,5~7天即可取下敷料。

(13)敌敌畏、醋等量混合涂于削净的蹄上,持续5~7天可愈。

(14)威灵仙100克、食盐10克,加米酒适量,捣烂敷在与烂脚相反的牛角根周围,如右脚腐烂,敷在左边牛角上,每12小时把药拿下来,再加食盐5克、米酒适量,搅拌后敷于患处,连敷2~3次。

【防治措施】

(1)加强对牛舍及运动场的管理,保持牛舍内的干燥,及时清除牛舍内的粪便和积尿,定期对牛床消毒,经常清除运动场的积粪、小石块等异物及积水。

(2)加强饲料管理,保证每天供应平衡的全价饲料,尤其要重视钙、磷的补充及合理的比例关系。

2. 脓肿

脓肿是指组织或器官内由于化脓性炎症引起病变组织、坏死物、溶解物积聚在组织内,并形成完整的腔壁,成为充满脓汁的蓄脓腔。化脓性炎症过程中形成的脓汁积聚于任何解剖腔内(如胸腔、腹腔、关节腔、额窦腔等)时,称为蓄脓。

【病因】

引起脓肿的主要病原体有葡萄球菌、链球菌、化脓性棒状杆菌、绿脓杆菌,还有些特异性的细菌如结核杆菌、布氏杆菌及林氏放线菌等。

脓肿一般继发于各种急性化脓性感染,如皮肤损伤、疖、血肿、蜂窝织炎等。有些是从其他脏器的原发化脓灶经血液、淋巴液转移而来。另外,在皮下、肌肉注射或静脉注射漏至血管外的各种刺激性较强药品(如水合氯醛、氯化钙、酒石酸锑钾等)可引起组织坏死,形成无菌性脓肿。

【症状】

浅在性脓肿常发于皮下或肌间,初期只有急性炎症症状,局部增温、肿胀,疼痛明显,无色素处可见发红,以后逐渐局限化,形成界限明显的坚实感肿块,随着脓液的形成,中央软化,出现波动,最后皮肤破溃流出脓汁。

深在脓肿,由于脓肿位于深部,症状不明显,患部有轻微的炎性肿胀,指压留痕且有痛感表现,波动不显著,为了确诊,可行穿刺有否脓汁。

【诊断】

一般可按临床症状如红、肿、热、痛的肿胀,触诊有波动感,皮下和皮下结缔组织有水肿等加以初步诊断。无菌术穿刺腔内排出脓汁可确诊。

【治疗】

病初可用普鲁卡因青霉素病部周围封闭疗法,已出现脓肿可涂布鱼石脂软膏,雄黄软膏(雄黄、鱼石脂各40克,樟脑、冰片各20克,凡士林98克,调成软膏)以及温敷疗法。脓肿已经成熟,波动明显时,应立即切开排脓。再以0.1%高锰酸钾或浓盐水冲洗脓腔,撒入磺胺结晶或青霉素粉。也可撒入樟脑白糖粉,必要时可以浸有青霉素鱼肝油的纱布条进行脓腔内引流;当脓汁少而长出肉芽时,按肉芽创处理。

【防治措施】

静脉注射刺激性药物要小心,发生外伤感染及时彻底治疗。

3. 创伤

创伤是指机体的组织或器官受到某些锐利物体的刺激,使皮肤、黏膜及深部软组织发生破裂的机械性损伤。每一创伤均有创缘、创壁、创底及创腔组成。创缘是指受损的皮肤或黏膜及疏松结缔组织部分。创壁通常是由肌肉、肌膜及位于其间的疏松结缔组织等组成。创底是创伤最深的各种不同组织组成。创缘之间的孔隙,则称为创口或创孔。创壁间呈管状而长的间隙时,通常称为创道。

【病因】

临床上一般可分为以下几种。

(1)刺创:多由针、钉等较小的尖锐物刺孔引起。创口小,创腔深浅不一。

(2)切创:多由刀、玻璃等切、割引起。创缘呈直线状,创口裂开较大,创底浅。

(3)挫创:多由车压、钝性物体的冲击以及跌倒、踢、咬等引起。创形复杂,创缘组织常被外力损伤而坏死、裂开或内缩,周围皮下常溢血,易感染。

(4)裂创:指在挫伤发生时,因外力过强,造成附近组织发生破裂或断裂。创缘不整,创面大。

(5)粉碎创:机体的某部位如四肢等,受压力打击后造成软组织挫碎、骨折或内脏破裂与脱出。

(6)咬伤:常发生组织的缺损,创形为齿形。

(7)枪创:枪械等引起的创伤。按损伤的程度可分为贯通创、盲贯创、擦过创等。

【症状】

从创伤的性质来分,一般可分为新鲜创及化脓感染创两种。

(1)新鲜创:临床上主要表现为裂开、出血、疼痛及机能障碍。是由于创伤造成组织血管、神经末梢、神经丛或神经干的损伤。当创口不大时,能迅速自行凝固而止血。较重创伤,裂口大,组织挫伤重,出血多,疼痛也明显。当伤及到局部神经、血管、肌腱、韧带及关节时,即能出现功能障碍。特别严重时,易发生急性失血、休克等全身症状,需及时抢救。

(2)化脓感染创:临床常见类型。因为组织受力后损伤、坏死,加上血液循环受到破坏,使大量坏死组织及血液滞留在创腔内。同时,创面上的尘土、异物中的细菌乘机大量侵入而使之感染,也有因新鲜创治疗中失误而使细菌侵入引起。一般在新鲜创出现5~7天以后发生。

此时,创缘肿胀、充血、疼痛、局部增温。以后不断向外流出脓汁。同时,出现不同程度的全身症状如体温升高,食欲减退等。且排脓后,其症状很快减轻或消退。随着脓汁的不断排尽,创腔内炎症逐渐消退,被长出颗粒状的、蔷薇红色的肉芽组织所填满。最后,借助于结痂和上皮形成而使其肉芽创治愈。

【诊断】

治疗前,必须进行创伤的检查,了解创伤的性质、严重程度、判断愈合的规律,以便于选择出最佳的治疗方案。首先要判断新鲜创还是陈旧创,同时观察创伤的部位、大小、形状、性质、创口裂开的程度以及出血、污染的情况,然后,消毒后做创口内部检查,比如创缘、创面是否整齐、光滑,有无血液、异物及坏死组织等。同时要进行全身检查。

【治疗】

任何创伤必须要早治,及时止血、消毒、包扎及固定,以控制感染。

(1)新鲜创的治疗

①创伤止血:除压迫、钳夹、结扎等方法外,还可应用止血剂,如外用止血粉撒布创面,必要时可应用安络血、维生素 K_3 或氯化钙等全身性止血剂。

②清洁创围:用灭菌纱布将创口盖住,剪除周围被毛,用0.1%新洁尔灭溶液或生理盐水将创围洗净,然后用5%碘酒进行创围消毒。

③清理创腔:除去覆盖物,用镊子仔细除去创内异物,反复用生理盐水洗涤创内,然后用灭菌纱布轻轻地吸蘸创内残存的药物和污物,再于创面涂布碘酒。

④缝合与包扎:创面比较整齐,外科处理比较彻底时,可行密闭缝合;有感染危险时,行部分缝合;创口裂开过宽,可缝合两端;组织损伤严重或不便缝合时,可行开放疗法。四肢下部的创伤,一般应行包扎。若组织损伤或污染严重时,应及时注射破伤风类毒素、抗生素。

(2)化脓性感染创的治疗

①化脓创的治疗:清洁创围;用0.1%高锰酸钾液、3%过氧化氢或0.1%新洁尔灭液等冲洗创腔;扩大创口,开张创缘,除去深部异物,切除坏死组织,排出脓汁;最后用松碘油膏或10%磺胺乳剂等创面涂布或纱布条引流;有全身症状时可适当选用抗菌消炎类药,并注意强心解毒。

②肉芽创的治疗:清理创围;清洁创面,带生理盐水轻轻清洗;局部用药,应选用刺激性小、能促进肉芽组织和上皮生长的药物,如松碘油膏、3%甲紫等。肉芽组织赘生时,可用硫酸铜腐蚀。

【防治措施】

注意环境卫生,经常清除运动场的积粪、小石块等异物。

第六章　牛肉及其产品加工

牛肉是高蛋白质、低脂肪的优质肉类食品,因其营养丰富,风味独特,肉质结实,咀嚼性好,食之不腻而深受消费者喜爱。它不仅是菜肴中的珍品,也是肉制品的优良原料。

第一节　牛的屠宰

牛的屠宰目前有手工屠宰方法和现代化屠宰两种方法。牛宰杀前应进行健康检查,确诊为患病牛和注射炭疽疫苗未超过两周的牛均不能宰杀。

一、屠宰前的准备

1. 质量标准

(1)年龄:3岁以内为青年牛,4～6岁为成年牛,6岁以上为老龄牛。

(2)健康:屠宰牛必须健康无病,注意观察眼和口鼻,外表器官完好。

(3)体型:屠宰肉牛要求背腰平直或具有双脊背,臀部平且肥满,大腿肉丰厚,颈圆,肩背宽厚,胸部发达,两前肢开张,体躯结构匀称,四肢端正。

2. 宰前检疫

牛屠宰前要进行严格的卫生检验,一般要测量体温和视检皮肤、口鼻、蹄、肛门、阴道等部位,确定没有传染病方可屠宰。

3. 检验后的处理

宰前隔离圈内,经检验后的肉牛,可根据检验结果做如下处理。

(1)准宰:经检查认为健康,符合政策规定的生牛准予屠宰。

(2)禁宰

①凡患有恶性传染病的生牛,应采用不放血的方法捕杀后销毁。死于恶性传染病的牛尸,不得宰杀食用,应予销毁。

②被狂犬病或疑似狂犬病毒咬伤的生牛,在咬伤后未超过8天,且未发现狂犬病症状的准予屠宰,其胴体和内脏高温处理后出厂;超过8天者不准屠宰。

(3)急宰

①确认为无碍肉食卫生的普通病患牛,及一般性传染病牛而有死亡危险时,可随即急宰。

②凡疑似或确诊为口蹄疫的病牛应立即进行急宰,其同群牛也应全部屠宰。

③患布氏杆菌病、结核病、肠道传染病和其他传染病及普通病的病牛,均需在定点地屠宰。事后,场地和设备必须进行彻底消毒。

(4)缓宰:经检查确认为一般性传染病和其他疾病,且有治愈希望者,或有疑似传染病而未确诊的生牛应予缓宰。但必须考虑有无隔离条件和消毒设备,以及有无治愈希望,治疗成本是否合算。

宰前检验的结果及处理情况应做记录留档。发现新的传染病特别是恶性传染病时,兽医必须及时向当地和产地的兽医防疫机构报告疫情,以便及时采取防治措施。

4. 宰前管理

(1)禁食:牛在屠宰前应停止喂食24小时,绝食期间给足够的清洁饮水,但宰前2~4小时应停止喂水。

(2)淋浴:牛在屠宰前还要充分冲洗淋浴,以除去体表上的污物。淋浴和冲洗的水温应在20℃左右为宜。

二、屠宰的工艺

(一)致昏

致昏主要有锤击致昏和电麻致昏两种。

1. 锤击致昏法

是将牛绳牢牢系在铁栏上,用铁锤猛击牛前额(左角至右眼,右角至左眼的交叉点),将其击昏。此法必须准确有力,一锤成功,否则就有可能给操作者带来很大危险。

2. 电击致昏法

是用带电金属棒直接与牛体接触,将其击昏。此法操作方便,安全可靠,适宜于较大规模的机械化屠宰厂进行倒挂式屠宰。

(二)刺杀与放血

刺杀是整个屠宰操作中的重要环节之一。尽管放血程度可能受麻醉状态的影响,但刺杀操作是极其重要的。操作不正确,容易造成放血不良。屠体的放血程度是肉品质量的重要指标,放血完全的胴体,肉质鲜嫩,色泽鲜亮,含水量少,保存期长。放血不完全的胴体,色泽深暗,含水量高,有利于微生物的生长繁殖,容易发生腐败变质,故不耐久藏。

宰杀方法有倒挂宰杀和地滚式宰杀两种。

1. 倒挂式宰杀法

用钢绳系牢处于昏迷状态牛的右后脚,用提升机提起并转挂到轨道滑轮钩上、滑轮沿轨道前进,将牛运往放血池,进行戳刀放血。在距离胸骨前15~20厘米的颈部,以大约15°角斜刺20~30厘米深,切断颈部大血管,并将刀口扩大,立即将刀抽出,使血尽快流出。戳刀时力求稳妥、准确、迅速。

2. 地滚式宰杀法

先选好位置,4个配合,用绳把牛拌倒,顺势把牛头扭向牛背,捆牢四蹄,松开牛头,即行下刀。放血后,要待牛完全失去知觉才可剥皮。

(三)剥皮、剖腹

1. 倒挂式宰杀法的剥皮、剖腹

(1)割牛头、剥头皮:牛被宰杀放净血后,将牛头从颈椎第一关节前割下。有的地方先剥头皮,后割牛头。剥头皮时,从牛角根到牛嘴角为一直线,用刀挑开,把皮剥下。同时割下牛耳,取出牛舌,保留唇、鼻。

(2)剥前蹄、截前蹄:沿蹄甲下方中线把皮挑开,然后分左右把蹄皮剥离(不割掉蹄最后从蹄骨上关节处把牛蹄截下)。

(3)剥后蹄、截后蹄:在高轨操作台上的工人同时剥、截后蹄,剥蹄方法同前蹄,但应使蹄骨上部胫骨端的大筋露出,以便着钩吊挂。

(4)做脘口、剥臀皮:由两人操作,先从剥开的后蹄皮继续深入到臀部两侧及腋下附近,将皮剥离,然后用刀把脘口(直肠)周围的肌肉划开,使脘口缩入腔内。

(5)剥腹、胸、肩部:腹、胸、肩各部都由两人分左右操作。先从腹部中线把皮挑开,顺序把皮剥离。至此,已完成除腰背部以外的剥皮工作。若是公牛,还要将其生殖器(牛鞭)割下。

(6)剥皮:一般用横卧式方法,或人工与机械协同工作,或全用人工操作。剥皮时应力求仔细,避免损伤皮张和胴体。在整个操作过程中,防止污物、皮毛、脏手沾污胴体,有条件的应尽量采用机械剥皮。

(7)摘取内脏:摘取内脏包括剥离食道、气管、锯胸骨、开腔(剖腹)等工序。沿颈部中线用刀划开,将食管和气管剥离,用电锯由胸骨正中锯开。出腔时将腹部纵向剖开,取出肚(胃)、肠、脾、食管、膀胱、脘口等,再划开横膈肌,取出心脏、肝脏、胆囊、肺脏和气管。

(8)取肾脏、截牛尾:肾脏在牛腹腔内腰部,被脂肪包裹,划开脏器膜即可取下。截牛尾时,由于牛尾巴已在拉皮时一起拉下,只需在尾根部关节用刀截下即可。

摘取内脏时,要注意下刀轻巧,不能划破肠、肛、膀胱、胆囊,以免污染肉体。

(9)劈半、截牛:摘取内脏之后;要把整个牛体分成四体。先用沿后部盆骨正中开始分,把牛体从盆骨、腰椎、胸椎、颈椎正中分成左右两片。再分别从腰部第12~13肋骨之间横向截断,这样整个牛体被分成四大部分,即四分体。

2. 地滚式宰杀法的剥皮、剖腹

(1)剥皮:先将放血刀口扩大到两耳根附近,并把牛摆成仰卧姿式,先剥四蹄,再从胸、腹中线用刀把牛皮挑开,由左侧开始,剥至牛背,翻转牛体,再剥右侧。同时剥离食道、气管,最后开腔摘取内脏(直肠可暂时截下,留在体内,剔骨时取出)。

(2)摘取内脏:以耻骨为中线,分开骨盆两侧的肌肉,把髋、股关节(即股骨大转子)分解,并在牛体的后部以上留2根肋骨,划开肌肉,截断脊椎,分为前后两部分,将其分别吊挂在架杆上,进行剔骨(剔骨方法略)。

带骨的与不带骨(剔骨)不同之处是摘取内脏后,将牛体分成四分体。四分体或冷冻待运,或就地销售。从屠宰(宰杀)加工环节讲,不需剔骨。

(四)宰后检验

1. 宰后检验的目的和要求

生牛的宰后检验与宰前检验的不同之处就在于宰前检验只能检出那些症状明显的病牛和疑似病牛,而生牛的宰后检验对于那些缺乏明显症状,特别是处于发病初期或疾病潜伏期的病牛、一般无法检出的牛具有重要的意义。生牛宰后检验的目的在于发现各种不适于食用的或已丧失营养价值的胴体、脏器及组织,做出正确的判定和处理,以确保食肉的优良品质。

2. 宰后检验的组织、方法和技术要求

(1)受检组织器官的选择:对受检的脏器与组织必须加以选择,同时还必须了解病原微生物入侵动物体的主要途径、在体内转移和扩散的路径,以及哪些器官与脏器对病原微生物的损害反应较为敏感。

宰后检验胴体时,必须首先检查各天然孔道、皮肤、蹄和躯体的主要淋巴结。检验脏器时,首先应检验肠道(尤其是小肠和直肠)、肺、肝、子宫以及从这些脏器汇集淋巴液的局部淋巴结。有必要时,还须剖检心、肾、脾等实质脏器,以了解疾病发展的程度与性质。

(2)胴体与受检器官的编号：胴体和离体的头及内脏必须编上统一的号码。编号方法分贴纸号法、挂牌法和变色铅笔书写法。

(3)头部炭疽和口蹄疫检验点：检验局限性咽炭疽及淋巴结结核病变。通过放血孔顺长切开下颌区的皮肤和肌肉，剖检两侧颌下淋巴结。其主要目的是检查咽炭疽。先剖验两侧外咬肌(检查囊尾迹)，然后检查咽喉黏膜、会咽软骨和扁桃体，必要时剖检颌下淋巴结(查炭疽、结核等)。同时视检鼻盘、唇和齿龈，注意口蹄疫等病。

(4)皮肤检验点：检查皮肤的健康状况。

(5)"白下水"检验点：检验胃、肠、脾、胰及相应的淋巴结。设在开膛摘出腹腔脏器之后。

胃、肠、脾的检查，首先视检胃肠浆膜及肠系膜，并剖检肠系膜淋巴结(注意肠炭疽)，必要时将胃肠移至特定地点，剖检黏膜的变化。注意色泽是否正常，有无充血、出血、水肿、胶样浸润、臃肿、糜烂、溃疡等病变。此外，尚须检查食道，以发现肉孢子虫。

胃肠检验之后，应相继检查脾脏，注意其形态大小及色泽，触检其弹性及硬度，必要时剖检脾髓。

(6)"红下水"检验点：主要任务是检验心、肝、肺及相应的淋巴结。设在开膛摘出心、肝、肺之后。心、肝、肺的检查，从肺开始，先察其外表，然后触摸两侧肺叶，剖开其中每一硬结的部分，必要时剖开支气管。注意有无结核、实变、寄生虫及各种炎症变化。接着剖检心脏。首先仔细检查心包，然后剖开心包，观察心脏外形及心包腔、心外膜的状态，确定肌僵程度；并于左心室肌肉上做一纵斜切口(检查囊尾蚴)，露出心腔，观察心肌、心内膜、心瓣膜及血液凝固状态。

肝脏的检查，先察其外表，触检其弹性和硬度，注意大小、色泽、表面损伤及胆管状态。然后剖检肝淋巴结，并以浅刀横断胆管，压出内容物(检查肝吸虫)，必要时剖检肝实质和胆囊。

当检查牛肝时,发现横膈膜与肝连在一起时,要小心剥离横膈膜,触摸结合部肝的质地,因为这个部位时常发现脓肿。

(7)旋毛虫检验点:检验横膈膜肌有无旋毛虫。设在开膛之后,一般是将所采样送检验室检验。

(8)胴体检验点:检查胴体各重点部位、主要淋巴结、腰肌和肾脏,设在劈半之后进行。

(9)子宫、睾丸和乳房的检查:公牛和母牛须剖检睾丸和子宫,特别是有布氏杆菌病嫌疑时。乳房的检验可与胴体检验一道进行或单独进行,注意结核、放线菌肿和化脓性乳房炎。

(10)肾脏的检查:连在胴体上同胴体检验一起进行。首先剥离肾包膜,然后察其外表,触检其弹性和硬度(不许切开)。如果发现某些病理变化,或在其他脏器发现有某种传染病(如结核等)时,可剖开检查。

(11)终末检验点:也称其为"复检点"。针对上述各检验点发现问题,做进一步的详细检查。终末点还对胴体进行复检,以防出现漏检。

(五)牛屠宰检验后的处理

胴体和内脏器官经过卫生检验后,处理方式通常有以下几种。

(1)适于食用:品质良好,符合国家卫生标准,可不受任何限制新鲜出厂(场)。

(2)有条件的食用:凡患有一般传染病、轻症寄生虫病和病理损伤的胴体和脏器,根据病损性质和程度,经过各种无害处理后,使其传染性、毒性消失或寄生虫全部死亡者,可以有条件地食用。

(3)化制:凡患有严重传染病、寄生虫病、中毒和严重病理损伤的胴体和脏器,不能在无害处理后食用者,为了充分利用其经济价值,可炼制工业油或骨肉粉。

(4)销毁:凡患有炭疽、鼻疽、牛瘟等烈性传染病的尸体、胴体和脏器,对人体健康有严重危害,必须用焚烧、深埋、湿化(通过湿化机)等方法予以销毁。

(六)胴体的修整

修整是屠宰加工中不可缺少的工序。即使是机械化生产作业,胴体也不可避免地被污物沾染。修整就是清除胴体表面的各种污物,修割掉胴体上的病变组织、损伤组织及游离物组织,摘除有碍食肉卫生的组织器官,以及对胴体不平整的切面进行必要的修削整形,使胴体具有完好的商品形象。

修整分湿修和干修两种。湿修时,最好使用有一定压力的温热水冲刷,将附着在胴体表面的毛、血、粪等污物尽量冲洗干净。不得用不洁抹布随意擦拭胴体,以免扩大污染。

干修时,应将附于胴体表面的碎屑和余水除去,修整颈部和腹壁的游离缘,割除伤痕、脓疮、斑点、淤血部以及残留的膈肌、游离的脂肪,摘除甲状腺、肾上腺和病变淋巴结。修整好的胴体要达到无血、无粪、无毛、无污物,具有良好的商品外观。修割下来的肉屑或废弃物,应分别收集在容器内,严禁乱扔。

(七)内脏整理

牛内脏称牛杂碎,有的地方称"下货"或牛杂。除头、蹄外,还包括心脏、肝脏、肺脏、肚(胃)、肾脏、肠等。有人把头肉、心脏、肝脏、肾脏归为一类,叫硬货;肠、肚、肺脏、脾脏归为一类,叫软货。

1. 牛下水的规格和质量要求

牛头肉不带头部皮骨、血污、脓肿,去净耳根和颌下的腺体,修割掉靠近牙齿肌肉上的肉刺(俗称草芽),不带牛舌和眼睛。牛舌保持舌体完整,清除舌面残留污物,舌下不带松软组织。心、肝、肾、肺、脾等脏器,修割病变部位,不带血污。牛肚、三袋葫芦(皱骨)、百叶(瓣胃)、盘肠(肥肠)和牛腚口(直肠)等脏器要倒净残留的草渣、粪便及污物,取净肚面和盘肠上的脂肪。牛蹄剥皮,去掉蹄甲,不剔骨。牛脑带脑膜,脑体完整,不残不破。

2. 整理

(1)牛头:有两种整理方法,一种是鲜剔,一种是熟拆。

鲜剔是把宰后的牛头,剔去骨骼,取出头部的肌肉,其中包括里外嘴巴肉、耳根肉、脑后肉、舌下肌肉等。同时修割取下腮腺(俗称花胰子)和颌下腺体(俗称脑胰)。

熟拆是先把剥完皮的牛头颅骨(即脑盖骨,包括双角)砍开,取出牛脑,再顺面部中线劈成两半,并把上颌骨用斧头砸碎,便于拆取眼睛。刷洗后放锅里煮到五成熟,即可拆骨取肉。熟拆头肉,不带牛舌,可带牛眼及上颌的口腔肌肉(即上堂肌肉,也叫翘舌),同时把有关腺体割去。熟拆肉,由于肉已煮成半熟,因此,吃法上有一定的局限。

不同牛头肉,质地也不相同,一般外嘴巴肉最老,里嘴巴肉和耳根肉较嫩。外嘴巴肉熟煮收缩,形似花腱,切开后,有多种形状的花纹。

(2)牛舌:叫口条。个体较大,有的重达1.4千克,一般也在0.75千克以上。舌体表面被一层较厚的硬膜包裹,舌体前半部表面又有很密的硬刺倒立,中部刺短,舌尖刺长。舌面硬膜有青色和白色两种。牛舌肌肉细腻,舌尖肉质坚韧,后部肌肉含有少量的脂肪(肉眼看不见,吃时才有感觉)。

(3)牛尾:有9~12个骨节,根部肉多而肥,梢部肉少而瘦,根部两侧肉内外都附着脂肪层,肌肉丰满。一般母牛尾较大,公牛尾较小。整理牛尾时,要把根部底面的疏松组织修割干净。

(4)牛胃:共分4个部分,即瘤胃、网胃、瓣胃和皱胃。通常将瘤胃和网胃合称为肚,瘤胃大,占4个胃总容积的80%以上,网胃容积较小。牛肚肉质为白色,纤维粗而坚韧,并有明显的交错层次,外表面光滑,并附有脂肪,内壁生长着一层黏膜(俗称肚毛)。

(5)牛肚领:长在瘤胃两个较大的袋形部位,是维护袋口的一块很厚胃肌,形似衣领,故称肚领。牛宰杀后2小时内,将肚领取出,并用力向硬地面猛摔,使它急趋收缩,这样肉质会变得更密实。牛肚领质地细而纤维较长,类似鸡肉。在整理牛肚时,必须把肚毛刮净。方法是把牛肚在60~65℃的热水中浸烫,烫到能用手抹下肚毛时,即可取出,然后,铺在案板上,用钝刀将肚毛刮掉,再用清水洗净,最后把肚面的脂肪用刀割取或用手撕下。

(6)牛百叶:是牛的瓣胃,呈扁圆形,内壁由层层排列的大小叶瓣所组成。叶瓣上都生有均匀的肚毛。整理百叶时,将每个叶瓣用水冲洗干净,然后撕下表面的脂肪。牛百叶,肉质脆嫩,别具风味。

(7)牛三袋葫芦:即是牛的皱胃,它比其他3个胃都小,内壁有一层粉红色的黏膜,并有胃液分泌,是消化和吸收饲料的营养器官。三袋葫芦在靠近网胃进口一端较粗大,靠近十二指肠的一端较细小,由大、中、小3个袋状物所组成,故称"三袋葫芦"。整理时,要把三袋用力划开,刮去胃黏膜,冲洗干净,同时,还要去掉外表面的脂肪。牛三袋葫芦肉质肥美、松软,味道醇香。

(8)牛脘口:即牛的直肠,形状圆直,表面有很多脂肪包裹,内壁为粉红色的皱形黏膜。截取后,全段长20~25厘米,用刀割开,纵面宽5~8厘米,厚约1厘米。整理时要反复冲洗干净,去净表面脂肪。牛脘口肉质细腻,香味浓厚。

(9)牛脾和肺脏:牛脾脏在其腹腔左边,紧贴瘤胃,呈片状长条形。牛脾质地疏松,藏血较多,色呈青紫红色。牛肺脏位于胸腔,分左右两叶,膨大而轻。整理时要把气管剖开洗净,摘除和心脏连接处污染的杂物。

(10)牛肥肠:是除了肚、直肠和小肠以外的肠。肥肠在脂肪和很多黏膜的维护下,盘旋呈圆形,故又称"盘肠"。整理时,要先顺着盘旋的方向,用手把脂肪撕下,然后用较细的圆头刀把肠体顺序剖开洗净。如遇有脂肪稀薄的肥肠,可以直接剖开冲洗,不必摘取脂肪。

(11)心脏、肝脏、肾脏等脏器的整理:只需修割病变部位和清净血污即可。

(八)屠宰加工评定

以下项目评定肉牛产肉性能准确且实际,最为通用。

胴体重:宰前活重减去头、血、内脏、腕关节以下的肢蹄及皮的重量。

热胴体重:指胴体在屠宰之后马上称重所得的重量。

冷胴体重×102%=热胴体重。

屠宰率=(胴体重/活重)×100%。

净肉率=[(胴体一骨重)/活重]×100%。

充分肥育的良种肉牛屠宰率可达60%以上,净肉率可达45%~50%。上述指标受牛的品种、杂交改良程度,饲养方式及牛的年龄等因素影响而有所不同。

三、牛胴体的分割、包装

(一)嫩化

牛肉的嫩度是高档牛肉与优质牛肉的重要质量指标。影响肉类嫩度的因素主要有以下几方面:牛的品种、年龄、营养状况、性别、肌肉部位、屠宰后的生物化学变化、加工方法等,其根本原因在于肌肉的组织结构及屠宰后生物化学变化。通常生产的牛肉因牛的年龄较大,或因饲养不当,或胴体分割后未加保鲜,使肌肉收缩。

如不加处理直接销售,会感到质地老,不美观,不受消费者欢迎。因此,对屠宰胴体进行嫩化处理成为牛肉加工生产的关键技术环节。我国牛肉生产主要采用低温吊挂自动排酸法。

该方法是将胴体后腿朝上,挂在10℃以下的低温库中48~72小时进行自动排酸,自然完成宰后肉的僵直、解僵和成熟过程。这种方法是目前的主要方法,但也存在着占用冷库时间长、耗能大、易氧化、干耗高、易受嗜冷性细菌污染、费用高、效率低等缺点。

(二)分割

所谓肉的分割是根据胴体不同部位肉质的特点与消费者对肉质的爱好,把牛胴体划分为不同的部位,并标以不同价格出售,满足市场的需要。

目前,我国对牛肉的分级尚无统一标准,各个屠宰生产厂家是根据不同加工厂家的需要或是按肉的品质分级利用的原则进行分割的。一般说来,国内市场上销售的鲜肉,大多数地区是不分级的,牛肉一般是供应去皮去骨肉。国内外一些城市市场的牛肉是按部位分级销售的。由于各地烹调肉食品的方法多种多样,加之各地食用习惯不同,牛肉的分割方法也不一致。

我国试行的牛胴体分割法,将标准的牛胴体二分体分成臀腿肉、腹部肉、腰部肉、胸部肉、肋部肉、肩部肉和前后腿肉七个部分(图6-1)。在此基础上进一步分割成13块不同的零售肉块:里脊、外脊、眼肉、上脑、胸肉、嫩肩肉、臀肉、小米龙、大米龙、膝圆、腰肉、腱子肉、腹肉。

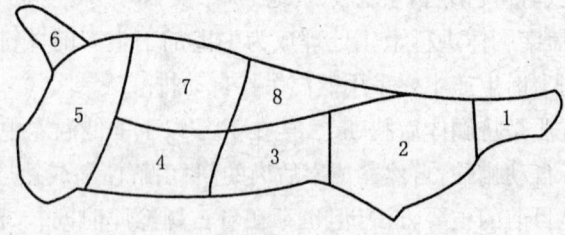

图 6-1 我国牛胴体分割图
①后腿肉 ②臀腿肉 ③后腰肉 ④肋部肉
⑤肩部肉 ⑥前腱肉 ⑦胸部肉 ⑧腹部肉

1. 里脊(牛柳)

里脊解剖学上称为腰大肌。分割时先剥去肾脏脂肪,然后沿耻骨前下方把里脊挑出,由里脊头向里脊尾逐个剥离腰椎横突,取下完整的里脊。

修整时,必须修净肌膜等疏松结缔组织和脂肪,保持里脊头完整无损。保持肉质新鲜,形态完整。牛柳肉质细嫩,适于烤牛排、烤肉片、熘、炒等。

2. 外脊(西冷)

外脊主要是背最长肌、眼肌。分割时先沿最后腰椎切片,再沿眼肌腹壁例(离眼肌 5～8 厘米)切下,在第 12～13 胸椎间切开,最后逐个剥离胸椎和腰椎。

修整时,必须去掉筋膜、腱膜和全部肌膜。保持肉质新鲜,形态完整。外脊适于烤牛排、烤肉片、熘、炒、火锅涮肉等。

3. 眼肉

眼肉主要包括背阔肌、肋最长肌、肋间肌等。其一端与外脊相连,另一端在第 5～6 胸椎间。分割时先剥离胸椎,抽出筋位,在眼肌腹测距离为 8～10 厘米处切下。

修整时，必须去掉筋膜、腱膜和全部肌膜。同时，保证正上面有一定量的脂肪覆盖。保持肉质新鲜，形态完整。眼肉适于肉干、肉脯、罐头制品及制馅。

4. 上脑

上脑主要包括背最长肌和斜方肌等。其一端与眼肉相连，另一端在最后脊椎处。分割时剥离胸椎，去除筋腱，在眼肌腹侧距离为6～8厘米处切下。

修整时，必须去掉筋膜、腱膜和全部肌膜。保持肉质新鲜，形态完整。上脑适于肉干、肉脯、罐头制品及腌、炒等。

5. 胸肉

胸肉主要包括胸升肌和胸横肌等。在剑状软骨处，随胸肉的自然走向剥离，修去部分脂肪即成一块完整的胸肉。

修整时，修掉脂肪、软骨、去掉骨渣。保持肉质新鲜。胸肉适于罐头、灌肠、酱肉制品。

6. 嫩肩肉

嫩肩肉主要是三角肌。分割时循眼肉横切面的前端继续向前分割，可得一圆锥形的肉块，便是嫩肩肉，适于制肉干、肉脯、罐头及馏、炒等。

7. 腱子肉

腱子肉分为前、后两部分，主要是前肢肉和后肢肉。前牛位从尺骨端下刀，剥离骨头，后牛位从胫骨上端下刀，剥离骨头取下。

修整时，必须去掉脂肪和暴露的筋腱，保持肉质新鲜，形态完整。腱子肉肌肉紧凑，筋位较多，适于加工酱肉。

8. 小米龙

小米龙主要是半腱肌，位于臀部。当牛后腱子取下后，小米龙肉块处于最明显的位置。分割时可按小米龙肉块的自然走向剥离。

修整时必须去掉脂肪和疏松结缔组织。保持肉质新鲜，形态完整。小米龙适于加工酱肉。

9. 大米龙

大米龙主要是臀股二头肌。与小米龙紧密相连，故剥离小米龙后大米龙就完全暴露，顺着该肉块自然走向剥离，便可得到一块完整的四方形肉块。

修整时必须去掉脂肪和疏松结缔组织。保持肉质新鲜，形态完整。大米龙适于加工酱肉。

10. 臀肉

臀肉主要包括半膜肌、内收肌、股薄肌等。分割时把大米龙、小米龙剥离后便可见到一块肉，沿其边缘分割即可得到臀肉。也可沿着被切开的盆骨外线，再沿本肉块边缘分割。

修整时，去净脂肪、肌膜和疏松结缔组织。保持肉质新鲜，形态完整。臀肉适于制肉干、肉脯、罐头、馅。

11. 膝圆

膝圆主要是臀股四头肌。当大米龙、小米龙、臀肉取下后，能见到一块圆形肉块，沿此肉块周边（自然走向）分割，很容易得到一块完整的膝圆肉。

修整时，修掉膝盖骨、去掉脂肪及外露的筋腱、筋头、保持肌膜完整无损。保持肉质新鲜，形态完整。膝圆适于制肉干、肉脯、罐头及腌、炒等。

12. 腰肉

腰肉主要包括臀中肌、臀深肌、股阔筋膜张肌。在臀肉、大米龙、小米龙、膝圆取出后，剩下的一块便是腰肉。

修整时,去净脂肪、骨渣,保持肉质新鲜,形态完整。腰肉肉质细嫩,结缔组织少,适于制肉干、肉脯、罐头、馅。

13. 腹肉

腹肉主要包括肋间内肌、肋间外肌等。亦即是肋排,分无骨肋排和有骨肋排。一般包括4～7根肋骨。

修整时,必须去掉外露脂肪,淋巴结,保持肉质新鲜,形态完整。腹肉筋膜较厚,可烧、煮、制馅。

(三)胴体评定

1. 胴体评定要点

胴体评定包括胴体质量等级评定和产量等级评定。质量等级评定可在牛胴体冷却排酸后进行,以12～13背肋处、背最长肌截面大理石花纹和牛生理成熟度为主要评定指标,以肉色和脂肪色为参考。牛胴体产量等级以分割肉重为指标,由胴体重和眼肌面积来确定。

分割肉重＝－5.9395＋0.4003×胴体重＋0.1871×眼肌机积

评定胴体时,首先结合屠宰测定,从胴体的外观状况,包括胴体的大小、形状、外观轮廓,胴体厚度与长度、脂肪覆盖度等方面观察。然后测定胴体产量,各类肉比例及肉重,高档肉每条牛柳在2千克以上,西冷在5千克以上,眼肉在6千克以上。掌握胴体的重要质量因素,在强度为600勒克斯的光线下(避免阳光直射)对胴体各指标进行评定,同时要重视肉的嫩度、风味等。

2. 胴体的重要质量因素

胴体的主要质量因素主要有以下几个方面。

(1)生理成熟度:以门齿变化和脊椎骨(主要是最后3根胸椎)横突末端软骨的骨质化程度为依据来判断生理成熟度。生理成熟度分为 A、B、C、D、E 五级（表 6-1）。

表 6-1　生理成熟度表

生理成熟度	A 24月龄以下	B 24~36月龄	C 36~48月龄	D 48~72月龄	E 72月龄以上
门齿变化	无或出现第一对永久门齿	出现第二对永久门齿	出现第三对永久门齿	出现第四对永久门齿	出现门齿磨损较重
荐椎	明显分开	开始愈合	愈合,但有轮廓	完全愈合	完全愈合
腰椎	未骨化	一点骨化	部分骨化	近完全骨化	完全骨化
胸椎	未骨化	未骨化	小部分骨化	大部分骨化	完全骨化

（2）大理石花纹：对照大理石花纹等级（大理石纹等级图片给出的是每级中花纹的最低标准），确定眼肌横切面处大理石花纹等级。大理石花纹等级共分为七个等级：1级、1.5等级、2级、2.5级、3级、3.5级和4级。大理石花纹极丰富为1级,丰富为2级,少量为3级,几乎没有为4级,介于两级之间为0.5级,如介于极丰富与丰富之间为1.5级。

（3）眼肌面积：眼肌面积大小及其脂肪分布状态和大理石纹状的程度是评定肉牛生产潜力和瘦肉率大小的重要技术指标之一。

（4）肉色：肉色作为质量等级评定的参考指标,肉色等级按颜色深浅分为9个等级：1A、1B、2、3、4、5、6、7、8,其中3、4两级最好。

（5）脂肪色：脂肪色也是质量等级评定的参考指标,脂肪色等级刀分为9级：1、2、3、4、5、6、7、8、9,其中脂肪色为1、2级两级最好。

3. 胴体综合评定

（1）牛胴体产肉量等级评定：胴体产肉量等级由里脊、外脊、眼肉、上脑、胸肉、嫩肩肉、臀肉、小米龙、大米龙、膝圆、腰肉、腱子肉、腹肉13块分割肉重确定,按13块肉重的大小将产量等级分为5级:1级≥131千克,2级121~130千克,3级111~120千克,4级101~110千克,5级≤100千克。

(2)牛胴体质量等级评定:胴体质量等级主要由大理石花纹和生理成熟度两个因素决定,分为特级、优一级、优二级和普通级。

特级:年龄小于30月龄,大理石花纹在2级以内;年龄30~42月龄,大理石花纹在1.5级以内;年龄42~48月龄,大理石花纹在1级。

优一级:年龄小于30月龄,大理石花纹在2~3级以内;年龄30~42月龄,大理石花纹在1.5~2.5级以内;年龄42~60月龄,大理石花纹在2级以内;年龄60~72月龄,大理石花纹在1.5级以内。

优二级:年龄小于42月龄,大理石花纹在3级以外者;年龄30~60月龄,大理石花纹在2~3级以内;年龄60~78月龄,大理石花纹在1.5~2.5级以内;年龄78月龄以上,大理石花纹在2级以内。

普通级:优二级以下者。

(四)包装规格

1. 二分体或四分体包装

包装材料(食品级)应该全新、清洁、无毒无害,采用不透水隔层双膜袋,包装上的印刷油墨、覆膜材料以及标签、封签中使用的黏着剂、印油、墨水等均须无毒。包装材料的生产及包装物的存放必须遵循不污染环境的原则,实现"绿色包装"。包装管理人员要对包装的进出库数量、类型和日期做好详细记录。包装废弃物要及时清理、分类、进行无害化处理,达到环保要求。

(1)内包装(袋包装):要求紧贴在肉的表面,避免出现空隙而在冷藏后期形成干斑。内包装应该牢固、整洁、美观。

(2)外包装(箱包装):标签和标志要完整、醒目、整齐、规范、清晰、持久。

2. 分割肉块包装规范

包装纸要求坚固、清洁、干燥、无毒、无异味、无破损,每箱净重25千克,超过或不足者只准整块调换,不得切割整块肉。不同部位肉且忌混箱包装。

(1)牛柳:将里脊头拢紧,用无毒塑料薄膜包卷,牛柳过长可将尾端回折少许包卷。

(2)外脊:将两端向中间轻微聚拢卷包,保持原肉形状。

(3)眼肉、上脑:用无毒塑料薄膜包卷,保持原肉形状。

(4)臀肉、膝圆、米龙、牛前柳:均用无毒塑料薄膜逐块顺着肌肉纤维卷包。

(5)牛腩:均将其肋骨迹线面向箱的底部,用无毒塑料薄膜与上层肉块隔开。

(6)牛胸:用无毒塑料薄膜间隔,摆放平整无空隙,底部与上部肉块的摆放方法均是带肋骨迹线的一面朝外。

(7)牛腱:用无毒塑料薄膜分层间隔,牛腱的腹面向箱底。

四、牛肉的保鲜与贮藏

牛肉富含蛋白质,且水分含量较高,在贮藏、运输和销售过程中微生物极易生长繁殖而使其腐败变质,这不仅导致经济上的损失和环境污染,更严重的是危及人们的健康和生命。为了保证牛肉的安全性、食用性和经济性,许多国家都在不断地研究牛肉的保鲜技术,但到目前为止,还没有单一的保鲜技术可以完美无缺的达到以上要求;因此,在实际应用中,应采用综合保鲜技术,也就是组合两种以上的保鲜技术,发挥其互补和相承的效果,以确保牛肉的品质与安全。

(一)低温贮藏保鲜

牛肉的腐败变质主要是由酶的催化和微生物的作用引起。这种作用的强弱与温度密切相关,只要降低牛肉的温度,就可使微生物和酶作用减弱,阻止或延缓牛肉腐败变质的速度,从而达到长期贮藏保鲜的目的。在肉类保鲜技术中,低温贮藏保鲜乃是最实用、最普及、最经济的技术措施。根据贮藏时的低温程度,又可将低温贮藏保鲜分为冷藏保鲜和冻藏保鲜。

1. 冷藏保鲜

牛肉的冷藏保鲜是先将牛肉冷却到中心温度0~4℃,再在-1~1℃的条件下贮藏保鲜。此法可储藏1~2周,用于短期内销售。

将屠宰后的牛胴体送入冷却间后,按"品"字形排列。冷却间的温度在牛肉进入前为-1~0.5℃,冷却中的标准温度为0℃,冷却中的最高温度为2~3℃。约经48小时冷却,使后腿部中心温度达到0~4℃。冷却过程除严格控制温度外,还应控制好湿度和空气流动速度。在冷却开始1/4时间内,维持相对湿度在95%~98%,在后期3/4时间内,维持相对湿度在90%~95%,临近结束时控制在90%左右。空气流速采用0.5米/秒,最大不超过2米/秒。

2. 牛肉的冷藏

牛肉的冷藏室温度为-1~1℃,温度波动不得超过0.5℃,进库的升温不得超过3℃。相对湿度为85%~90%,冷风流速为0.1~0.5米/秒。冷藏室的容量标准为牛肉400千克/平方米。在此条件下,牛肉可贮藏保鲜4~5周,小牛肉可贮藏保鲜1~3周。

(二)冻藏保鲜

牛肉的冻藏保鲜是先将牛肉在-20℃以下的低温进行深度冷冻,使肉中大部分汁液冻结成冰后,再在-18℃左右的温度下贮藏保鲜。此法一般可保存8~12个月。

1. 牛肉的冷冻

肉的冻结方法根据其冷却介质不同,可分为空气冻结法、间接冻结法和直接接触冻结法3种。空气冻结法是以空气作为冷却介质,其特色是经济方便,但速度较慢;间接冻结法是把牛肉放在制冷剂冷却的板、盘、带或其他冷壁上,使牛肉与冷壁接触而冻结的方法;直接接触冻结法是把牛肉与制冷剂直接接触而冻结,接触方法可采用喷淋法或浸渍法,常用的制冷剂是盐水、干冰和液氮。而牛肉的冻结常采用空气冻结法。

冻结速度直接影响肉的质量。肉的冻结速度,就是在单位时间内,肉表面伸展向内部冻结的厚度。通常用结冰面的移动速度表示,规定温度为-5℃的结冰面,在1小时内从表面向中心移动的距离为冻结速度,并将其分为3种。

①快速冻结:冻结速度≥5~20厘米/时。

②中速冻结:冻结速度=1~5厘米/时。

③缓慢冻结:冻结速度=0.1~1厘米/时。

冻结速度也可以用冻结花费时间的长短来表示,一般当肉中心温度从-1℃降到-5℃,花费时间少于30分钟,称为快速冻结;多于30分钟称为缓慢冻结。而在生产中,常把肉从0~4℃降至-15℃,需时间48~72小时称为慢冻,仅需24小时为速冻。

我国牛肉冻结一般采用两阶段冷冻法,即牛屠宰后,牛胴体先进行冷却,然后将冷却的牛肉再进行冻结。一般冻结间的温度为-20℃或更低,相对湿度为95%~100%,风速为0.2~0.3米/

秒,经 20~24 小时使牛肉深层温度降至 $-18℃$,即完成冻结。

2. 牛肉的冻藏

牛肉冻结以后,即转入冷库进行长期贮存保鲜。目前我国冻结的牛肉有两种,一种为牛胴体(四分体),另一种是分割冷冻牛肉。两种牛肉比较经济合理的冻藏温度为 $-18℃$,一般要求温度波动不超过 $1℃$。相对湿度维持 $95\%\sim98\%$。冷藏室空气流动速度控制在 0.25 米/秒以下。冻牛肉的贮藏温度与贮藏时间相关: $-18℃$ 可贮藏 12 个月,$-25℃$ 可贮藏 18 个月,$-30℃$ 可贮藏 24 个月。

牛肉在冻藏过程中,随着贮藏时间的延长,其重量和质量都要发生变化。冻结肉由于长期贮藏,在肉的表面微小冰晶的升华,使肉的重量减少,造成干耗损失。同时在肉表面形成一层脱水的海绵层,随贮藏的时间延长,脱水层逐渐加深,空气随即充满这些冰晶所让出的空间,会发生强烈的氧化作用,使脂肪氧化酸败,肉色变暗,降低牛肉的感官品质和营养价值。牛肉在冻藏中的干耗、脂肪氧化和肉色变化的程度,都与冻藏温度、贮藏时间有关,冻藏温度越低,贮藏时间越短,牛肉干耗、脂肪氧化和肉色变化的程度越轻。将冻牛肉包装后再冻藏,可明显减轻干耗、脂肪氧化和肉色变化的程度。

五、成品牛肉的运输

运送成品牛肉的车辆应使用封闭货车或集装箱(有空调),不得让牛肉直接暴露在空气中进行运输。车辆事先要用消毒液彻底消毒,保持清洁卫生,无异味,在运输搬运过程中应轻拿轻放,防暴晒、防雨淋、防污染。

第二节　牛生皮的初步加工

牛皮是生产皮革制品的上等原料,在远离制革厂的宰牛场,需要对刚剥下的新鲜牛皮及时处理,否则牛皮腐败后会严重影响其品质。

牛屠宰后剥下的生皮,大部分不能直接送制革厂进行加工,需要保存一段时间。为避免生皮腐败,便于储藏和运输,必须进行生皮的初加工。生皮初加工包括生皮的清理和生皮的防腐两方面。

一、生皮的清理

生产中生皮上常有污泥、粪便、残肉、脂肪和耳、蹄、骨、嘴唇等,这些杂物的存在,易引起皮张的腐败,所以要进行生皮的清理。清理的方法一般是先割去蹄、耳、唇等,再用削刀或铲皮刀除去皮上残肉和脂肪,然后用清水洗净黏在皮上的脏物及血液等。

二、生皮的防腐

剥下的生皮在冷却之后,应立即进行防腐处理。防腐的原理是通过一定的方法,在生皮内外造成一种不适宜细菌和酶作用的环境,以阻止细菌和酶对生皮的作用。目前国内常用的防腐方法有 4 种。

1. 淡干板

将鲜血牛皮割去嘴唇,削净肉屑、油脂,除掉耳根、尾骨、角、蹄、杂质等,选择平坦的地方,把皮板向上毛面向下,全皮伸展平齐,进行晾晒,待晾到六成干左右时,再把皮翻过来晒毛面,全皮晒到八成干时,扫净皮上的尘土杂质,可开始折叠。要求叠成"大合板",即毛面向里,沿中脊线对折,边缘及头、腿等突出部位折到里面,使毛面不致受磨损。在晾皮时应防止烈日暴晒,尤其要防止炎热的中午阳光直射;以免烫伤或晒熟皮。对初步折叠后的皮,需在次日再摊开进行晾晒,待全部干燥为止,再按原样折叠好,以便储存,并作为制革的原料皮。牛皮以淡干板为标准,分为三个等级,即9千克以上为重量级(大张皮),6~9千克以上为中量级(中张皮),5~6千克以上为轻量级(小张皮)。

2. 盐干板

将鲜牛皮按淡干板工艺处理后面向下,板面向上平铺在水泥地、石板地或腌皮的水池内,然后把皮张的头部及糙皮内肷部位拉开展平,在皮层上撒布一层均匀的盐(工业用盐),按每100千克鲜皮用盐25~30千克计算,再用擦匀擦透。如皮张数量多,应逐张撒盐擦盐,遂张堆叠,一般堆到65厘米高度为限,最上面一层要多撒些盐。为了防止出现花盐板,一般腌5~6天后要翻堆1次,即把上层的皮张翻到底层,并再逐张撒些盐,再过5~6天待全皮腌透后,拿出晾晒,晾晒方法同淡平板,晾晒后折叠,要求叠成"叠被形",即皮晾晒至八成干时,毛面向里,先将两脊叠起,再把肩部叠起,最后从中脊线对折合起。盐干板能提高皮张质量,鲜皮最好采用盐腌法干燥。但必须腌透,使皮内血水自然排净,切不可为省盐或提前晾晒使皮成半盐板,这不但影响皮质,也会生虫蛀蚀。

3. 冷冻法

指用低温抑制酶和微生物活动而达到防腐目的的方法。先将生皮皮板朝上平铺于冷冻场上,待冷冻后堆垛,并用苫布密封,谓自然冷冻法。它适用于我国北方冬季严寒地区,成本低,但要注意当地气候特点,最好选在背阴处。其他地区或北方其他季节可采用人工冷冻,如选用冷库,要注意控制温、湿度。采用冷冻法防腐要注意,冷冻和解冻两个环节都要快速进行,以免形成冻糠板。

(三)牛皮的贮藏

牛皮内含有大量蛋白质,经过初步整理加工后仍含有一定量的水分。为了使牛皮品质不受损失,要特别注意贮藏保管。库内保持阴凉、干燥、清洁卫生,库内温度最高不得超过 30℃,相对湿度不超过 60%~70%。皮张入库前必须逐张检查,潮湿或边缘不干的皮,要剔出晾干后方能入库。

牛皮入库必须散放或堆放,堆放时每堆不应超过 50 张,地面垫上枕木或铺垫 30 厘米以上厚的谷糠,将牛皮逐张摆平码垛,如果不是立即运出,不准打捆贮藏,以免生虫、发霉变质。盐平板在梅雨季节和阴雨天容易回潮,最好存放在严密的库内,尽量减少潮气进入,如回潮要及时晾晒,以免品质受损。

做好防虫灭虫工作。春季气候转暖,极易生皮虫,这时应在库内四周墙根、垛底、窗台,出入口以及皮垛内施放防虫药粉。

除上述一些基本要求以外,对皮质较差的牛皮可采取药物贮藏法,即喷浸或洒上少量的防腐剂,如含氯氧化剂,浓度为 0.5~2 克/毫升,或选用硼酸、亚硫酸盐等。

第三节 牛血的加工

刚从牛体流出的血液为红色不透明微碱性的液体,稍带黏性,有咸味和特殊臭味。牛的血量是比较恒定的,一般约占体重的 8%。在正常生理条件下,只有一部分血液在血管内循环,另一部分贮藏脾脏、肝脏和皮肤内。

一、牛血的采集

目前我国牛的放血方法主要有3种：一种是先电击晕后再放血，大型屠宰场多用此法，即将已击晕的牛沿颈横割，切断全部颈部血管而放血。第二种是将牛倒放在地板上，在颈静脉沟处做一切口，切断一侧的颈静脉和颈动脉，屠刀通过胸腔前口向里插入，在两颈动脉的接合处切断前主动脉而放血。第三种是仅割断颈部的血管，即两侧的颈静脉和颈动脉放血。小型企业或简陋屠宰场，如将牛倒置在地板上屠宰，很难采集到清洁的血液。为了解决这个问题，可用直径为50厘米，深为10~12厘米的盆来采集血液。而无论制造何种血产品，采集的血液必须避免污染。

二、牛血的防凝

刚从牛体放出的血液为红色不透明液体，如果不采取任何措施，很快就会变暗，并随之形成凝块。某些产品的制取原料必须是液态血，也就是加入抗凝剂的血液。

1. 直接搅拌法

用人工方法脱出血液中纤维蛋白的方法，适合于中小型加工厂或屠宰场应用。方法是将牛体刚放出的血盛入容器内，用木棒不停地用力在血液中搅拌，纤维蛋白就被破坏，一部分附着在木棒或毛刷上，另一部分漂浮在血液表面上，这样就可以将纤维蛋白与液态血分离。当把脱纤维蛋白的血液灌入另一容器时，经过过滤，纤维蛋白即可沥出。被脱去纤维蛋白的血液，保持其液态特性，在进入下一步加工时颇为方便。

2. 加入抗凝剂法。

(1)柠檬酸钠:每升血液加入柠檬酸钠3克,以少量水稀释或较大量生理盐水稀释后加入血中。柠檬酸钠能将血液中的钙转化为非离子态,从而起到抗凝作用。

(2)乙二胺四乙酸(EDTA):乙二胺四乙酸的二钠盐作为抗凝剂,是以每升血液加入2克的比例,先稀释于少量水中或大量生理盐水中,然后再加入血中。乙二胺四乙酸的抗凝作用,是通过络合血液凝固所需的钙离子起作用。绝大多数国家允许在食品工业和医药工业中使用乙二胺四乙酸。

(3)肝素:肝素是最理想的抗凝剂之一,商业上最常见到的是肝素的钠盐、钙盐和钾盐。应用时,每升血液加入200毫升肝素。肝素有抑制凝血致活酶和凝血酶的作用。因此,能阻止血液的凝结。肝素抗凝液态血是食品加工和医药制造的原料。

三、牛血的保藏

血液富含营养,是细菌繁殖最好的培养基。血液在空气中暴露的时间较长后,细菌的数量便很快增殖起来。当血液腐败以后,就会产生一种难闻的恶臭味,这是由于血红蛋白被细菌分解缘故。所谓牛血的保藏,也就是要设法防止细菌的繁殖和血红蛋白本身的分解。

血液保藏可以采用化学剂保藏、冷藏或干燥保藏等方法。采用化学药剂保藏血液,可以抑制细菌的繁殖,但许多化学药品对人体有害,所以采用药品来保藏食用血,受到了很大限制。

(1)食用牛血的保藏:在脱纤维蛋白的血液中加入10%的细粒食盐,搅拌均匀,置于5~6℃的冷藏室内,可以保藏15天左右。

(2)工业用牛血的保藏:工业用牛血的保藏,一般采用干燥保藏法和化学保藏法,前者是将牛血干燥成血粉保藏。在没有干燥设备的加工厂,还可采用冷藏法来保藏血液。

我国东北和华北地区冬季气温很低,可以采用冷冻法保藏血液。血液的冰点为 0.56℃,当血液冻结时,细菌也停止活动。冷冻过的血液再溶化后制成血粉,其化学成分和蛋白质都保持不变。冷冻血液时,将血液注入容器内密封,但不宜盛血过满,应留有一定空间。因为血液冻结后体积膨胀,如果装满了,容器容易涨裂。

化学药剂保藏血液的方法是在 1000 千克脱纤维蛋白的血液中,加入结晶石灰酸或结晶酚 2.5 千克,用 20 千克水溶解后,慢慢注入血液中,同时搅拌 5~15 分钟,然后放入铁桶或木桶内,加盖密封,在 1~2℃ 的冷库内可保藏 6 个月左右。

四、饲用血粉的加工

饲用血粉是用凝固牛血经干燥、粉碎而制成的产品。是牛血最简单利用的产品,也可以视为牛血的一种保藏方法。

牛血粉含粗蛋白质 80% 以上,含干物质 82%~85%,含水分 5%~8%,并含有多种维生素和微量元素,是配合饲料中很好的动物性蛋白质和必需氨基酸的来源。配合饲料中加入适量血粉,可以获得满意的生产结果。用血粉喂鸡,其赖氨酸的利用率高于鱼粉、大豆饼和脱脂奶粉。饲养实践中使用的血粉产品,有血粉和骨肉血粉,多用于鸡、猪的动物性蛋白质补充料,喂饲量一般为配合饲料的 5%,雏鸡则为 3%。

1. 血液的采集与处理

饲用血粉是用于饲喂家畜、家禽的产品,所以必须保证血液在采集过程中不被污染,尤其要防止冲刷地板的污水及其他外来物质的污染,因其中很可能含有洗涤剂、杀菌剂、杀虫剂残余以及寄生虫虫卵、细菌孢子等。当血液干燥,这些残余物质将会呈现高浓度。采集到的血液最好当天进行加工,以防腐败。如果不能及时加工,可以全血中添加0.5%～1.5%的生石灰,并不断搅拌,直至血液凝固。凝固后的血液呈胶体韧性,不粘附容器,可以保存较长时间,但要防止苍蝇接触。

2. 凝血的蒸煮

将凝固牛血用刀划成10厘米大小的立方块,放入锅中蒸煮,使其继续凝固。蒸煮时,先在容器(或锅)内放入适量清水,加热至沸腾,再将凝血块倒入容器中,水即停沸,此时要注意不可使水再沸,否则凝血块即行散开,呈泡沫状,营养成分损失很大。在不沸的水中约煮20分钟左右,凝血块内部颜色变深,而且内部和外部都已凝结,即可取出将水沥干。煮过的血块可放入麻布袋或其他针织袋中,压迫脱水,然后再挂起来冷冻脱水;也可以放在压榨机上压出水分,经过上述任何一种方法脱水后,血块的水分含量降低到50%以下。

3. 凝血的干燥

凝血干燥简便易行的方法是日光照射。将蒸煮过的凝血块弄碎,均匀撒在苇席、竹匾,或铺于地面上的暗色塑料薄膜上,一直晒到暗褐色而充分干燥为止。在气温28℃以上时,约经2～3天可完成干燥过程。在相对湿度高于50%的地区,白天摊开暴晒,晚上推成堆,用塑料薄膜覆盖,以避免吸潮而损失。如果生产规模较大,有条件,蒸煮血块也可以在高压热气循环炉中以60℃干燥。

4. 干血的粉碎

干燥后的凝血呈易碎的小块,可用石磨磨碎,或用粉碎机粉碎成细粒,即成饲用血粉。

5. 血粉的贮藏

血粉可用塑料袋、厚纸袋、麻袋或其他适合的容器包装。未添加石灰的血粉仅能保存 4 周,而添加石灰后的血粉保存期可延长到 1 年以上。目前有许多血粉进口国,强制要求血粉在包装前放入干燥器内以 100℃,持续 30 分钟消毒,待完全冷却后,装入密闭容器或塑料袋中;或用环氧乙烷熏蒸消毒,消毒后的产品须保存在密闭的容器中。

第四节 牛脂的加工

牛脂又称为牛油,是肉类加工厂中的主要副产品之一。生脂是用于加工牛脂制品的原料。由于生脂在牛体上采集的部位不同,生脂可分成如下几种:产量较多的肠油,这是加工肠衣时取下的碎牛油;背部的脂肪组织板油;胴体的脂肪层膘油;其他含有少量脂肪可供炼油的横膈油、皮油、肉油等。

一、生脂的品质鉴别

生脂的品质好坏,直接影响成品的质量,生脂应以新鲜为原则,所以应在牛屠宰后立即采集其脂肪进行加工,方能提炼出上等品质的油脂。

新鲜牛脂的色泽,随着牛的年龄不同而呈白色、淡黄色、黄色,或深黄色。优良的牛脂应含水量较低,不高于 0.5%,在 15~20℃ 的温度下,呈坚硬状态,可压成碎块。

二、生脂的保藏

从牛体上采集的生脂,最好在 4 小时内进行加工,因为当牛的生命停止后,脂肪组织的解脂酶活动积极,从而造成游离脂肪酸增加,同时又与氧接触后发生氧化、酸败。若由于原料不足或过剩等原因,而确实需要保藏时,则以冷藏为最适宜,若缺乏冷藏设备,可采用盐藏。

1. 冷藏

在 0~1℃的冷库内,生脂可保藏 10 天。冷藏前,先除去生脂中的各种非脂肪组织,尤其要注意将血污、残存肌肉等蛋白质清除干净。将清除非脂肪后得到的生脂直接放在冷库内的木架上,放时生脂的厚度以不超过 5 厘米为原则,如需做较长时间的保藏,冷库的温度应控制在 -10~-15℃,相对湿度保持在 85% 左右,这样可保藏 3~4 个月。

2. 盐藏

盐藏时,先用食盐撒布于脂肪原料的表面,然后装入桶内,桶底先撒一层食盐,再放 5 厘米厚的生脂,再在上面撒一层食盐,如此层层相叠,至最上层时再撒上 1 厘米厚的食盐。用这种方法保藏生脂,其耗盐量为脂肪原料的 8%~10%。

三、牛脂的提炼

1. 工艺流程

原料处理→熔油→水化→碱炼→脱色→压滤→脱臭→精致牛脂→包装→成品。

2. 加工工艺

(1)原料处理:油脂原料中除含有脂肪成分之外,还含有多种杂质,为了取得优质的牛脂产品,在熔炼之前必须对牛脂的原料进行必要的处理。

首先检查原料的新鲜度和洁净程度,如生脂中有血块、淋巴、肌肉等非脂肪组织残存,则应彻底除去,然后检查其新鲜度,凡呈现灰色、绿色、臭味、异味、带有黏性等变质现象的原料应另行处理,不能与好原料混合。

经整理后的大块脂肪原料,用手工或切肉机切成约5厘米见方的小块,然后将小块脂肪放入底部有流水孔的桶内,用流水冲洗30分钟,以洗去脂肪表面的血污、黏液等杂质和异味,洗涤后再使原料冷却到10~15℃,以增加其硬度和便于绞碎。经冷却的脂肪小块,先沥去水分,沥水约需30分钟,再用绞肉机绞碎。在相同的熬炼条件下,生脂绞碎得越细,成品率则越高。

(2)熔油:牛脂的提取方法主要是熔炼法,根据在熔炼过程中是否加水,有干煎熔炼法和水煮法之分。凡熔炼时加水的称为水煮法,不加水的称为干煎法。两者各有优缺点,水煮法的优点是受热比较均匀,不用搅拌,温度不超过100℃,所以不会因焦化而使品质下降,其缺点是由于在熔炼过程中有水的加入,而且与油脂的接触面积较大,故有水解作用发生,同时由于胶原蛋白水解溶解后成明胶,引起脂肪乳化,形成乳油液,造成澄清和离心的困难,同时所需的设备投资费用较大。干煎法的优点和缺点则刚好相反,就成品质量而言,干煎法不如水煮法,但投资小,技术条件不复杂,很适合专业户或小加工厂采用。

熔炼法是用特制的或普通锅炉在火上直接加热,所以温度一般不超过120℃,熔炼的时间视原料的不同而定。为了避免油温过高而引起油渣烧焦等缺点,在锅内放一不锈钢的隔离板,板上有直径小于2厘米的孔,水位保持在隔离板以上,高约10～15厘米。在熔炼过程中加用脂重0.1%～0.2%的氢氧化钠,以除去油脂中的酸性物质。加料后先使水温升到60℃,维持30分钟,使脂肪析出,然后再加热至85℃,并维持1小时,使胶原熔化,然后用压榨机使油渣分离。

(3)澄清:油脂经熔炼后,仍然含有一定量的水分,微小的油渣和其他的夹杂物。因此,由熔炼法所得的油脂,须除去其中的水分及夹杂物,清除的方法通常采用自然沉淀法。

自然沉淀法是最简单的方法,它是根据油脂和水、杂质的比重不同使油脂纯化。悬浮于油脂中的微粒沉降的速度,随着油质的黏度的降低和微粒与油脂比重差的增加而增大。油脂的黏度取决于温度,温度升高则黏度降低,故可以利用升高油脂的温度来加速澄清过程。为了加速澄清的速度,加入油脂重量1%～2%的食盐,以增加水滴的比重和破坏悬浮的乳浊状态。自然沉淀法有一定缺点,需要的时间较长,占用的面积大,损失于杂质中油脂较多,但方法简单易行,无论任何方法熔炼的油脂都可以采用这种方法进行精制。

(4)装桶:经过澄清的油脂装桶,装桶前先清洗油桶,然后用布拭干,否则将影响油脂贮藏的时间。牛脂不宜装灌过满,灌装后须密闭封口,防止水和杂质落入油脂内。

第五节　脏器的加工

利用牛脏器的历史悠久,很早以前我国人民就利用牛黄、胆汁等作为医疗药品。到了20世纪30年代,由于生物化学等科学的发展,人们以脏器为原料,利用沉淀、浓缩、吸附、盐析、透析和结晶等方法制成各种药品。这些药品具有针对性强、副作用小、人体容易消化吸收等特点,目前已经成为三大类药品(化学药品、中草药、生化药品)中重要的一类,在医药方面起了重要的作用。另外,还可以从牛腺体中提取活性肽、胰酶及其抑制剂,以及加工成各种美味佳肴。

1. 脏器的整理

牛经屠宰后其脏器应仔细整理及保藏以免影响其利用价值。这主要是由于脏器在生牛屠宰加工过程中极易受到破坏。因此,要求屠宰后迅速地加以利用,然后按照不同级别放入经过消毒的不锈钢或瓷盘中,立即放入冻结间进行冻结。如不能及时放入冻结间进行冻结,则应暂时放入低温冷藏库中保存。

(1)肝脏取出后水洗,小心剥离胆囊,可以直接食用或者做香肠原料。胆囊的开口以绳结扎,置于阴凉处干燥,可以做医药原料。肝脏及心脏因附有血液和其他污染物,必须充分洗净。

(2)胰脏虽无食用价值,但可以提取胰岛素。

(3)胃自幽门处与肠切断,并切开约6厘米,反转除去内容物,充分水洗。

(4)肠以手指剥离肠间膜,除去内容物,反转清洗。或者将黏膜样物质除去,而得到坚韧和富有弹性的薄膜,可以用于加工香肠的肠衣。

(5)在分离内分泌腺体时,要除去附着的脂肪,注意不要使器官受到损伤。

(6)睾丸或卵巢可以作为制作激素的原料。

(7)膀胱可用于加工香肠的肠衣或者制冰囊。

2. 脏器保藏

正确的保藏脏器与分泌腺,是制作各种脏器制剂的重要环节。要保证脏器有效成分不受破坏,必须进行有效的防腐措施方可保存。

(1)冰冻法:体积比较小的脏器组织平铺于不锈钢或瓷盘中,高度不超过10厘米,速送冷库中,在-20℃进行速冻。然后在冷库中保藏,不会导致原料变质。对于体积比较大的内脏如胃,可以采用挂钩吊挂冷却。需要说明的是,经冷却的内脏只能做短时间的贮存(一般3~5天),如需要长期贮存,必须立即进行冻结,进行低温贮藏。当内脏的中心温度达到-15℃时即可出库。然后把采用托盘冻结的内脏移出托盘,装入专用纸箱中。最后送入-18℃冷藏库中贮藏。在这样的条件下,可保存8个月左右。

(2)化学防腐法:用盐或硫酸铵腌后阴干保藏即可。这种方法简单易行,但对原料有效成分有所破坏,对于价值低廉的如胰腺等原料可以采用。

(3)冷冻升华干燥法:是一种最好的保藏脏器原料的方法。即在-40~-30℃时,使脏器组织中结成冰的水分,在真空状态下直接升华,使组织逐渐干燥。这种方法可使脏器中的有效成分不受破坏,但成本较高,只能保藏价值高的腺体。

第六节　牛骨的加工

1. 骨油的提取

动物骨经较高的温度蒸煮,骨骼表面和内部的油脂全部熔化和释出。用新鲜洁净没有腐败变质的骨制成的骨油,可以熬炼成食用油脂。

(1)洗骨和浸泡:将新鲜的骨用清水洗净并浸出血液,因为浸出血水才能保证骨油的颜色和气味正常。加工要及时,最好是当天生产的骨,当天水煮完毕。

(2)粉碎:不论什么骨,在蒸煮前均需将其粉碎,即将其砸成

2厘米大小的骨块。骨块越小出油率越高。

(3)水煮：将粉碎后的骨块倒入水中加热。加热温度保持在70~80℃左右，加热3~4小时后去除水分即为骨油。

2. 牛骨粉的加工

将加工骨油后的骨块置于阳光下晒干，最后用粉碎机粉碎即可。牛骨经过加工，制成的灰白色粉末或细粒通称骨粉，主要是作饲料和农业有机肥料用。

第七节　牛粪尿的利用

规模化牛场的粪尿处理系统由给水系统、排水系统和清粪系统、粪尿的处理设备等部分构成。

一、液粪和污水的处理方法

构建牛场时，必须同时考虑粪尿处理问题，因此必须把粪尿处理系统纳入牛场建设计划。粪尿处理方法很多，因此应该根据牛场具体条件，综合考虑投资。日常运行费用和操作是否方便等因素，确定最佳的粪便处理系统，把几种方法综合起来运用。液粪和污水的处理方法按其原理可分为4种。

1. 物理处理法

将污水中的有机污染物质、悬浮物、油类以及固体物质分离出来，包括固液分离法、沉淀法、过滤法等。

2. 化学处理法

通过化学反应，使污水中的污染物质发生化学变化而改变其性质的处理方法,包括中和法、絮凝沉淀法和氧化还原法等。

3. 物理化学处理法

包括吸附法、离子交换法、电渗析法、反渗透法、革取法和蒸馏法。

4. 生物处理法

利用微生物的代谢作用分解污水中的有机物而达到净化的目的。生物处理法是目前提倡的,同时也是未来废污处理发展的主要方向。根据微生物呼吸的需氧状况,生物处理法可以分为好氧处理和厌氧处理两大类。

(1)好氧处理:是在有氧气的条件下,耗氧细菌大量繁殖形成局性细菌絮凝体或附在物体上的黏液层,通过分解、吸附和表面作用来处理污水。活性污泥法是一个典型的好氧处理法,活性污泥是由无数细菌、真菌、原生动物和其他微生物与吸附的有机及无机物组成的絮凝体,利用它的吸附和氧化作用可以达到处理污水中有机物的效果,需要构建的设施包括暴气池和暴气设备;生物膜法是另一个典型的好氧处理,它通过生长在物料(如滤料、石料等)表面上的生物膜对污水进行处理,处理设备包括生物滤池、生物转盘和生物接触地等。

(2)厌氧处理:是厌氧菌和兼性菌在无游离氧的条件下分解有机物,使污水净化的方法,如化粪池和沼气池等。

二、粪尿的利用

牛场粪尿污水合理处理利用,既可防止环境污染,又能变废为宝。目前我国对牛场粪尿利用主要在3个方面,一是用作肥料,二是制备沼气,三是养殖药物蚯蚓。

1. 用作肥料

牛粪可以改善耕层土壤物理状况。施用牛粪的土壤，土壤容量降低，孔隙度增加；增强土壤透水性和持水性，施用牛粪的土壤易保蓄雨水，有利于抗旱保墒，减少肥水流失；提高土壤中二氧化碳的浓度。由于牛粪中大量有机物的分解，使土壤二氧化碳浓度明显增高，有利于光合作用的进行；提高土壤养分含量。施用牛粪尿的土壤有机质、氮、磷等元素含量有明显增加。

牛粪尿用作肥料要经过堆积沤制处理。把每天清除的粪草堆积压紧，通常采用积大堆，在堆顶上盖上、封泥，冬季盖雪等方法，减少堆内空隙，阻碍空气进入，造成厌氧性条件，由于堆内通气不良，可减少氨挥发，减少水溶性肥分的损失。

2. 用作饲料

牛粪的营养价值因受牛所食入体内的日粮营养水平、牛粪的保管和加工方法不同的影响，其所含营养水平也不尽相同。牛粪中粗纤维含量较高，适宜饲喂食草性家畜，饲喂猪、鸡要掌握用量；用药物处理后的牛粪，饲喂猪、鸡要逐渐增加喂量；牛粪中含有一些瘤胃液和有益微生物，及时加工处理喂反刍家畜，可增强反刍家畜的消化功能。

(1)干燥法：一般是将牛的新鲜牛粪采集后，晾晒在水泥地面上，边风干边揉搓粉碎。如欲久贮，水分须降至13%以下。烘干的牛粪喂羊效果很好。

(2)发酵法：将湿牛粪与其他饲料，加麦麸、米糠、薯藤、树叶等，密封于泥池、塑料袋或其他容器中，经20～30天发酵即可启用。亦可用快速发酵法：即用15千克鲜牛粪，加5千克米糠，加水20～25千克，搅拌均匀，堆放地上，不需压紧，上面用麻袋和塑料薄膜遮盖，温度在40～50℃以上，经48小时即可发酵成熟，其味酸甜，略带酒气。发酵的牛粪饲料喂猪适口性好，节省饲料，增重快。

(3)化学法：可将 0.1% 的高锰酸钾喷洒在牛粪上，然后自然风干或青贮发酵，这样处理的牛粪饲料可除去粪中的异味，增加适口性，提高利用率。将调制好的牛粪按比例直接加入混合饲料中饲喂畜禽。

3. 牛粪育虫

将晒干粉碎的牛粪混合稻谷后撒在鸡场的一角。雨后，牛粪和糠壳粘在地上。等晒干后连同地皮一起铲起，堆成若干小堆，再用稻草或麦秆编成草帘盖上。十几天后，土堆里就生出虫来。鸡吃完后，再将鸡粪和地皮铲起来堆成小堆，十多天后又会生出虫来。生出的小虫是家禽和特种水产动物的优质动物性蛋白质饲料。

4. 用作生产沼气的原料

沼气是以牛粪尿等废弃物而制得的二次生物能源，因其成分与天然气相似，亦属优质燃气，是解决农村能源的理想途径。

参 考 文 献

1. 王加启. 肉牛高效益饲养技术. 北京:金盾出版社,1997
2. 杨凤. 动物营养学. 北京:中国农业出版社,1993
3. 王加启. 肉牛的饲料与饲养. 北京:科学技术文献出版社,2000
4. 科学技术部中国农村技术开发中心. 肉牛快速育肥. 北京:中国农业科学技术出版社,2006
5. 陈有亮. 牛产品加工新技术. 北京:中国农业出版社,2002
6. 魏建英. 肉牛高效饲养管理技术. 北京:中国农业出版社,2005
7. 杨文章,岳文斌. 肉牛养殖综合配套技术. 北京:中国农业出版社,2003
8. 蒋洪茂. 优质牛肉生产技术. 北京:中国农业出版社,1999
9. 许尚忠,魏伍川. 肉牛高效生产实用技术. 北京:中国农业出版社,2002
10. 陈幼春. 现代肉牛生产. 北京:中国农业出版社,1999
11. 冀一伦. 实用养牛科学. 北京:中国农业出版社,2001
12. 蒋洪茂. 肉牛高效育肥饲养与管理技术. 北京:中国农业出版社,2003

图书在版编目(CIP)数据

架子牛育肥技术/张志新,王志富主编.-北京:科学技术文献出版社,2010.2
ISBN 978-7-5023-6546-2

Ⅰ.架… Ⅱ.①张… ②王… Ⅲ.牛-肥育 Ⅳ.S823.96

中国版本图书馆CIP数据核字(2009)第229928号

出 版 者	科学技术文献出版社
地 址	北京市复兴路15号(中央电视台西侧)/100038
图书编务部电话	(010)58882938,58882087(传真)
图书发行部电话	(010)58882866(传真)
邮 购 部 电 话	(010)58882873
网 址	http://www.stdph.com
E-mail	stdph@istic.ac.cn
策 划 编 辑	李 洁
责 任 编 辑	李 洁
责 任 校 对	唐 炜
责 任 出 版	王杰馨
发 行 者	科学技术文献出版社发行 全国各地新华书店经销
印 刷 者	北京博泰印务有限责任公司
版 (印) 次	2010年2月第1版第1次印刷
开 本	850×1168 32开
字 数	239千
印 张	9.75
印 数	1~6000册
定 价	19.00元

© 版权所有　违法必究

购买本社图书,凡字迹不清、缺页、倒页、脱页者,本社发行部负责调换。